普通高等教育"十二五"规划教材

土木工程施工技术

（第二版）

主　编	郑少瑛	周东明	
副主编	徐　菁	杨松森	王力强　李祥诚
编　写	周少瀛	杨淑娟	陈静茹　许婷华
	黄伟典	张英杰	于　群　朱亚光
	路殿成	马培建	曲成平　梁振辉
	刘学贤	范　宏	王林凯　张志照
主　审	陈向东		

U0325820

中国电力出版社
CHINA ELECTRIC POWER PRESS

内 容 提 要

本书为普通高等教育"十二五"规划教材。全书共分十章，主要内容包括土方工程、地基处理与桩基工程、混凝土结构工程、预应力混凝土工程、结构安装工程、砌筑与脚手架工程、防水工程、装饰工程、道路工程施工、桥梁工程施工等。本书从土木工程专业的需要出发，阐述了土木工程施工的基本理论及其工程应用，重点讲述了施工工艺、施工方法，以满足教学和工程实践的需要；内容通俗易懂，文字规范、简练，图文并茂。

本书可作为普通高等院校土木工程专业及相近专业教材，也可作为高职高专院校相关专业教材，还可作为工程技术人员参考用书。

图书在版编目（CIP）数据

土木工程施工技术/郑少瑛主编 . —2 版. —北京：中国电力出版社，2015.5

普通高等教育"十二五"规划教材

ISBN 978-7-5123-4118-0

Ⅰ.①土… Ⅱ.①郑… Ⅲ.①土木工程-工程施工-高等学校-教材 Ⅳ.① TU7

中国版本图书馆 CIP 数据核字(2013)第 043305 号

中国电力出版社出版、发行

（北京市东城区北京站西街 19 号　100005　http://www.cepp.sgcc.com.cn）

汇鑫印务有限公司印刷

各地新华书店经售

*

2007 年 8 月第一版

2015 年 5 月第二版　　2015 年 5 月北京第四次印刷

787 毫米×1092 毫米　16 开本　15.5 印张　375 千字

定价 30.00 元

敬 告 读 者

本书封底贴有防伪标签，刮开涂层可查询真伪

本书如有印装质量问题，我社发行部负责退换

版 权 专 有　翻 印 必 究

前　言

　　由于我国在土木工程方面颁布实施了许多新的规范和规程，为了适应这些变化，在第一版的基础上结合 GB 50010—2010《混凝土结构设计规范》，对原有内容进行修订。教材中凡涉及国家建筑规范及其他部门规范、标准的，一律按最新规范、标准编写。

　　本书与郑少瑛主编的《土木工程施工组织》可一并作为土木工程专业施工课教学用书。全书在内容上符合国家现行规范、标准的要求；拓宽专业面，扩大知识面，以适应市场经济的需要，满足土木工程专业教学的要求；运用有关专业理论技能，解决工程实际问题；通过施工新技术、新工艺的介绍，培养学生的创新意识，以及解决工程实践问题的能力。第二版特别注意教材的普适性，更加强调教材的实践性。

　　本书力求满足土木工程专业的需要，内容符合实际需要，通俗易懂，文字规范、简练，图文并茂，便于学生掌握学习。由于编者水平有限，本书难免有不足之处，希望读者提出宝贵意见。本书在编写过程中参考了有关资料和手册，并得到许多同仁的帮助，在此一并表示感谢。

　　本书共分十章，由青岛理工大学郑少瑛、周东明、于群、张英杰、许婷华、杨松森、马培建、徐菁、朱亚光、曲成平、梁振辉、张志照、刘学贤、范宏、路殿成、杨淑娟、陈静茹、李祥诚，以及山东建筑大学黄伟典、腾远设计院周少瀛、青岛四方建管局王林凯、沈阳高等专科学校王力强等共同编写，由郑少瑛统稿。北京工业大学陈向东教授审阅了全书。具体编写分工如下：

第一章　郑少瑛　李祥诚　张志照

第二章　郑少瑛　杨淑娟

第三章　郑少瑛　陈静茹　杨淑娟

第四章　周东明　周少瀛　路殿成

第五章　郑少瑛　许婷华　梁振辉

第六章　周东明　黄伟典　张英杰

第七章　郑少瑛　刘学贤　曲成平

第八章　徐　菁　杨松森　范　宏

第九章　马培建　于　群　王力强

第十章　王林凯　朱亚光

编　者

2015 年 3 月于青岛

第一版前言

随着我国现代化建设事业的飞速发展，工程建设越来越需要宽口径、厚基础的专业人才。为此，本书在内容上涵盖了建筑工程、道路工程、桥梁工程等专业领域内容。

土木工程施工技术是土木工程专业的一门主要专业课，它的主要内容是研究土木工程施工的工艺原理、施工方法、操作技术、施工机械选用等方面的一般规律，与《土木工程施工组织》可一并作为土木工程专业施工课教学用书。本书在内容上符合国家现行规范、标准的要求；力求拓宽专业面，扩大知识面，以适应市场经济的需要，满足土木工程专业教学的要求；运用有关专业理论技能，解决工程实际问题；通过施工新技术、新工艺的学习，培养学生的创新意识，以及解决工程实践问题的能力。

本书力求满足土木工程专业的需要，内容符合实际需要，通俗易懂，文字规范、简练，图文并茂，便于学生掌握学习。由于编者水平有限，本书难免有不足之处，希望读者提出宝贵意见。本书在编写过程中参考了有关资料和手册，并得到许多同仁的帮助，在此一并表示感谢。

本书共分十章，由青岛理工大学郑少瑛、周东明、于群、张英杰、许婷华、杨松森、马培建、徐菁、朱亚光、曲成平、梁振辉、张志照、刘学贤、范宏、路殿成，以及山东建筑大学黄伟典、腾远设计院周少瀛、青岛四方建管局王林凯、沈阳高等专科学校王力强等共同编写，由郑少瑛统稿。北京工业大学陈向东教授审阅了全书。具体编写分工如下：

第一章　郑少瑛　周东明　张志照

第二、三章　郑少瑛　黄伟典　徐菁

第四章　周东明　周少瀛　路殿成

第五章　郑少瑛　许婷华　梁振辉

第六章　周东明　黄伟典　张英杰

第七章　郑少瑛　刘学贤　曲成平

第八章　徐　菁　杨松森　范　宏

第九章　马培建　于　群　王力强

第十章　王林凯　朱亚光

编　者

2006 年 12 月于青岛

目　录

第一章 土 方 工 程

【学习要点】 掌握土方工程施工特点及土的基本性质，熟悉土方工程量计算方法及计算过程；熟悉基坑支护和降水的基本方法和基本原理；能根据土方工程施工条件正确选用排水、降水方法；能正确选用土方施工机械，正确选择地基回填土的填方土料，熟悉土方填筑与压实方法。

第一节 土的工程分类及性质

土方工程施工是土木工程施工的主要工程。常见的土方工程有：场地平整、基坑（槽）及管沟开挖与回填、路基开挖与填筑、地坪填土与碾压等。土方工程的施工有土的开挖（爆破）、运输、填筑、平整、压实等主要施工过程，以及排水、降水和土壁支护等辅助施工过程。

一、土方工程施工特点

（1）土方工程量大面广、劳动繁重。在场地平整及大型基坑（槽）、道路、管线等土方开挖工程中，土方施工面积达数平方公里甚至数十平方公里，土方量可达几万甚至几百万立方米。

（2）施工条件复杂。土方工程多为露天作业，直接受地区、气候、水文、地质、地下障碍物等因素的影响，难以确定的因素较多。

因此在组织土方施工时，应详细分析各项技术资料，根据现场情况、施工条件及质量要求，拟定合理可行的施工方案，尽可能采用机械化施工，以降低劳动强度，提高劳动生产率。合理安排施工计划，尽可能避免雨季施工，及时做好施工排水和降水、土壁支护等工作。

二、土的工程分类

土的种类繁多，其分类方法也很多，根据土的颗粒级配或塑性指数可分为岩石、碎石土、砂土、粉土、黏性土、人工填土。岩石根据其坚固性可分为硬质、软质岩石；根据风化程度分为微风化、中等风化、强风化岩石。按黏性土的状态可分为坚硬、硬塑、可塑、软塑、流塑。按人工填土可分为素填土、杂填土、冲填土。在建筑工程中，按照开挖难易程度可将土分为松软土、普通土、坚土、砂砾坚土、软石、次坚石、坚石、特坚石八类（见表1-1）。

表 1-1   土 的 工 程 分 类

土的分类	土 的 名 称	可松性系数		开挖工具及方法
		K_s	K_s'	
一类土 （松软土）	砂；粉土；冲积砂土层；种植土；泥炭（淤泥）	1.08～1.17	1.01～1.03	用锹、锄头挖掘
二类土 （普通土）	粉质黏土；潮湿的黄土；夹有碎石、卵石的砂；种植土、填筑土及粉土	1.14～1.28	1.02～1.05	用锹、锄头挖掘，少许用镐翻松

土的分类	土的名称	可松性系数		开挖工具及方法
		K_s	K'_s	
三类土 (坚土)	软黏土及中等密实黏土;重粉质黏土;粗砾石;干黄土及含碎石、卵石的黄土、粉质黏土;压实的填筑土	1.24~1.30	1.04~1.07	主要用镐,少许用锹、锄头挖掘,部分用撬棍
四类土 (砂砾坚土)	重黏土及含碎石、卵石的黏土;粗卵石;密实的黄土;天然级配砂石;软泥灰岩及蛋白石	1.26~1.32	1.06~1.09	先用镐、撬棍,然后用锹挖掘,部分用楔子及大锤
五类土 (软石)	硬石炭纪黏土;中等密实的页岩;泥灰岩白垩土;胶结不紧的砾岩;软的石灰岩	1.30~1.45	1.10~1.20	用镐或撬棍、大锤挖掘,部分使用爆破方法
六类土 (次坚石)	泥岩;砂岩;砾岩;坚实的页岩;泥灰岩;密实的石灰岩;风化花岗岩;片麻岩	1.30~1.45	1.10~1.20	用爆破方法开挖,部分用风镐
七类土 (坚石)	大理岩;辉绿岩;玢岩;粗、中粒花岗岩;坚实的白云岩、砂岩、砾岩、片麻岩、石灰岩;风化痕迹的安山岩、玄武岩	1.30~1.45	1.10~1.20	用爆破方法开挖
八类土 (特坚石)	安山岩;玄武岩;花岗片麻岩;坚实的细粒花岗岩、闪长岩、石英岩、辉长岩、辉绿岩、玢岩	1.45~1.50	1.20~1.30	用爆破方法开挖

三、土的工程性质

土的工程性质对土方工程的施工方法及工程量大小有直接影响,其基本的工程性质有以下五方面。

1. 土的天然密度

土在天然状态下单位体积的质量,称为土的天然密度,用 ρ 表示,计算公式为

$$\rho = \frac{m}{V} \tag{1-1}$$

式中　m——土的总质量,kg;

　　　V——土的体积,m^3。

土的天然密度随着土的颗粒组成、孔隙多少和水分含量而变化,密度大的土较坚硬,挖掘困难。

2. 土的干密度

单位体积土中固体颗粒的质量称为土的干密度,用 ρ_d 表示,计算公式为

$$\rho_d = \frac{m_s}{V} \tag{1-2}$$

式中　m_s——土中固体颗粒的质量,kg;

　　　V——土的体积,m^3。

3. 土的可松性

天然土经挖掘以后组织破坏，体积因松散而增加，虽经回填振实仍不能恢复成原来的体积，这种性质称为土的可松性；土的可松性是进行场地平整规划竖向设计、土方平衡调配的重要参数。土的可松性程度一般以可松性系数表示（见表1-1），即

$$K_{\mathrm{s}} = \frac{V_2}{V_1} \tag{1-3}$$

$$K'_{\mathrm{s}} = \frac{V_3}{V_1} \tag{1-4}$$

式中　K_{s}——最初可松性系数；

　　　K'_{s}——最终可松性系数；

　　　V_1——土在天然状态下的体积，m^3；

　　　V_2——土在松散状态下的体积，m^3；

　　　V_3——土回填夯实后的体积，m^3。

K_{s}在土方施工中是计算运输工具数量和挖土机械生产率的主要参数；K'_{s}是计算填方土所需挖方土工程量的主要参数。

4. 土的含水量

土中水的质量与固体颗粒质量之比，以百分数表示，即

$$w = \frac{m_{\mathrm{w}}}{m_{\mathrm{s}}} \times 100\% \tag{1-5}$$

式中　m_{w}——土中水的质量，kg；

　　　m_{s}——固体颗粒的质量，kg。

5. 土的压缩性

取土回填或移挖作填，松土经运输填压后，均会压缩，一般土的压缩性以土的压缩率表示（见表1-2）。

表 1-2　　　　　　　　　　　　　　　土 的 压 缩 率

土的类别	土的名称	土的压缩率（%）	每立方米松散土压实后的体积（m^3）	土的类别	土的名称	土的压缩率（%）	每立方米松散土压实后的体积（m^3）
一、二类土	种植土	20	0.80	三类土	天然湿度黄土	12～17	0.85
	一般土	10	0.90		一般土	5	0.95
	砂 土	5	0.95		干燥坚实黄土	5～7	0.94

第二节　场地平整土方量计算与调配

场地平整前要确定场地设计标高、计算挖填土方量，以便据此进行土方挖填平衡计算，确定平衡调配方案，并根据工程规模、施工期限、现场机械设备条件，选用土方机械，拟定施工方案。

一、场地设计标高的确定

对较大面积的场地平整，正确地选择场地平整高度（设计标高），对节约工程投资、加

快建设速度均具有重要意义。在符合生产工艺和运输的条件下，尽量利用地形，以减少挖方数量，场地内的挖方与填方量应尽可能达到互相平衡，以降低土方运输费用。因此，需考虑以下因素：

(1) 满足生产工艺与运输要求；

(2) 尽量利用地形，减少挖、填方土方量；

(3) 挖、填方平衡，土方运输费最少；

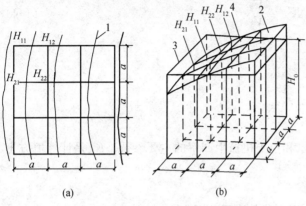

图 1-1　场地设计标高计算简图
(a) 地形图上划分方格；(b) 设计标高示意图
1—等高线；2—自然地面；3—设计标高平面；
4—自然地面与设计标高平面的交线

(4) 有一定的泄水坡度。

1. 初步确定场地的设计标高 H_0

场地平整高度计算常用的方法为挖填土方量平衡法，因其概念直观，计算简便，精度能满足工程要求，常常在工程中使用。

将场地划分为边长为 a 的方格网，见图 1-1，将方格网每个方格角点的原标高标在图上，一般可根据地形图上相邻两等高线的标高用插入法求得。当无地形图时，亦可在现场打设木桩定好方格网，然后用仪器直接测出。一般要求是使场地内的土方在平整前

和平整后相等，而达到挖方和填方平衡，即

$$H_0 N a^2 = \sum_1^N \left(a^2 \frac{H_{11} + H_{12} + H_{21} + H_{22}}{4} \right) \tag{1-6}$$

$$H_0 = \frac{\sum_1^N (H_{11} + H_{12} + H_{21} + H_{22})}{4N} \tag{1-7}$$

式中　　H_0——场地设计标高的初步计算值，m；

　　　　a——方格边长，m；

　　　　N——方格个数；

$H_{11}, \cdots, H_{22}$——任一方格四个角点的标高。

由图 1-1 中可以看出，H_{11} 是一个方格的角点标高；由于相邻方格具有公共角点，在一个方格网中，H_{11}、H_{21} 是两个相邻方格的公共角点标高，其角点标高要加两次；H_{22} 是四个方格公共的角点标高，在计算场地设计标高时，其角点标高要加四次；在不规则场地中，角点标高也有加三次的。因此，式 (1-7) 可改写成下列形式

$$H_0 = \frac{\Sigma H_1 + 2\Sigma H_2 + 3\Sigma H_3 + 4\Sigma H_4}{4N} \tag{1-8}$$

式中　　H_1——一个方格仅有的角点标高，m；

　　　　H_2——两个方格共有的角点标高，m；

　　　　H_3——三个方格共有的角点标高，m；

　　　　H_4——四个方格共有的角点标高，m。

2. 计算设计标高的调整值

式（1-8）计算的 H_0 为理论数值，实际尚需考虑：土的可松性；设计标高以下各种填方工程用土量或设计标高以上的各种挖方工程量；边坡填挖土方量不等；部分挖方就近弃土于场外，或部分填方就近从场外取土等因素。考虑这些因素所引起的挖填土方量变化后，适当提高或降低设计标高。

（1）考虑土的可松性对场地的设计标高影响。由于土具有可松性，会造成填土的多余，需相应的提高设计标高，如图 1-2 所示。

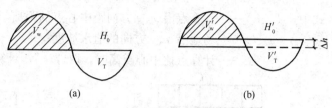

图 1-2　设计标高调整计算示意图
(a) 理论设计标高；(b) 调整设计标高

设 Δh 为土的可松性引起设计标高的增加值，则设计标高调整后的总挖方体积 V'_w 应为

$$V'_w = V_w - A_w \Delta h \tag{1-9}$$

总填方体积为

$$V'_T = V'_w K'_s = (V_w - A_w \Delta h) K'_s \tag{1-10}$$

此时填方区的标高应与挖方区的标高一样，提高 Δh，即

$$\Delta h = \frac{V'_T - V_T}{A_T} = \frac{(V_w - A_w \Delta h) K'_s - V_T}{A_T} \tag{1-11}$$

因 $V_T = V_w$，则

$$\Delta h = \frac{V_w (K'_s - 1)}{A_T + A_w K'_s} \tag{1-12}$$

式中　A_w、A_T——挖、填方面积，m^2；

　　　　V_T、V_w——总挖方、总填方体积。

场地设计标高可调整为

$$H'_0 = H_0 + \Delta h \tag{1-13}$$

（2）借土或弃土的影响。由于设计标高以上的各种填方工程（如修筑路堤）而影响设计标高的降低，或者由于设计标高以下的各种挖方工程（如开挖基坑、基槽）而影响设计标高的提高。从经济比较的结果考虑，应将部分挖方就近弃于场外，或者将部分填方就近取于场外，这些因素会引起填、挖土方量的变化，因此需对设计标高进行调整。为简化计算，场地设计标高的调整可按下列公式确定，即

$$H'_0 = H_0 \pm \frac{Q}{Na^2} \tag{1-14}$$

式中　Q——假定按初步场地设计标高（H_0）平整后多余或不足的土方量；

　　　　N——场地方格数；

　　　　a——方格边长。

（3）考虑泄水坡度对设计标高的影响。式（1-14）计算的 H_0 未考虑场地的排水要求，整个场地表面均处于同一个水平面上，实际上场地表面要有一定泄水坡度，见图 1-3，泄水

坡度要符合设计要求；若设计无要求时，场地面积较大，应有 2‰ 以上排水坡度，并应考虑排水坡度对设计标高的影响，故场地内任一点实际施工时所采用的设计标高 H_n（m）可由下式计算：

单向排水时　　　　　　　　　　$H_n = H_0 \pm Li$　　　　　　　　　　　　　(1-15)

双向排水时　　　　　　　　$H_n = H_0 \pm L_x i_x \pm L_y i_y$　　　　　　　　　(1-16)

式中　　L_x、L_y ——计算点沿 x、y 方向距中心点的距离，m；

　　　　i_x、i_y ——场地沿 x、y 方向的泄水坡度；

　　　　$\pm$ ——计算点比中心点高时，取"+"，计算点比中心点低时，取"—"。

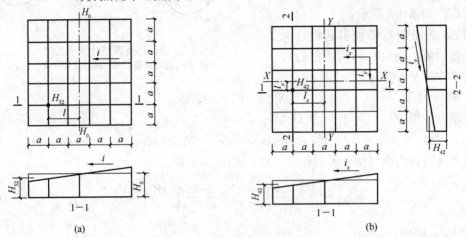

图 1-3　有泄水坡度的场地
(a) 单向泄水坡度的场地；(b) 双向泄水坡度的场地

二、场地平整土方量计算

在编制场地平整土方工程施工组织设计或施工方案，进行土方的平衡调配以及检查验收土方工程时，常需要进行土方工程量的计算。计算方法有方格网法和断面法两种。

1. 方格网法

大面积平整的土方量计算，通常采用方格网法；方格网法的计算方法较为复杂，但精度较高，其计算步骤和方法如下：

(1) 划分方格网。根据已有地形图，将欲计算场地根据方格网法划分成若干个方格网，尽量与测量的纵、横坐标网对应。方格一般采用 20m×20m 或 40m×40m，将相应设计标高和自然地面标高分别标在方格点的左下角和右下角；将自然地面标高与设计地面标高的差值，即各角点的施工高度（挖或填），填在方格网的右上角；挖方为"—"，填方为"+"。

(2) 计算各方格角点的施工高度，即

$$h_n = H_n - H$$　　　　　　　(1-17)

式中　　h_n ——方格各角点的施工高度，正值为填方，负值为挖方，m；

　　　　H_n ——角点的设计标高，m；

　　　　H ——角点的自然标高，m。

(3) 确定零线，即挖、填方分界线。零点是指方格网中不挖不填的点；零线是填方区和挖方区的分界线。零线确定方法为：在一个方格网内同时有填方或挖方时，应先算出方格网边上的零点位置，并标注在方格网上，连接零点即得填方区与挖方区的分界线（即零线）；零点的位置按下式计算（图1-4），即

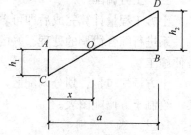

$$X = \frac{h_1}{h_1 + h_2} a \qquad (1\text{-}18)$$

式中　X_1、X_2——角点至零点的距离，m；

　　　　h_1、h_2——相邻两角点施工高度的绝对值，m。

图1-4　求零点的图解法

（4）计算方格土方工程量。利用方格网计算土方量时，可采用四角棱柱体法。

1）方格四角点均为挖或填方时（图1-5），其体积为

$$V = \frac{a^2}{4}(h_1 + h_2 + h_3 + h_4) \qquad (1\text{-}19)$$

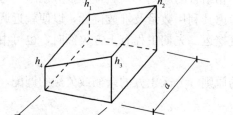

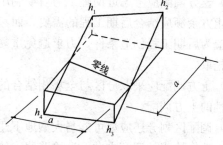

图1-5　全挖或全填的方格　　　　图1-6　两挖和两填的方格

2）方格相邻两角点为挖方，另两角点为填方时（图1-6），体积分别为：

挖方　　　　$$V_{1,2} = \frac{a^2}{4}\left(\frac{h_1^2}{h_1 + h_4} + \frac{h_2^2}{h_2 + h_3}\right) \qquad (1\text{-}20)$$

填方　　　　$$V_{3,4} = \frac{a^2}{4}\left(\frac{h_3^2}{h_2 + h_3} + \frac{h_4^2}{h_1 + h_4}\right) \qquad (1\text{-}21)$$

3）方格三个角点为挖（填）方，另一角点为填（挖）方时（图1-7），体积分别为：

挖或填　　　　$$V_4 = \frac{a^2}{6} \times \frac{h_4^3}{(h_1 + h_4)(h_3 + h_4)} \qquad (1\text{-}22)$$

填或挖　　　　$$V_{1,2,3} = \frac{a^2}{6}(2h_1 + h_2 + 2h_3 - h_4) + V_4 \qquad (1\text{-}23)$$

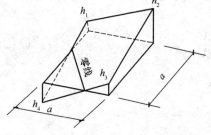

图1-7　三挖（填）—填（挖）的方格

（5）计算土方总量。将挖方区（或填方区）所有方格计算的土方总量汇总，即得该场地挖方和填方的总土方量。

2. 断面法

断面法适用于地形起伏变化较大的地区或者地形狭长、挖填深度较大又不规则的地区采用，计算方法较为简单方便，但精度较低。

三、土方调配

土方工程量计算完成后即可着手土方调配。土方调配就是对挖土、堆弃和填土三者之间的关系进行综合协调的处理。好的土方调配方案应该是使土方运输费用达到最小，而且又能方便施工。

土方调配包括：划分调配区，计算土方调配区之间的平均运距，确定土方的最优调配方案，绘制土方调配图表。

1. 土方调配原则

（1）应力求达到挖、填平衡和运距最短的原则，这样做可以降低土方工程成本。但实际工程中往往难以同时满足上述两个要求，因此还需要根据场地和周围地形条件综合考虑，必要时可以在填方区周围就近取土或在挖方区周围就近弃土，这样更经济合理。无论取土还是弃土，必须本着不占或少占农田和耕地，并有利于改地造田的原则进行妥善安排。

（2）土方调配应考虑近期施工与后期利用相结合的原则。当工程分批分期施工时，先期工程的土方余额应结合后期工程的需要，而考虑其利用数量及堆放位置，以便就近调配。堆放位置应为后期工程创造条件，力求避免重复挖运。先期工程有土方欠额时，也可由后期工程地点挖取。

（3）土方调配应采取分区与全场相结合的原则。分区土方的余额或欠额的调配，必须配合全场性的土方调配。

（4）调配区划分还应尽可能与大型地下建筑物的施工相结合，避免土方重复开挖。

（5）选择恰当的调配方向、运输路线，使土方机械和运输车辆的功效得到充分发挥。

总之，进行土方调配，必须根据现场的具体情况、有关技术资料、进度要求、土方施工方法与运输方法，综合考虑上述原则，并经计算比较，选择出经济合理的调配方案。

2. 土方调配图表的编制

场地土方调配，需做成相应的土方调配图表以便施工使用，其编制方法如下。

（1）划分调配区。在场地平面图上先划出挖、填区的分界线（即零线），根据地形及地理等条件，可在挖方区和填方区适当地分别划分出若干调配区（其大小应满足土方机械的操作要求），并计算出各调配区的土方量，在图1-8上标明。

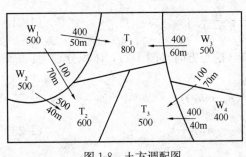

图1-8　土方调配图

（2）求出每对调配区之间的平均运距。平均运距即挖方区土方重心至填方区土方重心的距离，所以求平均运距需先求出每个调配区的重心。其方法如下

$$\overline{X} = \frac{\Sigma V_x}{\Sigma V}, \quad \overline{Y} = \frac{\Sigma V_y}{\Sigma V} \qquad (1-24)$$

式中　$\overline{X}$、$\overline{Y}$——挖方调配区或填方调配区的重心坐标；

　　　　V——每个方格的土方量；

　　　　x、y——每个方格的重心坐标。

每对调配区间的平均运距 L_0 可由下式求得

$$L_0 = \sqrt{(\overline{X}_W - \overline{X}_T)^2 + (\overline{Y}_W - \overline{Y}_T)^2} \tag{1-25}$$

为了简化计算，可假定每个方格上的土方是各自均匀分布的，从而用图解法求出形心位置以代替重心位置。重心求出后标于相应的调配区图上，然后用比例尺量出每对调配区之间的平均运距。

（3）确定土方调配方案。可以根据每对调配区的平均运距 L_0，绘制多个调配方案，比较不同方案，以土方总运输量最小或土方运输成本最小的方案为经济方案。土方调配可采用线性规划中的"表上作业法"进行，该方法直接在土方量平衡表上进行调配，简便科学，可求得最优调配方案。

（4）绘出最优方案的土方量平衡表（见表 1-3 ）和土方调配图。

表 1-3   土 方 量 平 衡 表

挖方区编号	挖方数量（m³）	填方区编号、填方数量（m³）			
		T_1	T_2	T_3	合计
		800	600	500	1900
W_1	500	400 50	100 70		
W_2	500		500 40		
W_3	500	400 60		100 70	
W_4	400			400 40	
合计	1900				

第三节 土 方 开 挖

一、土方施工准备工作

1. 学习和审查图纸

检查图纸和资料是否齐全，核对平面尺寸和坑底标高，图纸相互间有无错漏和矛盾；掌握设计内容及各项技术要求，了解工程规模、结构形式、特点、工程量和质量要求；熟悉土层地质、水文勘察资料；审查地基处理和基础设计；会审图纸，搞清地下构筑物、基础平面与周围地下设施管线的关系，图纸相互间有无错误和冲突；研究好开挖程序，明确各专业工序间的配合关系、施工工期要求；并向参加施工人员层层进行技术交底。

2. 查勘施工现场

摸清工程场地情况，收集施工需要的各项资料，包括施工场地地形、地貌、地质水文、河流、气象、运输道路、邻近建筑物、地下基础、管线、电缆、防空洞、地面上施工范围内的障碍物和堆积物状况、供水供电、通信情况、防洪排水系统等，以便为施工规划和准备提供可靠的资料及数据。

3. 编制施工方案

研究制订现场场地整平、基坑开挖施工方案。绘制施工总平面布置图和基坑土方开挖图确定开挖路线、顺序、范围、底板标高、边坡坡度、排水沟集水井位置，以及挖去的土方堆放地点；提出需用施工机具、劳力、推广新技术计划。

4. 平整施工场地

按设计或施工要求范围和标高平整场地，将土方弃到规定弃土区；凡在施工区域内，影响工程质量的软弱土层、淤泥、腐殖土、大卵石、孤石、垃圾、树根、草皮及不宜作填土和回填土料的稻田湿土，应根据情况采取全部挖除或设排水沟疏干、抛填块石、砂砾等方法进行妥善处理，以免影响地基承载力。

5. 清除场地障碍物

将施工区域内所存障碍物，如高压电线、电杆、塔架、地上和地下管道、电缆、坟墓、树木、沟渠及旧有房屋和基础等进行拆除或进行搬迁、改建、改线；对附近原有建筑物、电杆、塔架等采取有效地防护加固措施，可利用的建筑物应充分利用。

6. 进行地下墓探

在黄土地区或有古墓地区，应在工程基础部位，按设计要求位置，用洛阳铲进行铲探，发现墓穴、土洞、地道（地窖）、废井等，应对地基进行局部处理。

7. 做好排水降水设施

在施工区域内设置临时性或永久性排水沟，将地面水排走或排到低处，再设水泵排走；或疏通原有排水泄洪系统；排水沟纵向坡度一般不小于2‰，使场地不积水；山坡地区，在离边坡沿5～6m处设置截水沟、排洪沟，阻止坡顶雨水流入开挖基坑区域内，或在需要的地段修筑挡水堤坝阻水。地下水位高的基坑，在开挖前一周将水位降低到要求的深度。

8. 设置测量控制网

根据给定的国家永久性控制坐标和水准点，按建筑物总平面要求。引测到现场，在工程施工区域设置测量控制网，包括控制基线、轴线和水平基准点；做好轴线控制的测量和校核。控制网要避开建筑物、构筑物、土方机械操作及运输线路，并有保护标志；场地整平应设10m×10m或20m×20m方格网，在各方格点上做控制桩，并测出各标桩处的自然地形、标高，作为计算挖、填土方量和施工控制的依据。对建筑物应做定位轴线的控制测量和校核；进行土方工程的测量定位放线，设置龙门板、放出基坑（槽）挖土灰线、上部边线和底部边线和水准标，龙门板桩一般应离开坑缘1.5～2.0m，以利保存。灰线、标高、轴线应复核无误后，方可进行场地整平和基坑开挖。

9. 修建临时设施及道路

根据土方和基础工程规模、工期长短、施工力量安排等修建简易的临时性生产和生活设施（如工具库、材料库、油库、机具库、修理棚、休息棚等），同时铺设现场供水、供电、供压缩空气（爆破石方用）管线路，并进行试水、试电、试气。

修筑施工场地内机械运行的道路，主要临时运输道路宜结合永久性进路的布置修筑，行车路面按双车道，宽度不应小于7m，最大纵向坡应不大于6%，最小转弯半径不小于15m；路基底层可铺砌20～30cm厚的块石或卵（砾）石层作简易泥结石路面，尽量使一线多用。

重车下坡行驶、道路的坡度、转弯半径应符合安全要求,两侧作排水沟。道路通过沟渠应设涵洞,道路与铁路、电信线路、电缆线路以及各种管线相交处,应按有关安全技术规定设置标志。

10. 准备机具、物资及人员

做好设备调配,对进场挖土、运输车辆及各种辅助设备进行维修检查,试运转,并远至使用地点就位;准备好施工用料及工程用料,按施工平面图要求堆放。

组织并配备土方工程施工所需各专业技术人员、管理人员和技术工人;组织安排好作业班次;制订较完善的技术岗位责任制和技术、质量、安全、管理网络;建立技术责任制和质量保障体系;对拟采用的土方工程新机具、新工艺、新技术,组织力量进行研制和试验。

二、开挖的一般要求

1. 场地开挖

挖方边坡应根据使用时间(临时或永久性)、土的种类、物理力学性质(内摩擦角、黏聚力、密度、湿度)、水文情况等确定。对于永久性场地,挖方边坡坡度应按设计要求放坡,如设计无规定,可按表1-4采用。对使用时间较长的临时性挖方边坡坡度,应根据工程地质和边坡高度,结合当地实践经验确定。

表 1-4 永久性土工构筑物挖方的边坡坡度

项次	挖 土 性 质	边坡坡度
1	天然湿度、层理均匀、不易膨胀的黏土、粉质黏土和砂土(不包括细砂、粉砂),挖方深度不超过3m	1:1.00~1:1.25
2	土质同上,深度为3~12m	1:1.25~1:1.50
3	干燥地区内土质结构未经破坏的干燥黄土及类黄土,深度不超过12m	1:0.19~1:1.25
4	在碎石土和泥灰岩土的地方,深度不超过12m,根据土的性质、层理特性和挖方深度确定	1:0.50~1:1.50
5	在风化岩内的挖方,根据岩石性质、风化程度、层理特性和挖方深度确定	1:0.20~1:1.50
6	在微风化岩石内的挖方,岩石无裂缝且无横向挖方坡脚的岩层	—
7	在未风化的完整岩石内的挖方	直立

挖方上边缘至土堆坡脚的距离,当土质干燥密实时,不得小于3m;当土质松软时,不得小于5m。在挖方下侧弃土时,应将弃土堆表面平整至低于挖方场地标高并向外倾斜。

2. 深基坑土方开挖

深基坑挖土是基坑工程的重要部分,对于土方数量大的基坑,基坑工程工期的长短在很大程度上取决于挖土的速度。另外,支护结构的强度和变形控制是否满足要求,降水是否达到预期的目的,都靠挖土阶段来进行检验。因此,基坑工程成败与否也在一定程度上有赖于基坑挖土。

在基坑土方开挖之前,要详细了解施工区域的地形和周围环境;土层种类及其特性;地下设施情况;支护结构的施工质量;土方运输的出口;政府及有关部门关于土方外运的要求和规定(有的大城市规定只有夜间才允许土方外运)。优化选择挖土机械和运输设备;确定堆土场地或弃土处;确定挖土方案和施工组织;对支护结构、地下水位及周围环境进行必要的监测和保护。

(1) 放坡挖土。放坡开挖是最经济的挖土方案，当基坑开挖深度不大（软土地区挖深不超过4m，地下水位低的土质较好地区挖深也可较大）、周围环境又允许时，经验算能确保土坡的稳定性时，均可采用放坡开挖。

开挖深度较大的基坑，当采用放坡挖土时，宜设置多级平台分层开挖，每级平台的宽度不宜小于1.5m。

放坡开挖要验算边坡稳定，可采用圆弧滑动简单条分法进行验算。对于正常固结土，可用总应力法确定土体的抗剪强度，采用固结快剪峰值指标。至于安全系数，可根据土层性质和基坑大小等条件确定。

采用简单条分法验算边坡稳定时，对土层性质变化较大的土坡，应分别采用各土层的重度和抗剪强度，当含有可能出现流砂的土层时，宜采用井点降水等措施。

对土质较差且施工工期较长的基坑，对边坡宜采用钢丝网水泥喷浆或用高分子聚合材料覆盖等措施进行护坡。

坑顶不宜堆土或存在堆载（材料或设备）、遇有不可避免的附加荷载时，在进行边坡稳定性验算时，应计入附加荷载的影响。

在地下水位较高的软土地区，应在降水达到要求后再进行土方开挖、宜采用分层开挖的方式进行开挖。分层挖土厚度不宜超过2.5m。挖土时要注意保护工程桩，防止碰撞或因挖土过快、高差过大使工程桩受侧压力而倾斜。

如有地下水，放坡开挖应采取有效措施降低坑内水位和排除地表水，严防地表水或坑内排出的水倒流渗入基坑。

基坑采用机械挖土，坑底应保留200~300mm厚基土，用人工清理整平，防止坑底土扰动。待挖至设计标高后，应清除浮土，经验槽合格后，及时进行垫层施工。

(2) 深基坑土方开挖的注意事项。

1) 土方开挖顺序、方法必须与设计工况一致，并遵循"开槽支撑，先撑后挖，分层开挖，严禁超挖"的原则。

2) 防止深基坑挖土后土体回弹变形过大。深基坑土体开挖后，地基卸载，土体中压力减少，土的弹性效应将使基坑底面产生一定的回弹变形（隆起）。回弹变形量的大小与土的种类、是否浸水、基坑深度、基坑面积、暴露时间及挖土顺序等因素有关。如基坑积水，黏性土因吸水使土的体积增加，不但抗剪强度降低，回弹变形也增大，所以对于软土地基更应注意土体的回弹变形。回弹变形过大将加大建筑物的后期沉降。

施工中减少基坑回弹变形的有效措施，是设法减少土体中有效应力的变化，减少暴露时间，并防止地基土浸水。因此，在基坑开挖过程中和开挖后，均应保证井点降水正常进行，并在挖至设计标高后，尽快浇筑垫层和底板。必要时，可对基础结构下部土层进行加固。

3) 防止边坡失稳。深基础的土方开挖，要根据地质条件（特别是打桩之后）、基础埋深、基坑暴露时间及运土机械、堆土等情况，拟订合理的施工方案。

4) 防止桩位移和倾斜。打桩完毕后基坑开挖，应制订合理的施工顺序和技术措施，防止桩的位移和倾斜。

对先打桩后挖土的工程，由于打桩的挤土和动力波的作用，使原处于静平衡状态的地基土遭到破坏。对砂土甚至会形成砂土液化，地下水大量上升到地表面，原来的地基强度遭到破坏。对黏性土由于形成很大的挤压应力，孔隙水压力升高，形成超静孔隙水压力，土的抗剪强度明显降低。如果打桩后紧接着开挖基坑，由于开挖时的应力释放，再加上挖土高差形成一侧卸荷的侧向推力，土体易产生一定的水平位移，使先打设的桩易产生水平位移。软土地区施工，这种事故已屡有发生，必须重视。为此，在群桩基础的桩打设后，宜停留一定时间，并用降水设置预抽地下水，待土中由于打桩积聚的应力有所释放，孔隙水压力有所降低，被扰动的土体重新固结后，再开挖基坑土方。而且土方的开挖宜均匀、分层。尽量减少开挖时的土压力差，以保证桩位正确和边坡稳定。

5）配合深基坑支护结构施工。深基坑的支护结构，随着挖土加深侧压力加大，变形增大，周围地面沉降也加大。及时加设支撑，尤其是施加预紧力的支撑，对减少变形和沉降有很大的作用。为此，在制订基坑挖土方案时，一定要配合支撑加设的需要，分层进行挖土，避免片面只考虑挖土方便而妨碍支撑的及时加设，造成有害影响。

第四节 土方边坡与支护

在基坑、基槽开挖时，土壁的稳定主要是依靠土体内聚力来保持平衡。一旦土体在外力作用下失去平衡，土壁就会坍塌。这样不仅会影响土方工程施工，而且会危及建筑物、道路、地下管线等的安全，甚至导致人员伤亡等严重后果。

为了保证土壁稳定，保证安全施工，在土方工程施工中，当场地受到限制不能放坡或为了减少土方工程量而不放坡时，可设置土壁支护结构，以确保安全施工。

一、边坡坡度与边坡稳定

1. 边坡坡度

边坡坡度是以边坡的高度与边坡底宽之比表示，即

$$边坡坡度 = \frac{H}{B} = \frac{1}{B/H} = 1:m \qquad (1\text{-}26)$$

$$m = \frac{B}{H}$$

式中 m——坡度系数。

土方边坡坡度的大小，应根据土质条件、挖方深度、地下水位、排水情况、施工方法、边坡留置时间、边坡上部荷载及相邻建筑物情况等因素综合确定。

当土质均匀且地下水位低于基坑（槽）或管沟底面标高，且其开挖深度不超过表 1-5 的规定时，挖方边坡可做成直立壁不加支撑。

当土质条件良好，土质均匀且地下水位低于基坑（槽）或管沟底面标高时，挖方深度在10m 以内时，边坡坡度允许值见表 1-6 的规定。

表 1-5　　　　　　　　基坑（槽）和管沟不加支撑时的容许深度

项　次	土　的　种　类	容许深度（m）
1	密实、中密的砂土和碎石类土（填充物为砂土）	1.00
2	硬塑、可塑的粉质黏土	1.25
3	硬塑、可塑的黏土和碎石类土（填充物为黏性土）	1.50
4	坚硬的黏土	2.00

表 1-6 　　　　　　　　　　　　　　边 坡 坡 度 允 许 值

土的类别	密实度或状态	坡度允许值（高宽比）	
		坡高 5m 以内	坡高 5～10m
碎石土	密　实	1：0.35～1：0.50	1：0.50～1：0.75
	中　密	1：0.50～1：0.75	1：0.75～1：1.00
	稍　密	1：0.75～1：1.00	1：1.00～1：1.25
黏性土	坚　硬	1：0.75～1：1.00	1：1.00～1：1.25
	硬　塑	1：1.00～1：1.25	1：1.25～1：1.50

　　注　1. 表中碎石土的填充物为坚硬或硬塑状态的黏性土。

　　　　　2. 对于砂土或填充物为砂土的碎石土，其边坡坡度允许值均按自然休止角确定。

　　边坡开挖时，应注意：

　　(1) 场地边坡开挖应尽量采取沿等高线自上而下，分层、分段依次进行。

　　(2) 边坡台阶开挖，应作成一定坡度以利泄水，边坡下部设有护脚及排水沟时，应尽快处理台阶的反向排水坡，进行护脚矮墙和排水沟的砌筑和疏通，以保证坡脚不被冲刷，在影响边坡稳定的范围内不积水，否则应采取临时性排水措施。

　　(3) 边坡开挖，对软土土坡或易风化的软质岩石边坡，在开挖后应对坡面、坡脚采取喷浆、抹面、嵌补、护砌等保护措施，并做好坡顶、坡脚排水，避免在影响边坡稳定的范围内积水。

　　(4) 基坑边缘堆置土方和建筑材料，或沿挖方边缘移动运输工具和机械时，一般应距基坑上部边缘不少于 2m，堆置高度不应超过 1.5m。在垂直的坑壁边，此安全距离还应适当加大，不宜在软土地区基坑边堆置弃土。

　　2. 边坡稳定

　　土方边坡的稳定，主要是由于土体内颗粒间存在摩阻力和内聚力，从而使土体具有一定的抗剪强度。土体抗剪强度的大小主要取决于土的摩擦角和内聚力的大小。内聚力是由土中水的水膜与土粒之间的分子引力和土中化合物的胶结作用这两方面的影响因素形成的。

　　一般情况下，当土体下滑力超过土体的抗滑能力，边坡就会失去稳定而滑动。土方边坡失去稳定的原因主要是由于土质及外界因素的影响，使土体内的抗剪强度降低或剪应力增加，从而使土体中的剪应力超过其抗剪强度。

　　引起土体抗剪强度降低的原因有：因风化、气候等的影响而使土质变得松软；黏土中的夹层因浸水而产生润滑作用；饱和的细砂、粉砂土因受振动而液化等。

　　引起土体剪应力增加的因素有：基坑边缘附近的荷载，尤其是存在动载；雨水、施工用水渗入边坡，使土的含水量增加，从而使土体自重增加；地下水在土体中渗流而产生动水压力；水浸入土体中的裂缝而产生静水压力等。

　　因此，在土方施工中，针对可能出现的情况，采取必要的护坡措施，注意及时排除雨水，防止坡顶集中堆荷及振动。

　　二、土壁支护

　　基坑(槽)或管沟开挖时，如果土质或周围场地条件允许，采用放坡开挖往往是比较经济的。但是在建筑物稠密的地区施工，有时不允许按规定的坡度进行放坡，或深基坑开挖时，放坡所增加的土方量过大，就需要用设置土壁支撑的施工方法，以保证土方开挖顺利进行，并减少对相邻已建建筑物、管线等的不利影响。

在设置支护结构时，应根据开挖深度、土质条件、地下水位、施工方法、相邻建筑物情况来选择和设计，但支撑必须牢固可靠，确保施工安全。

（一）钢（木）支撑

开挖基槽（坑）或管沟常用的钢（木）支撑，有横撑式支撑和锚碇式支撑等。

1. 横撑式支撑

在开挖狭窄的基槽（坑）或管沟时，多采用横撑式土壁支撑。横撑式支撑根据挡土板放置方式不同，可以分为水平挡土板式和垂直挡土板式。水平挡土板式支撑有水平挡土板、竖楞木和横撑三部分组成，它又可以分为连续式和断续式两种。断续式水平挡土板支撑［图1-9（a）］用于湿度小的黏性土，挖土深度小于3m。连续式水平挡土板支撑用于较潮湿的或散粒的土，挖土深度可达5m。垂直式挡土板支撑［图1-9（b）］用于松散和潮湿度很高的土，挖土深度不限。

采用横撑式支撑时，应随挖随撑，支撑牢固。如有松动变形现象，应及时加固或更换。

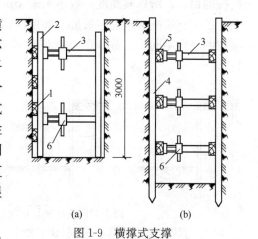

图1-9　横撑式支撑
（a）断续式水平挡土板支撑；
（b）垂直式挡土板支撑
1—水平挡土板；2—立柱；3—工具式横撑；
4—垂直挡土板；5—横楞木；6—调节螺栓

2. 锚碇式支撑

当基坑宽度较大时，横撑自由长度（跨度）过大而稳定性不足或采用机械挖土，基坑内不允许有水平支撑阻拦时，则可设置锚碇式支撑（图1-10），即用拉锚来代替横撑，锚桩应设在土体破坏范围以外，以保证锚碇不失去应有的作用。

（二）板桩支护

板桩是一种支护结构，可用它来抵抗土和水所产生的水平压力，既挡土又挡水。当开挖的基坑较深，地下水位较高且有可能发生流砂时，如果未采用井点降水法，则宜采用板桩支撑，使地下水在土中的渗流路线延长，降低水利坡度，阻止地下水渗入基坑内，从而防止流砂产生。在靠近原有建筑物开挖基坑（槽）时，为防止原有建筑物基础下沉，通常也多采用打板桩方法进行支护。

板桩的种类有钢板桩、木板桩和钢筋混凝土板桩等。

1. 板桩支护结构

常用的钢板桩基本上有平板形和波浪形两种结构类型（图1-11）。平板形板桩，防水和承受轴向力的性能好，易于沉入土中，其侧向抗剪强度较低，适用于地基土质较好、基坑深度不大的工程；波浪形或组合式截面

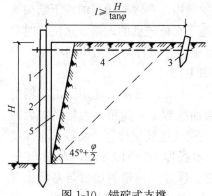

图1-10　锚碇式支撑
1—柱桩；2—挡土板；3—锚桩；4—拉杆；
5—回填土

的钢板桩，防水和抗弯性能较好。板桩支撑根据有无设置锚碇结构，分为无锚碇板桩和有锚碇板桩两类。无锚碇板桩即为悬臂式板桩，这种板桩对于土的性质、荷载大小等非常敏感，由于它仅靠入土部分的土压力来维持

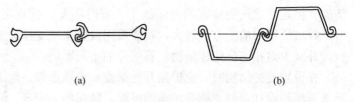

图 1-11　常用的钢板桩
(a) 平板形；(b) 波浪形

板桩的稳定，所以其高度一般不大于 4m，否则就不经济，这种板桩仅适用于较浅基坑的土壁支护。有锚碇板桩是在板桩上部用拉锚桩加以固定，以提高板桩的支护能力。根据拉锚或顶撑的层数不同，又分为单锚钢板桩和多锚钢板桩。实际工程中悬臂板桩与单锚板桩应用较多。

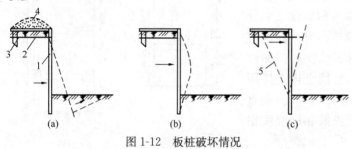

图 1-12　板桩破坏情况
(a) 板桩底端向外移动；(b) 板桩破坏弯曲；(c) 锚碇系统破坏
1—挡土板；2—拉杆；3—锚碇；4—堆载；5—滑裂面

单锚板桩的设计主要取决于板桩入土深度、截面弯矩和锚杆拉力三个要素。工程实践表明，单锚板桩破坏主要有下列几种情况（图 1-12）。

（1）板桩底端向外移动。板桩入土深度不够或由于挖土超深及坑底土过于软弱等，在土压力作用下，都可能产生板桩绕拉锚点转动，使板桩底端向外移动［图 1-12（a）］。

（2）板桩破坏弯曲。板桩本身断面太小，刚度不够，在土压力作用下失稳而弯曲破坏［图 1-12（b）］。

（3）锚碇系统破坏。锚碇系统破坏是由于拉杆强度不够而被拉断，或者是锚碇设置在土体破坏范围以内，板桩将向前倾倒，土体滑移，边坡失稳。

后两种破坏情况，常常是由于施工时，大量弃土无计划的堆置于板桩后面的地面上所引起的，尤其是在雨季施工时更容易发生这种情况。

2. 钢（木）混合板桩式支护结构

钢（木）混合板桩式支护结构又称为工字钢桩衬板支护结构。在埋深较浅的地下结构施工中，常采用此种支护结构，其适用范围为黏土、砂土且地下水位较低的地基（水位高时要降水）。这种结构在软土地基中要慎用，在卵石地基中较难施工。这种支护结构的坑壁土侧压力由衬板传至工字钢桩，再通过导梁传至顶撑或拉锚（图 1-13）。

工字钢桩一般采用普通工字钢 I30～I40，长度一般为 8～12m，可接长使用。工字钢桩间距一般采用 1.0～1.6m，不小于 0.8m，如间距过小则增加桩数量，间距过大则需加大衬板厚度，具体数值可作计算比较后确定。工字钢桩可按简支梁或连续梁计算，一般入土深度为 3～4m。衬板可采用木板、钢板或钢筋混凝土薄板，木板厚 50～100mm，常用 50～60mm，长度由工字钢桩的间距决定，厚度应通过计算确定。顶撑或拉锚的层数与基坑土壁的侧压力大小有关，实际工程中应尽量减少顶撑层数，以减少对地下结构施工的干扰，一般不超过两层。当土质较好，基坑深度在 10m 以内时，应尽可能采用单层顶撑，其位置距地

面不宜超过 4m 以免悬臂弯矩过大，顶撑顶面应高出地下结构顶面至少 500～600mm，以便于进行地下结构顶板混凝土的浇筑及防水层的铺设。顶撑材料有钢、木两种，荷载小、长度不大时（＜7m）可用圆木顶撑，如基坑宽度较大，宜采用钢顶撑（$\phi150～800$mm 的钢管或型钢组合截面）。

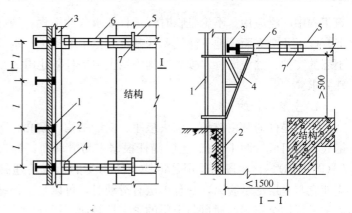

图 1-13 工字钢桩衬板支护结构
1—工字钢桩；2—衬板；3—导梁；4—托架；5—顶撑；
6—活动节；7—销子

H 型钢桩是采用钢厂生产的热轧 H 型钢打（沉）入土中成桩。这种桩在南方较软的土层中应用较多，除用于建筑物桩基外，还可用作基坑支护的立柱，而且还可拼成组合桩以承受更大的荷载。

H 型钢桩与钢管桩相比，穿透能力较强，可穿越中间硬土层；施工挤土量小，切割、接长较方便，取材较易，价格较便宜（20%～30%）等优点。但其承载能力、抗锤击性能要差一些，运输和堆放中易于造成弯折，要特别注意采取一定防弯折技术措施。

施工工艺方法要点：

（1）H 型钢桩的施工工艺程序：现场三通一平，桩机安装、就位→吊桩→插桩→锤击下沉→接桩→再锤击→控制停打标准→基坑开挖→精制钢桩→戴桩帽。

（2）打桩前应将桩位下的旧基础以及大块建筑垃圾清除掉，以利于下沉。

（3）桩起吊、堆放要适当增加吊点或垫木，以防产生过大变形而影响下沉。堆放层数不超过 6 层。

（4）桩顶须设置桩帽，插桩需对准方向，其 X 和 Y 方向必须符合设计图纸要求。

（5）桩锤击时须设置横向稳定措施，一般在桩架下设置活动抱箍，以防止沉入过程中桩发生侧向失稳而停止。

（6）桩接头多采用焊接，螺栓连接强度、刚度较差，极少采用。接桩时要注意不能使桩尖停在硬土层上。

（7）基坑较深宜采用送桩至设计标高，但不宜过深，否则容易使 H 型钢桩移位或者因锤击过多而失稳，送桩可直接用 H 型钢桩加焊钢夹板。

（三）土层锚杆

当基坑开挖深度过大时，悬臂式支护结构变形过大或所需截面过大而不经济，此时通常采用土层锚杆来防止支护结构变形过大并改善其受力状况，降低造价。

土层锚杆是在岩石锚杆的基础上发展起来的，是一种新型的受拉杆件，它的一端与支护结构等连接，另一端锚固在土体中，将支护结构所承受的荷载，如侧向的土压力、水压力以及水上浮力和风力引起的倾覆力等，通过拉杆传递到处于稳定土层中的锚固体上，再由锚固体将传来的荷载分散到周围稳定的土层中去。土层锚杆不仅用于临时支护，而且在永久性建筑工程中广泛应用。不论是临时性工程或永久性工程，均可应用土层锚杆，其应用范围基本上有以下几个方面：地下建筑和深基坑开挖中的支护；水工建筑、船坞、升船台等结构中挡土墙的支护；挡土墙、水坝等结构中用土层锚杆防止滑坡；在特种结构中用土层锚杆解决特殊要求。

1. 土层锚杆的构造

土层锚杆通常由锚头、锚头垫座、支护结构、钻孔、防护套管、拉杆（拉索）、锚固体、锚底板等组成（图1-14）。土层锚杆根据主动滑动面，分为自由段 l_f（非锚固段）和锚固段 l_A（图1-15）。自由段的作用是将锚头所承受的荷载传递到锚固段，它位于不稳定土层中，应使它与土层尽量脱离，一旦土层有滑动时，可以自由伸缩。锚固段位于稳定土层中，应与周围土层结合牢固，通过与土层的紧密接触而将锚杆所受荷载分布到周围的土层中。锚杆锚头的位移主要取决于自由段。

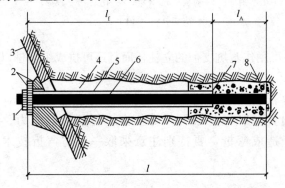

图1-14　土层锚杆

1—锚头；2—锚头垫座；3—支护结构；4—钻孔；

5—防护套管；6—拉杆；7—锚固体；8—锚底板

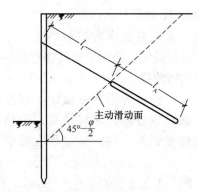

图1-15　土层锚杆自由段
与锚固段的划分

l_f—自由段；l_A—锚固段

土层锚杆的承载能力，取决于拉杆强度、拉杆与锚固体之间的握裹力、锚固体与钻孔土壁之间的摩阻力等因素。要增大单根土层锚杆的承载能力，不仅要增大锚固体的直径，还要增加锚固体的长度，或者采用把锚固段作成扩体以及采用二次灌浆。

土层锚杆由于涉及钢材、水泥和土体三种材料，其承载能力与施工质量有密切关系，而承载能力即锚固力，也是极限抗拔力。根据锚杆拉力的传递方式，锚杆的承载力通常取决于拉杆的极限抗拉强度、拉杆与锚固体之间的极限握裹力、锚固体与土体间的极限侧阻力。

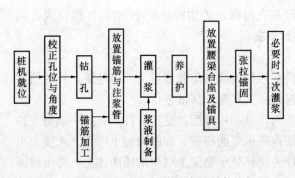

图1-16　土层锚杆的施工顺序

2. 土层锚杆的施工

土层锚杆的施工过程，包括钻孔、安放拉杆、灌浆和张拉锚固。土层锚杆的施工顺序如图1-16所示。

（1）钻孔。土层锚杆的钻孔工艺，直接影响承载能力、施工效率和整个支护工程的成本。常用的钻孔机械按工作原理有回转式、冲击式和万能式三种钻机。钻孔时应尽量不要扰动土体、减少土体的液化，还要减少原来应力场的变化，尽量不使自重应力释放。

（2）安放拉杆。常用的拉杆有钢管（钻杆）、粗钢筋、钢丝束和钢绞线束。由于作用于支护结构上的荷载是通过拉杆传递给锚固体，再传给锚固土层的，在选择拉杆时，主要取决于土层锚杆的承载力，当承载力较小时，一般采用粗钢筋；当承载力较大时，可选用钢丝束和钢绞线束，一般采用钢绞线束。

（3）压力灌浆。压力灌浆是土层锚杆施工中的一个重要工序，施工时应做好记录。灌浆的作用为形成锚固段，将锚杆锚固在土层中防止拉杆腐蚀，充填土层中的孔隙和裂缝。灌浆材料应按设计要求确定，一般宜用灰砂比为 1∶1～1∶2，水灰比为 0.38～0.45 的水泥砂浆，或水灰比为 0.40～0.45 的水泥浆，可加入一定量的外加剂或掺和料。

灌浆方法有一次灌浆法和二次灌浆法。一次灌浆法是用灰浆泵进行灌浆，待浆液流出孔口时，用湿黏土封孔，再以 2MPa 的压力进行补灌。二次灌浆法是第一次以 0.3～0.5MPa 的压力进行灌浆，其灌浆量根据孔径和锚固段的长度而定；待第一次灌浆的浆液初凝后，即可进行第二次灌浆，第二次灌浆压力为 2MPa 左右，稳压 2min，浆液冲破第一次灌浆体，向锚固体与土体接触面之间扩散，使锚固体直径扩大，增加径向压应力。由于二次灌浆的挤压作用，使锚固体周围的土体受到压缩，孔隙比减小，含水量减小，其土体的内摩擦角也提高了。因此，二次灌浆法比一次灌浆法显著提高土层锚杆的承载能力。

（4）张拉和锚固。土层锚杆灌浆后，待锚固体强度达到 70％的设计强度等级后，在支护结构上安装围檩，对土层锚杆进行张拉和锚固，其张拉控制应力 σ_{con} 不宜超过 $0.65 f_{ptk}$ 或 $0.85 f_{ptk}$。

（四）支撑施工注意事项

（1）基坑槽、管沟支撑宜选用质地坚实、无枯节、透节、穿心裂折的松木或杉木，不宜使用杂木。

（2）支撑，应挖一层支撑好一层，并严密顶紧，支撑牢固。严禁一次将土挖好后再支撑。

（3）挡土板或板桩与坑壁间的填土要分层回填夯实，使之严密接触。

（4）施工中应经常检查支撑和观测邻近建筑物的情况，如发现支撑有松动、变形、位移等情况，应及时加固或更换。加固办法可打紧受力较小部分的木楔或增加立柱及横撑等。如换支撑时，应先加新支撑后拆旧支撑。

（5）支撑的拆除应按回填顺序依次进行。多层支撑应自下而上逐层拆除，拆除一层，经回填夯实后，再拆上层。拆除支撑时，应注意防止附近建筑物或构筑物产生下沉和破坏，必要时采取加固措施。

第五节 降 水

在开挖基坑、地槽或其他土方工程施工时，土的含水层常被切断，地下水将会不断地渗入坑内。为保证基坑能在干燥条件下施工，防止边坡失稳、基坑流砂、坑底隆起、坑底管涌和地基承载力下降，必须做好基坑排水工作。

一、动水压力与流砂处理方法

1. 动水压力与流砂现象

流动中的地下水对土颗粒产生的压力称为动水压力。有关动水压力的性质，可通过水在土中流动的力学现象来说明（如图 1-17 所示），水由左端高水位（水头为 h_1），经过长度为 l、截面积为 F 的土体，流向右端低水位（水头为 h_2）。

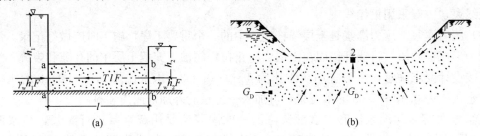

图 1-17　动水压力原理图
(a) 水在土中渗流时的力学现象；(b) 动水压力对地基土的影响
1、2—土粒

水在土中渗流时，作用在土体上的力有：

$\gamma_w h_1 F$ ——作用在土体左端 a-a 截面处的总压力，其方向与水流方向一致（γ_w 为水的重度）；

$\gamma_w h_2 F$ ——作用在土体右端 b-b 截面处的总压力，其方向与水流方向相反；

TlF ——水渗流时受到的土颗粒总阻力（T 为单位土体阻力）。

由静力平衡条件（设向右的力为正）得

$$\gamma_w h_1 F - \gamma_w h_2 F + TlF = 0$$

整理得

$$T = -\frac{h_1 - h_2}{l}\gamma_w \text{（表示方向向左）} \tag{1-27}$$

式中　$\dfrac{h_1 - h_2}{l}$ ——水头差与渗透路程之比，称为水力坡度。

设水在土中渗流时对单位土体的压力为 G_D，即为动水压力，其单位为 N/cm³ 或 kN/m³；由作用力与反作用力相等，方向相反的定律可知

$$G_D = -T = -\frac{h_1 - h_2}{l}\gamma_w \tag{1-28}$$

由式（1-28）可知，动水压力 G_D 的大小与水力坡度成正比，即水位差（$h_1 - h_2$）愈大，则 G_D 愈大，而渗透路程 l 愈长，则 G_D 愈小；动水压力的作用方向与水流方向相同。当水流在水位差的作用下对土颗粒产生向上压力时，动水压力不但使土粒受到了水的浮力，而且还使土粒受到向上推动的压力。如果动水压力等于或大于土的浸水浮重力，即

$$G_D \geqslant \gamma'_w \tag{1-29}$$

则土粒失去自重处于悬浮状态，土的抗剪强度等于零，土粒能随着渗流的水一起流动，这种现象称为流砂现象。

2. 流砂处理方法

当基坑（槽）开挖深于地下水位 0.5m 以下，采取坑内抽水时，坑（槽）底下面的土产

生流动状态随地下水一起涌进坑内，边挖边冒，无法挖深的现象称为流砂现象。

发生流砂时，土完全失去承载力，不但使施工条件恶化，而且流砂严重时，会引起基础边坡塌方，附近建筑物会因地基被掏空而下沉、倾斜，甚至倒塌。

流砂处理方法主要是减小或平衡动水压力或使动水压力向下，使坑底土粒稳定，不受水压干扰，常用的处理措施方法有：

（1）安排在全年最低水位季节施工，使基坑内动水压力减小；

（2）采取水下挖土（不抽水或少抽水），使坑内水压与坑外地下水压相平衡或缩小水头差；

（3）采用井点降水，使水位降至基坑底 0.5m 以下，动水压力的方向朝下，坑底土面保持无水状态；

（4）沿基坑外围四周打板桩，深入坑底下面一定深度，增加地下水从坑外流入坑内的渗流路线，减小动水压力；

（5）采用化学压力注浆或高压水泥注浆，固结基坑周围粉砂层形成防渗帷幕；

（6）往坑底抛大石块，增加土的压重和减小动水压力，同时组织快速施工；

（7）当基坑面积较小，也可采取在四周设钢板护筒，随着挖土不断加深，直到穿过流砂层。

二、集水井降水法

这种方法是在基坑或沟槽开挖时，在坑底设置集水井，并沿坑底的周围或中央开挖排水沟，使水由排水沟流入集水井区，然后用水泵抽出坑外（图 1-18）。

四周的排水沟及集水井应设置在基础边线 0.4m 以外，地下水流的上游。根据地下水量、基坑平面形状及水泵能力，集水井每隔 20～40m 设置一个。

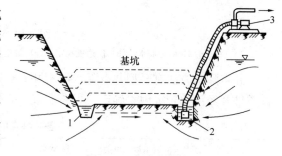

图 1-18 集水坑降水
1—排水沟；2—集水沟；3—水泵

集水井的直径或宽度一般为 0.7～0.8m。井壁可用竹、木或砌筑等简易材料加固。排水沟底宽一般不小于 300mm，沟底纵向坡度一般不小于 3%，排水沟至少比基坑底低 0.3～0.4m，集水井底应比排水沟底低 0.5m 以上。随着基坑开挖逐步加深，沟底和井底均保持这一高度差。

当基坑挖至设计标高后，井底应低于坑底 1～2m，并铺设 0.3m 碎石滤水层，以免在抽水时将泥砂抽出，并防止井底的土被搅动。

三、井点降水法

井点降水法是在基坑开挖前，预先在基坑四周埋设一定数量的滤水管（井），利用真空原理，通过抽水泵不断抽出地下水使地下水位降低到坑底以下，从根本上解决地下水涌入坑内的问题［图 1-19（a）］；井点降水尚可防止边坡由于受地下水流的冲刷而引起的塌方［图 1-19（b）］；可使坑底的土层消除地下水位差引起的压力，防止坑底土上冒［图 1-19（c）］；由于没有了水压，可使支护结构减少水平荷载［图 1-19（d）］；由于没有地下水的渗流，可消除流砂现象［图 1-19（e）］；降低地下水位后，由于土体固结，能使土层密实，增加地基土的承载能力。

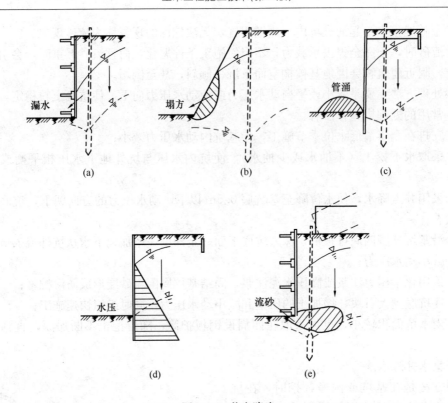

图 1-19　井点降水

(a) 防止涌水；(b) 使边坡稳定；(c) 防止土上冒；(d) 减少水平荷载；(e) 防止流砂

　　井点降水方法有轻型井点降水和管井井点降水。一般根据土的渗透系数、降水深度、设备条件及经济比较等因素确定，可参照表 1-7 选择。

表 1-7　　　　　　　　　　　　　　各种井点的适用范围

井点类型	土层渗透系数（m/d）	降低水位深度（m）	适用土质
一级轻型井点	0.1～50	3～6	黏质粉土、砂质粉土、粉砂、含薄层粉砂的粉质黏土
二级轻型井点	0.1～50	6～12	同上
喷射井点	0.1～5	8～20	同上
电渗井点	<0.1	根据选用的井点确定	黏土、粉质黏土
管井井点	20～200	3～5	砂质粉土、粉砂、含薄层粉砂的黏质粉土、各类砂土、砾砂
深井井点	10～250	>15	同上

　　1. 一般轻型井点设备

　　轻型井点设备由管路系统和抽水设备组成（图 1-20）。

　　管路系统包括滤管、井点管、弯联管及总管等。

　　滤管（图 1-21）为进水设备，通常采用长 1.0～1.2m，直径 ϕ38mm 或 ϕ50mm 的无缝钢管，管壁钻有直径为 12～19mm 的呈星棋状排列的滤孔，滤孔面积为滤管表面积的 20%～25%。钢管外面包扎两层孔径不同的铜丝布或纤维布滤网。滤网外面再绕一层 8 号粗铁丝保护网，滤管下端为一锥形铸铁头，滤管上端与井点管连接。

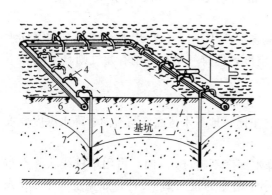

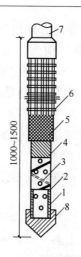

图 1-20 轻型井点降低地下水位全貌图

1—井点管；2—滤管；3—总管；4—弯联管；5—水
泵房；6—原有地下水位线；7—降低后地下水位线

图 1-21 滤管构造

1—钢管；2—管壁上的小孔；3—缠绕的塑料管；4—细滤网；
5—粗滤网；6—粗铁丝保护网；7—井点管；8—铸铁头

井点管为直径φ38mm或φ51mm，长5～7m的钢管，可整根或分节组成。井点管的上端用弯联管与总管相连。

根据水泵和动力设备的不同，轻型井点分为干式真空泵、射流泵和隔膜泵三种。这三者的设备所配用的功率和能负担的总管长度不同，如表1-8所示。

表 1-8 各种轻型井点的配用功率和井点根数与总管长度

轻型井点类别	配用功率（kW）	井点根数（根）	总管长度（m）
干式真空泵井点	18.5～22	70～100	80～120
射流泵井点	7.5	25～40	30～50
隔膜泵井点	3	30～50	40～60

干式真空泵抽水机组由真空泵、离心泵和水汽分离器（又称集水箱）等组成，其工作原理如图1-22所示。

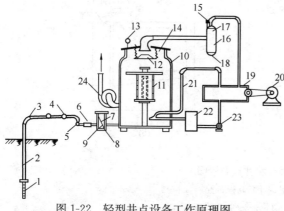

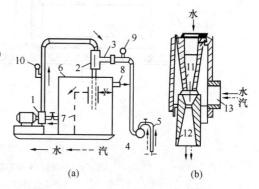

图 1-22 轻型井点设备工作原理图

1—滤管；2—井点管；3—弯管；4、12—阀门；5—集水总管；
6—闸门；7—滤管；8—过滤器；9—淘砂孔；10—水汽分
离器；11—浮筒；13、15—真空计；14—进水管；
16—副水汽分离器；17—挡水板；18—放水口；19—真空
泵；20—电动机；21—冷却水管；22—冷却水箱；
23—循环水泵；24—离心泵

图 1-23 射流泵抽水设备工作图

1—水泵；2—喷射器；3—进水管；4—总管；5—
井点；6—循环水箱；7—隔板；8—泄水口；9—
真空表；10—压力表；11—喷嘴；12—喉管；
13—接水口

干式真空泵和离心泵根据土的渗透系数和涌水量选用。常用的干式真空泵为 W1、W3型，其抽气速率分别为 370m³/h、200 m³/h。常用离心泵为 BA 型水泵，有各种型号（从 2BA-6～8BA-25），根据需要选用。

射流泵抽水机组由喷射扬水器（亦称喷嘴混合室）、BA 型（或 BL 型）离心泵和循环水箱组成，如图 1-23 所示。射流泵能产生较高真空度，但排气量小，稍有漏气则真空度易下降，因此它带动的井点数较少。

2. 轻型井点的布置

井点系统的布置，应根据基坑大小与深度、土质、地下水位高低与流向、降水深度要求等而定。

平面布置：当基坑或沟槽宽度小于 6m 且降水深度不超过 5m 时，可用单排线状井点布置在地下水流的上游一侧，两端延伸长度以不小于槽宽为宜（图 1-24）。如宽度大于 6m 或土质不良，则用双排线状井(图 1-25)。面积较大的基坑宜用环状井点［图 1-26（a）］。

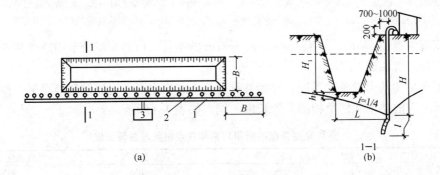

图 1-24　单排线状井点布置图

（a）平面布置；（b）高程布置

1—总管；2—井点管；3—抽水设备

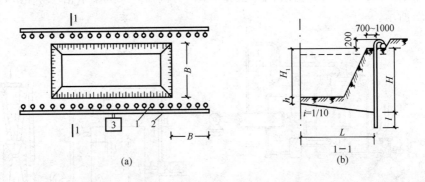

图 1-25　双排线状井点布置图

（a）平面布置；（b）高程布置

1—井点管；2—总管；3—抽水设备

高程布置：井点降水深度，考虑抽水设备的水头损失以后，一般不超过 6m。井点管埋设深度 H［图 1-24（b）、图 1-25（b）、图 1-26（b）］按下式计算

$$H \geqslant H_1 + h + IL \tag{1-30}$$

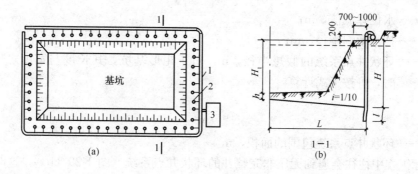

图 1-26　环形井点布置图

(a) 平面布置；(b) 高程布置

1—总管；2—井点管；3—抽水设备

式中　H_1——井点管埋设面至基坑底面的距离，m；

　　　h——基坑底面至降低后的地下水位线的最小距离，一般取 0.5～1.0 m；

　　　I——水力坡度，根据实测双排和环状井点为 1/10，单排井点为 1/4～1/5；

　　　L——井点管至基坑中心的水平距离，单排井点为至基坑另一边的距离，m。

　　当一级井点系统达不到降水深度要求时，可采用二级井点，即先挖去第一级井点所疏干的土，然后再在其底部装设第二级井点（图 1-27）。

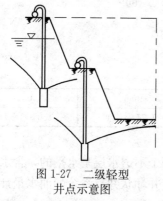

图 1-27　二级轻型
井点示意图

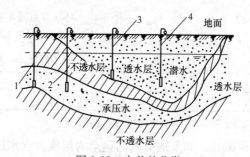

图 1-28　水井的分类

1—承压完整井；2—承压非完整井；3—无压完整井；4—无压非完整井

3. 轻型井点计算

　　根据井底是否达到不透水层，水井可分为完整井与不完整井。凡井底到达含水层下面的不透水层顶面的井称为完整井，否则称为不完整井。根据地下水有无压力，又分为无压井与承压井。各种类型的水井如图 1-28 所示。各类井的涌水量计算方法不同，其中以无压完整井的理论较为完善。

　　对于无压完整井的环状井点系统 ［图 1-29 (a)］，群井涌水量计算公式为

$$Q = 1.366K \frac{(2H-s)s}{\lg R - \lg x_0} \tag{1-31}$$

$$R = 1.95s\sqrt{HK} \tag{1-32}$$

式中　Q——井点系统的涌水量，m^3/d；

　　　K——土的渗透系数，m/d，可以由实验室或现场抽水试验确定；

　　　H——含水层厚度，m；

s ——水位降低值，m；

R ——抽水影响半径，m；

x_0 ——环状井点系统的假想半径，m，对于矩形基坑，其长度与宽度之比不大于 5 时，可按下式计算

$$x_0 = \sqrt{\frac{F}{\pi}} \qquad (1-33)$$

F ——环状井点系统包围的面积，m²。

在实际工程中往往会遇到无压非完整井的环状井点系统 ［图 1-29 (b)］，这时地下水不仅从井的侧面流入，还从井底渗入，因此涌水量要比完整井大。为了简化计算，仍可采用式 (1-31)。此时式中 H 换成有效深度 H_0，H_0 可查表 1-9。当算得 H_0 大于实际含水层的厚度 H 时，则仍取 H 值。

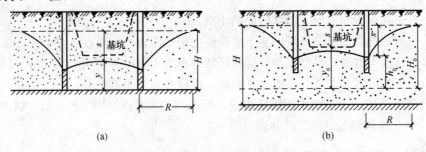

图 1-29　环状井点涌水量计算简图

(a) 无压完整井；(b) 无压不完整井

表 1-9　　　　　　　　　　　有效深度 H_0 值

$s'/(s'+l)$	0.2	0.3	0.5	0.8
H_0	$1.3(s'+l)$	$1.5(s'+l)$	$1.7(s'+l)$	$1.85(s'+l)$

注　s' 为井点管中水位降落值；表中 l 为滤管长度。

对于承压井，如果地下水的运动为层流，含水层上下两个不透水层是水平的，含水层厚度为 M，且井中水深 $H>M$ 时 ［图 1-30 (a)］，则承压完整井环状井点系统的涌水量计算公式为

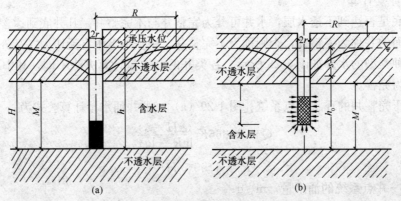

图 1-30　承压井环状井点涌水量计算简图

(a) 承压完整井；(b) 承压非完整井

$$Q = 2.73K \frac{Ms}{\lg(R + x_0) - \lg x_0}$$

对于承压非完整环状井点系统的涌水量计算公式则为 [图 1-29 (b)]

$$Q = 2.73K \frac{Ms}{\lg R - \lg x_0} \times \sqrt{\frac{M}{l + 0.5r}} \times \sqrt{\frac{2M - l}{M}} \tag{1-34}$$

式中　M——承压含水层厚度，m；

　　　r——井点管的半径，m；

　　　l——井点管进入含水层的深度，m。

其他符号与式（1-28）相同。

单根井点管的最大出水量，由下式确定

$$q = 2\pi r_c l_c v = 2\pi r_c l_c 65 K^{\frac{1}{3}} = 130\pi r_c l_c K^{\frac{1}{3}} \tag{1-35}$$

式中　q——单根井点管的最大出水量，m^3/d；

　　　r_c——滤管的半径，m；

　　　l_c——滤管的长度，m；

　　　v——滤管的极限流速，m/s；

　　　K——土的渗透系数，m/d。

井点管数量由下式确定

$$n' = \frac{Q}{q} \tag{1-36}$$

井点管平均间距为

$$D' = \frac{L}{n'} \tag{1-37}$$

第六节　土 方 机 械 化 施 工

一、主要挖土机械的性能

(一) 推土机

推土机是一种在拖拉机上装有推土板等工作装置的土方机械，其行走方式有履带式和轮胎式两种。按推土板的操纵方式不同，可分为索式（自重切土）和液压式（强制切土）两种。

推土机开挖的基本作业是铲土、运土和卸土三个工作行程及空载回驶行程。铲土时应根据土质情况，尽量采用最大切土深度在最短距离（6～10m）内完成，以便缩短低速运行时间，然后直接推运到预定地点。回填土和填沟渠时，铲刀不得超出土坡边沿；上下坡坡度不得超过 35°，横坡不得超过 10°。几台推土机同时作业时，前后距离应大于 8m。

推土机是土方工程施工的主要机械之一，具有操作灵活、运转方便、所需工作面小、可挖土运土、易于转移、行驶速度快、能爬 30°左右的缓坡等优点，因此应用广泛。推土机适用于找平表面、场地平整，开挖深度不大于 1.5m 的基坑（槽），堆筑高 1.5m 的路基、堤坝，短距离移挖作填、回填基坑（槽）、管沟并压实，并且能配合挖土机从事集中土方、清理场地、修路开道等；可推一～三类土，其推土运距宜在 100m 以内，30～60m 时效率最高。在施工过程中，其提高生产率的方法有：

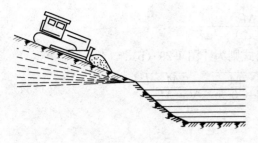

图 1-31　下坡推土法

从铲刀两侧漏散，可增加 10%～30% 的推土量。槽的深度以 1m 左右为宜，槽与槽之间的土坑宽约 50m。槽形挖土法宜在运距较远，土层较厚时使用。

（3）并列推土法。用 2～3 台推土机并列作业（图 1-33），以减少土体漏失量。铲刀相距 15～30cm，一般采用两机并列推土，可增大推土量 15%～30%。并列推土法适用于大面积场地平整及运送土。

（1）下坡推土法。在斜坡上，推土机顺下坡方向切土与堆运（图 1-31），借机械向下的重力作用切土，增大切土深度和运土数量，可提高生产率 30%～40%，但坡度不宜超过 15°，避免后退时爬坡困难。

（2）槽形挖土法。推土机重复多次在一条作业线上切土和推土，使地面逐渐形成一条浅槽（图 1-32），再反复在沟槽中进行推土，以减少土

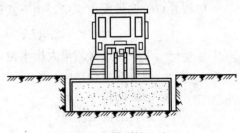

图 1-32　槽形挖土法

（4）分批集中、一次推送法。在硬质土中，切土深度不大，将土先积聚在一个或数个中间点，然后再整批推送到卸土区，使铲刀前保持满载（图 1-34）。堆积距离不宜大于 30m，推土高度以 2m 内为宜，能提高生产效率 15% 左右。此方法宜在运送距离较远而土质又比较坚硬，或长距离分段送土时采用。

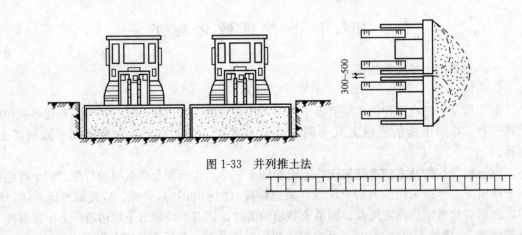

图 1-33　并列推土法

图 1-34　分批集中、一次推送法

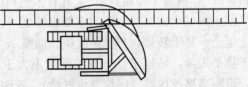

图 1-35　斜角推土法

（5）斜角推土法。将铲刀斜装在支架上或水平放置，并与前进方向成一倾斜角度（松土为 60°，坚实土为 45°）进行推土（图 1-35），可减少机械来回行驶，提高效率，但推土阻力较大，需较大功率的推土机。斜角推土法适用于管沟推土回填、垂直方向无倒车余地，或在坡脚及山坡下推土。

（6）铲刀附加侧板法。对于运送疏松土壤且运距较大时，可在铲刀两边加装侧板，增加铲刀前的土方体积和减少推土漏失量。

（二）铲运机

铲运机按行走机构可分为拖式铲运机和自行式铲运机两种。按铲斗的操纵系统又可分为液压式和索式两种。

铲运机的工作装置是铲斗，铲斗前方有一个能开启的斗门，铲斗前设有切土刀片。切土时，铲斗门打开，铲斗下降，刀片切入土中。铲运机前进时，切下的土挤入铲斗，铲斗装满土后，提起铲斗，放下斗门，将土运至卸土地点。

铲运机操作简单灵活，不受地形限制，不需特设道路，准备工作简单，能独立工作，不需其他机械配合就可完成铲土、运土、卸土、填筑、压实等工序，行驶速度快，易于转移；需用劳力少，动力少，生产效率高。适用于大面积场地平整、压实，开挖大型基坑（槽）、管，填筑路基和堤坝；宜用于开挖含水率在 27% 以下的一～三类土，适于运距800～1500m 的挖运土方工程施工，200～350m 时效率最高。但不适于在砾石层、冻土地带及沼泽地区使用。开挖坚土时需用推土机助铲，开挖三、四类土时宜先用松土机预先翻松20～40cm。

铲运机的基本作业是铲土、运土、卸土三个工作行程及一个空载回驶行程。在施工中，由于挖填区的分布情况不同，为了提高生产效率，应根据不同施工条件（工程大小、运距长短、土的性质和地形条件等），选择合理的开行路线和施工方法。

1. 开行路线

（1）环形开行路线。从挖方到填方按环形路线回转［图 1-36 (a)、(b)、(c)］，作业时应常调换方向行驶，以避免机械行驶部分的单侧磨损。适于长 100m 内，填土高 1.5m 内的路堤、路堑及基坑开挖、场地平整等工程采用。

（2）"8"字形开行路线。装土、运土和卸土时按"8"字形运行，一个循环完成两次挖土和卸土作业［图 1-36 (d)］。装土、卸土沿直线开行时进行，转弯时刚好把土装完或倾卸完毕，但两条路线间的夹角 α 应小于 60°，可减少转弯次数和空车行驶距离，提高生产率，同时一个循环中两次转变方向，可避免机械行驶部分单侧磨损。适于开挖管沟、沟边卸土或取土坑较长（300～500m）的侧向取土、填筑路基以及场地平整等工程采用。

（3）大环形开行路线。从挖方到填方均按封闭的环形路线回转。当挖土和填土交替，而刚好填土区在挖土区的两端时，则可采用大环形路线。其优点是一个循环能完成多次铲土和卸土。减少

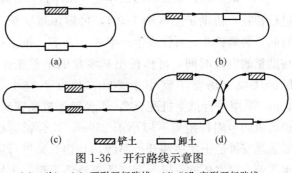

图 1-36 开行路线示意图

(a)、(b)、(c) 环形开行路线；(d)"8"字形开行路线

铲运机的转弯次数，提高生产效率，本法也应常调换行驶方向，以避免机械行驶部分的单侧磨损。适于工作面很短（50～100m）和填方不高（0.1～1.5m）的路堤、路堑、基坑以及场地平整等工程采用。

（4）锯齿形开行路线。铲运机从挖土地段到卸土地段，以及从卸土地段到挖土地段都是顺转弯，铲土和卸土交替进行，直到工作段的末端才转180°弯，然后再按相反方向做锯齿形开行（图1-37）。调头转弯次数相对减少，同时运行方向经常改变，使机械磨损减轻。适于在工作地段很长（500m以上）的路堤、堤坝修筑时采用。

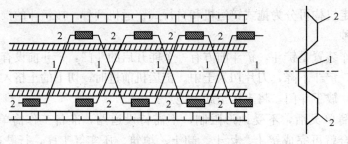

图1-37　锯齿形开行路线

1—铲土；2—卸土

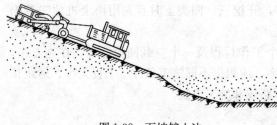

图1-38　下坡铲土法

2. 提高生产率的方法

（1）下坡铲土法。铲运机顺地势（坡度一般为3°～9°）下坡铲土（图1-38），借机械往下运行时重量产生的附加牵引力来增加切土深度和充盈数量，可提高生产率25％左右，最大坡度不应超过20°，铲土厚度以20cm为宜，平坦地形可将取土地段的一端先铲低，保持一定坡度向后延伸，创造下坡铲土条件，一般保持铲满铲斗的下作距离为15～20cm。在大坡度上应放低铲斗，低速前进。适于斜坡地形大面积场地平整或推土回填沟渠用。

（2）跨铲法。在较坚硬的地段挖土时，采取预留土埂间隔铲土（图1-39）。土埂两边沟槽深度以不大于0.3m，宽度在1.6m以内为宜。铲土埂时增加了两个自由面，阻力减少，可缩短铲土时间和减少向外撒土，比一般方法可提高效率。适于较坚硬的土铲土回填或场地平整。

（3）助铲法。在坚硬的土体中，使用自行铲运机，另配一台推土机在铲运机的后拖杆上进行顶推，协助铲土（图1-40），可缩短每次铲土时间，装满铲斗，可提高生产率30％左右，推土机在助铲的空余时间，可作松土和零星的平整工作。助铲法取土场宽不宜小于20m，长度不宜小于40m，采用一台推土机配合3～4台铲运机助铲时，铲运机的半周程距离不应小于250m，几台铲运机要适当安排铲土次序和开行路线，互相交叉进行流水作业，以发挥推土机效率，适于地势平坦、土质

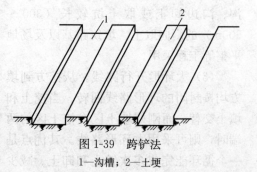

图1-39　跨铲法

1—沟槽；2—土埂

坚硬、宽度大、长度长的大型场地平整工程采用。

（三）挖掘机

1. 正铲挖掘机

装车轻便灵活，回转速度快，移位方便；能挖掘坚硬土层，易控制开挖尺寸，工作效率高。适用于开挖停机面在 1.5m 以上，含水量不大 27％的一～四类土和经爆破后的岩石与冻土碎块，以及大型场地整平土方，工作面狭小且较深的大型管沟和基槽路堑、独立基坑；开挖高度超过挖土机挖掘高度时，可采取分层开挖；

图 1-40 助铲法

土方外运应配备自卸汽车，工作面应有推土机配合平土，集中土方进行联合作业。

正铲挖掘机的挖土特点是前进向上，强制切土。根据开挖路线与运输汽车相对位置的不同，一般有以下两种：

（1）正向开挖，侧向装土法。正铲向前进方向挖土，汽车位于正铲的侧向装车 ［图 1-41 (a)］。铲臂卸土回转角度最小（＜90°），装车方便，循环时间短，生产效率高。此方法用于开挖工作面较大，深度不大的边坡、基坑（槽）、沟渠和路堑等，是最常用的开挖方法。

（2）正向开挖，后方装土法。正铲向前进方向挖土，汽车停在正铲的后面 ［图 1-41 (b)］。开挖工作面较大，但铲臂卸土回转角度较大（在 180°左右），且汽车要侧向行车，增加工作循环时间，生产效率降低（回转角度 180°，效率约降低 23％，回转角度 130°，约降低 13％）。此方法用于开挖工作面较小，且较深的基坑（槽）、管沟和路堑等。

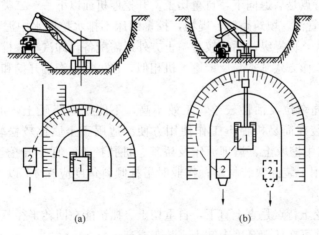

图 1-41 正铲挖掘机挖土示意图
（a）正向开挖，侧向装土；（b）正向开挖，后方装土
1—正铲挖掘机；2—自卸汽车

2. 反铲挖掘机

反铲挖掘机操作灵活，挖土、卸土均在地面作业，不用开运输道。适于开挖地面以下含水量大的一～三类的砂土或黏土，如管沟和基槽、独立基坑、边坡开挖等。最大挖土深度 4～6m，经济合理深度为 1.5～3m，可装车和两边甩土、堆放；土方外运应配备自卸汽车，工作面应有推土机配合推到附近堆放。

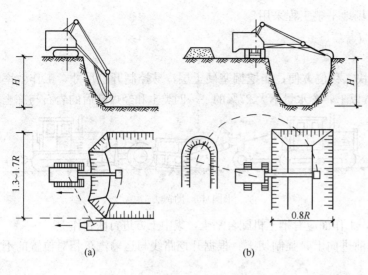

图 1-42　反铲沟端及沟侧开挖法

(a) 沟端开挖法；(b) 沟侧开挖法

反铲挖掘机的挖土特点是后退向下，强制切土。根据挖掘机的开挖路线与运输汽车的相对位置不同，一般有以下几种：

(1) 沟端开挖法。反铲挖掘机停于沟端，后退挖土，同时向沟一侧弃土或装汽车运走 [图 1-42 (a)]。挖掘宽度可不受机械最大挖掘半径的限制。臂杆回转半径仅 45°～90°，同时可挖到最大深度。

(2) 沟侧开挖法。反铲停于沟侧沿沟边开挖，汽车停在机旁装土或往沟一侧卸土 [图 1-42 (b)]。铲臂回转角度小，能将土弃于距沟边较远的地方，但挖土宽度比挖掘半径小，边坡不好控制，同时机身靠沟边停放，稳定性较差，用于横挖土体和需将土方甩到离沟边较远的距离时使用。

3. 拉铲挖掘机

拉铲挖土机的土斗用钢丝绳悬挂在挖土机长臂上挖土时，土斗在自重作用下落到地面，切入土中。其挖土特点是后退向下，自重切土。开挖停机面以下一～二类土，宜于开挖较深较大的基坑（槽）、管沟，填筑路基、堤坝，挖掘河床不排水挖取水中泥土；可挖深坑，挖掘半径及卸载半径大，但操纵灵活性较差。土方外运需配备自卸汽车、推土机。

拉铲挖土机的工作方式基本与反铲挖土机相似，也可分为沟端开挖和沟侧开挖。

4. 抓铲挖掘机

抓铲挖掘机钢绳牵拉灵活性较差，工效不高，不能挖掘坚硬土，可开挖停机面以下一～二类土；可以装在简易机械上工作使用方便。适用于土质比较松软，施工面较狭窄的深基坑（槽），水中挖取土、清理河床及桥基、桩孔挖土；宜于开挖直井或沉井及排水不良的土方；也可用于装卸散装材料；作业时吊杆倾斜角度应在 45° 以上，距边坡应不小于 2m。

抓铲挖掘机的挖土特点是直上直下，自重切土。抓铲能在回转半径范围内，开挖基坑上任何位置的土方，并可在任何高度上卸土（装车或弃土）。

对小型基坑，抓铲立于一侧抓土，对较宽的基坑，则在两侧或四侧抓土。抓铲应离基坑边一定距离，土方可直接装入自卸汽车运走（图 1-43），或堆弃在基坑旁或用推土机推到远处堆放。挖淤泥时，抓斗易被淤泥吸住，应避免用力过猛，以防翻车。抓铲施工一般均需加配重。

二、土方机械的选择

土方机械化开挖应根据现场的地形条件、工程地质条件（如地质构造、土壤含水量、孔隙率等）、水文地质条件（地下水位、流速、流向等）、土的类别、基础形式、工程规模、开

挖深度、土方量、运距、现场和机具设备条
件、工期要求以及土方机械的特点等合理选
择挖土机械，以充分发挥机械效率，节省机
械费用，加速工程进度。

1. 土方机械施工要点

（1）土方开挖应绘制土方开挖图，确定
开挖路线、顺序、范围、基底标高、边坡坡
度、排水沟、集水井位置以及挖出的土方堆
放地点等。绘制土方开挖图应尽可能使机械
多挖，减少机械超挖和人工挖方。

（2）基坑边角部位，机械开挖不到之处，
应用少量人工配合清坡，将松土清至机械作

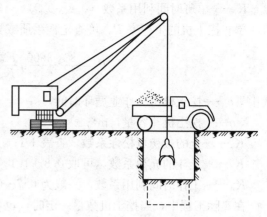

图 1-43 抓铲挖掘机

业半径范围内，再用机械掏取运走，人工清土所占比例一般为 1.5％～4％。大基坑宜另配
一台推土机清土、运土。

（3）挖掘机、运土汽车进出基坑的运输道路，应尽量利用基础一侧或两侧相邻的基础
（以后需开挖的）部位，使它互相贯通作为车道，或利用提前挖除土方后的地下设施部位作
为相邻的几个基坑开挖地下运输通道，以减少挖土量。

（4）机械开挖应由深而浅，基底及边坡应预留一层 150～300mm 厚土层用人工清底、
修坡、找平，以保证基底标高和边坡坡度正确，避免超挖和土层遭受扰动。

（5）基坑土方开挖可能影响邻近建筑物、管线安全使用时，必须有可靠的保护措施。

（6）机械开挖施工时，应保护井点、支撑等不受碰撞或损坏，同时应对平面控制桩、水
准点、基坑平面位置、水平标高、边坡坡度等定期进行复测检查。

（7）雨期开挖土方，工作面不宜过大，应逐段分期完成。坑面、坑底排水系统应保持良
好；汛期应有防洪措施，防止雨水进入基坑；冬期开挖基坑，挖完土要隔一段时间再进行基
础施工，预留适当厚度的松土，以防基土遭受冻结。

2. 挖土机与运土车辆配套计算

采用单斗挖土机进行土方施工时，一般需用自卸汽车配合运土，将挖出的土及时运走。
因此，要充分发挥挖土机的生产率，不仅要正确选择挖土机，而且要使所选择的运土车辆的
运土能力与之相协调。为保证挖土机连续工作，运土车辆的载重量应与挖土机的斗容量保持
一定倍率关系（一般为每斗土重的 3～5 倍），并保持足够数量的运土车辆。

（1）挖土机数量确定。挖土机的数量 N，应根据土方量大小、工期长短及合理的经济
效果，按下式计算

$$N = \frac{Q}{P} \times \frac{1}{TCK} \quad （台）$$ （1-38）

式中　Q——工程土方量，m^3；

　　　P——挖土机单机生产率，m^3/台班；

　　　T——工期（工作日）；

　　　C——每天工作班数；

K——单班时间利用系数（$0.8\sim0.9$）。

单斗挖土机的生产率 P，可查定额手册或按下式计算

$$P = \frac{8\times3600}{t}q\frac{K_c}{K_s}K_B \quad (\text{m}^3/\text{台班}) \tag{1-39}$$

式中　t——挖土机每斗作业循环时间，s；

$\quad\quad q$——挖土机斗容量，m³；

$\quad K_s$——土的最初可松性系数，查表 1-1；

$\quad K_c$——土斗的充盈系数，可取 $0.8\sim1.1$；

$\quad K_B$——工作时间利用系数，一般为 $0.7\sim0.9$。

在实际工程中，当挖土机数量一定时，也可利用式（1-38）来计算工期 T。

（2）自卸汽车配套计算。自卸汽车的数量 N'，应保证挖土机连续工作，可按下式计算

$$N' = \frac{T_s}{t_1} \quad (\text{辆}) \tag{1-40}$$

$$T_s = t_1 + \frac{2l}{v_c} + t_2 + t_3 \tag{1-41}$$

$$t_1 = nt \tag{1-42}$$

$$n = \frac{Q_1}{q\dfrac{K_c}{K_s}\gamma} \tag{1-43}$$

上式中　T_s——自卸汽车每一运土循环的延续时间，min；

$\quad\quad t_1$——自卸汽车每次装车时间，min；

$\quad\quad n$——自卸汽车每车装土次数；

$\quad\quad Q_1$——自卸汽车的载重，kN；

$\quad\quad \gamma$——实土重度，一般取 17kN/m³；

$\quad\quad l$——运土距离，m；

$\quad\quad v_c$——重车与空车的平均速度，m/min，一般取 $20\sim30$km/h；

$\quad\quad t_2$——自卸汽车卸土时间，min，一般为 1min；

$\quad\quad t_3$——自卸汽车操纵时间，min，包括停放待装、等车、让车等，一般为 $2\sim3$min。

第七节　土方填筑与压实

为保证填方工程满足强度、变形和稳定性方面的要求，既要正确选择填土的土料，又要合理选择填筑和压实的方法。

一、土料的选择

填方土料应符合设计要求，保证填方的强度和稳定性，如设计无要求时，应符合以下规定：

（1）碎石类土、砂土和爆破石渣（粒径不大于每层铺土厚的 2/3），可用于表层下的填料；

(2) 含水量符合压实要求的黏性土，可作各层填料；

(3) 淤泥和淤泥质土，一般不能用作填料，但在软土地区，经过处理含水量符合压实要求的土可用于填方中的次要部位；

(4) 碎块草皮和有机质含量大于 8％的土，仅用于无压实要求的填方。

填土土料含水量的大小，直接影响到夯实（碾压）质量，在夯实（碾压）前应先进行试验，以得到符合密实度要求条件下的最优含水量和最少夯实（或碾压）遍数，含水量过小，夯压（碾压）不实；含水量过大，则易成橡皮土。各种土的最优含水量和最大密实度参考数值见表 1-10。

表 1-10　　　　　　　　土的最优含水量和最大干密度参考数值

项　　次	土的种类	变　动　范　围	
		最优含水量（％）（重量比）	最大干密度（t/m³）
1	砂土	8～12	1.80～1.88
2	黏土	19～23	1.58～1.70
3	粉质黏土	12～15	1.85～1.95
4	粉土	16～22	1.61～1.80

注　1. 表中土的最大干密度应以现场实际达到的数字为准；

　　2. 一般的回填土，可不作此项测定。

二、基底的处理

对基底的处理应符合设计要求。设计无要求时，应符合下列规定：

(1) 场地回填应先清除基底垃圾、草皮、树根，排除坑穴中积水、淤泥和杂物，并应采取措施防止地表滞水流入填方区，浸泡地基，造成基土下陷。

(2) 当填方基底为耕植土或松土时，应将基底充分夯实和碾压密实。

(3) 当填方位于水田、沟渠、池塘或含水量很大的松散土地段，应根据具体情况采取排水疏干，或将淤泥全部挖出换土、抛填片石、填砂砾石、翻松、掺石灰等措施进行处理。

(4) 基地填土应分层并夯实。

三、填筑要求

填方前，应根据工程特点、填料种类、设计压实系数、施工条件等合理选择压实机具，并确定填料含水量控制范围、铺土厚度和压实遍数等参数。一般要求是：

(1) 填土应尽量采用同类土填筑，并宜控制土的含水率在最优含水量范围内。当采用不同的土填筑时，应按土类有规则地分层铺填，将透水性大的土层置于透水性较小的土层之下，不得混杂使用。边坡不得用透水性较小的土封闭，以利水分排除和基土稳定，并避免在填方内形成水囊和产生滑动现象。

(2) 填土应从最低处开始，由下向上整个宽度分层铺填碾压或夯实。

(3) 在地形起伏之处，应做好接槎，上下层错缝距离不应小于 1m，接缝部位不得留在基础、墙角、柱墩等重要部位。

四、填土的压实

1. 填土压实的一般要求

密实度要求。填方土的密实度要求和质量指标通常以压实系数 λ_c 表示。压实系数为土的控制（实际）干土密度 ρ_d 与最大干土密度 ρ_{dmax} 的比值。最大干土密度 ρ_{dmax} 是当为最优含水量时，通过标准的击实方法确定的。密实度一般要求根据工程结构性质、使用要求以及土的性质确定，如未作规定，可参考表 1-11 的数值。

表 1-11　　　　　　　　　　　压实填土的质量控制

结构类型	填土部位	压实系数 λ_c	控制含水量（%）
砌体承重结构和框架结构	在地基主要受力层范围内	≥0.97	$w_{op}\pm2$
	在地基主要受力层范围以下	≥0.95	
排架结构	在地基主要受力层范围内	≥0.96	$w_{op}\pm2$
	在地基主要受力层范围内以下	≥0.94	

注　1. 压实系数 λ_c 为压实填土的控制干密度 ρ_d 与最大干土密度 ρ_{dmax} 的比值，w_{op} 为最优含水量。

　　2. 地坪垫层以下即基础底面标高以上的压实填土，压实系数不应小于 0.94。

压实填土的最大干密度 ρ_{dmax}（t/m^3）宜采用击实试验确定。

当无试验资料时，可按下式计算

$$\rho_{dmax} = \eta \frac{\rho_w d_s}{1+0.01 w_{op} d_s} \tag{1-44}$$

式中　η——经验系数，对黏土取 0.95，粉质黏土取 0.96，粉土取 0.97；

　　　ρ_w——水的密度，t/m^3；

　　　d_s——土粒相对密度；

　　　w_{op}——最优含水量（%）（以小数计），可按当地经验或取 w_p+2（w_p 为土的塑限），或参考表 1-6 取用。

2. 填土压实的影响因素

填土压实质量与许多因素有关，其中主要影响因素为压实功、土的含水量以及每层铺土的厚度。

（1）压实功的影响。填土压实后的密度与压实机械在其上所做的功有一定关系。土的密度与所耗功的关系如图 1-44 所示。当土的含水量一定，在开始压实时，土的密度急剧增加，待到接近土的最大密实度时，压实功增加很多，而土的密度则变化甚小。

（2）含水量的影响。在同一压实功的作用下，填土的含水量对压实质量有直接影响。较为干燥的土，由于颗粒之间的摩阻力较大，因而不易压实。当土具有适当含水量时，水起了润滑作用，土颗粒之间的摩阻力减小，从而易压实。土在最优含水量条件下，使用同样压实功进行压实，所得到的密度最大（图 1-45）。

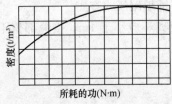

图 1-44　土的密度与压实功关系

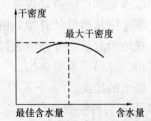

图 1-45　土的干密度与含水量的关系

（3）铺土厚度和压实遍数。填土每层铺土厚度和压实遍数视土的性质、设计要求的压实系数和使用的压（夯）实机具性能而定，一般应进行现场碾（夯）压试验确定。表1-12为压实机械和工具每层铺土厚度与所需的压实（夯实）遍数的参考数值。如无试验依据，可参考应用。

表 1-12 　　　　　　　　　　　　　　填土施工时铺土厚度和压实遍数

压实机具	分层厚度（mm）	每层压实遍数
平　　碾	250～300	6～8
振动压实机	250～350	3～4
柴油打夯机	200～250	3～4
人工打夯	不大于 200	3～4

五、填土压实的方法

填土压实的方法有碾压法、夯实法和振动压实法三种。

1. 碾压法

碾压法是由沿着表面滚动的鼓筒或轮子的压力压实土壤。碾压法主要用于大面积的填土，如场地平整和大型基坑回填等工程。压实机械有平碾、羊足碾和振动碾。

平碾压路机又称光碾压路机，按重量等级分轻型（3～5t）、中型（6～10t）和重型（12～15t）三种；按装置形式的不同，分单轮压路机、双轮压路机及三轮压路机几种；按作用于土层荷载的不同，分静作用压路机和振动压路机两种。

平碾压路机具有操作方便，转移灵活，碾压速度较快等优点，但碾轮与土的接触面积大，单位压力较小，碾压土层密实度大于下层。

静作用压路机适用于薄层填土或表面压实、平整场地、修筑堤坝及道路工程；振动平碾适用于填料为爆破石渣、碎石类土、杂填土或粉土的大型填方工程。

碾压机械的碾压方向应从填土区两侧逐渐压向中心，每次碾压应有 150～200mm 的重叠，机械开行的速度，平碾不应超过 2km/h，羊足碾不应超过 3km/h，振动碾不应超过 2km/h。

2. 夯实法

夯实法是利用夯锤自由下落的冲击力来夯实土壤，主要用于基坑（槽）、管沟及各种零星分散、边角部位的小面积回填，可以夯实黏性土和非黏性土。夯实法分人工夯实和机械夯实两种。

人工夯实常用的工具有木夯、石夯等。

机械夯实有冲击式和振动式之分，由于体积小、重量轻、构造简单、机动灵活，操纵、维修方便，夯击能量大，夯实工效较高，在建筑工程上使用广泛。但劳动强度较大，常用的有蛙式打夯机、柴油打夯机等，适用于黏性较低的土（砂土、粉土、粉质黏土）、基坑（槽）、管沟及各种零星分散、边角部位的填方夯实，以及配合压路机对边缘或边角碾压不到之处的夯实。这种方法主要用于小面积的回填土。适合于夯实砂性土、湿陷性黄土、杂填土以及含有石块的填土。

3. 振动压实法

振动压实法是将重锤放在土层的表面或内部，借助于振动设备使重锤振动，土壤颗粒即发生相对位移达到紧密状态。此法用于振实非黏性土效果较好。

第八节　爆　破　工　程

爆破是利用炸药产生剧烈的化学反应，在极短的时间内释放出大量的高温、高压的气体，冲击和压缩周围的介质，使其受到不同程度的破坏而达到施工的目的。爆破技术广泛应用于场地平整，地下工程石方开挖，基坑（槽）或管沟工程石方开挖，施工现场障碍物的清理，冻土的开挖以及在改建工程中的开挖。

一、爆破的基本概念

埋在介质内一定深度的炸药引爆后，原来一定体积的炸药，在极短的时间内，由固体（或液体）状态转变为气体状态，体积增加，并产生大量的气体、压力及冲击力，同时产生很高的温度，使周围介质遭受到不同程度的破坏，这称之为爆破。

1. 爆破作用圈

爆破时，介质距离爆破中心的远近，使其所受到的影响是不相同的，通常把爆破作用范围划分为以下几个作用范围，即爆破作用圈（图1-46）：

（1）压缩圈。距离爆破中心最近，在此范围内受到爆破作用的影响最大。对于可塑的泥土，会受到压缩而形成孔穴；对于坚硬的岩石，则会被粉碎，此圈也称为破碎圈。

（2）抛掷圈。这个范围内的介质受到爆破作用力较压缩圈小，但介质原有的结构被破坏，使其分裂为各种形状的碎块，且爆破作用力有能力使这些碎块获得运动速度。若有临空面，碎块会发生抛掷现象。

（3）破坏圈。这个范围内的介质在受到爆破作用力后，虽然其介质的结构受到不同程度的破坏，但没有余力将介质抛出。工程上，把这个范围内被破碎成独立碎块的部分，称为松动圈；把只形成裂缝，互相间仍连成整体的部分，称为破裂圈。

（4）振动圈。在这个范围内的介质，因爆破作用力无法使其结构产生破坏，而只能产生振动。

2. 爆破漏斗

当埋设在地下的炸药爆炸后，地面会形成一个爆破坑，一部分介质被抛掷出地面，另一部分介质仍回落在爆破坑内，此坑称为爆破漏斗（图1-47）。

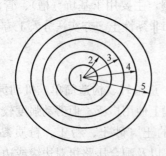

图1-46　爆破作用圈示意图
1—药包；2—压缩圈；3—抛掷圈；4—破坏圈；5—振动圈

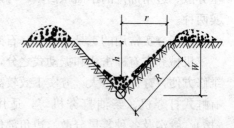

图1-47　爆破漏斗

爆破漏斗的几个主要参数：

最小抵抗线 W：从药包中心距离临空面的最短距离。

爆破漏斗半径 r：漏斗上口的圆周半径。

最大可见深度 h：从坠落在坑内的介质表面距临空面的最大距离。

爆破作用半径 R：从药包中心距爆破漏斗上口的边距。

爆破漏斗的实际形状是多种多样的，其大小随介质的性质、药包的性质和大小、药包的埋置深度而有所不同。一般以爆破作用指数 n 来表示，即

$$n = \frac{r}{W} \tag{1-45}$$

当 $n=1$ 时，称为标准抛掷爆破漏斗；

当 $n<1$ 时，称为减弱抛掷爆破漏斗；

当 $n>1$ 时，称为加强抛掷爆破漏斗。

3. 药包量计算

药包按爆破作用分为内部作用药包、松动药包、抛掷药包（包括标准抛掷、加强抛掷、减弱抛掷药包）和裸露药包，如图 1-48 所示；药包按形状分为集中药包和延长药包，凡形状为球形，高度不超过直径的 4 倍的圆柱形，或最长边不超过其他任意最短边 4 倍的直角六面体，称为集中药包；凡药包的高度超过上述标准的药包，均属延长药包。

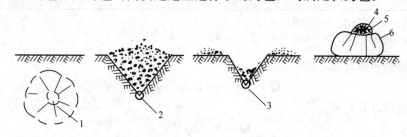

图 1-48 药包作用分类示意图

1—内部作用药包；2—松动药包；3—抛掷药包；4—裸露药包；5—覆盖物（砂或黏土）；6—爆破物

药包的重量称为药包量。药包量的大小根据岩石的软硬程度、岩石的缝隙、临空面的多少、预计爆破的土石方体积，以及现场施工经验而定。其计算的基本原理是假定药包量的大小与被爆破的岩石体积和岩石的坚硬程度成正比。

标准抛掷药包量，即

$$Q = qV \tag{1-46}$$

式中　q——炸药单位消耗量，kg/m^3，按爆破 $1m^3$ 土石所消耗的药包量计，见表 1-13；

　　　V——标准抛掷漏斗的体积，m^3。

$$V = \frac{1}{3}\pi r^3 h = \frac{1}{3}\pi W^3 = W^3 \tag{1-47}$$

$$Q = qeW^3 \tag{1-48}$$

式中　e——换算系数，见表 1-14。

表 1-13　　　　　　　　　　　炸药单位消耗量 q 值

土石类别	一	二	三	四	五	六	七	八
$q(kg/m^3)$	0.50~1.00	0.60~1.10	0.90~1.30	1.20~1.50	1.40~1.65	1.60~1.85	1.80~2.60	2.10~3.25

注　1. 本表以 2 号岩石硝铵炸药为标准计算，用其他炸药时，乘以 e 值，见表 1-14。

　　2. 表中所得 q 值，是一个临空面情况，如有两个以上临空面时乘以表 1-15 中的系数 K_q 值。

　　3. 表中 q 值是在堵塞情况良好，即堵塞系数（实际堵塞长度与计算堵塞长度之比）为 1 时定出，其他情况见表 1-16 中的 K_d 值。

表 1-14　　　　　　　　　　　　炸药换算系数 e 值

炸药名称	型　号	e 值	炸药名称	型　号	e 值
岩石硝铵炸药	2 号	1	胶质炸药	35%普通	1.06
露天硝铵炸药	1 号、2 号	1.14	铵油炸药		1.14~1.36
胶质炸药	62%普通	0.89	T.N.T		1.05~1.14
胶质炸药	62%耐冻	0.89	黑火药		1.14~1.42

表 1-15　　　　　　　　　　　　药包质量、爆破体积与临空面关系

临空面（个）	质量系数 K_q	爆破体积系数 K_u	临空面（个）	质量系数 K_q	爆破体积系数 K_u
1	1.00	1.0	4	0.50	5.7
2	0.83	2.3	5	0.33	6.5
3	0.67	3.7	6	0.17	8.0

表 1-16　　　　　　　　　　　　堵塞系数 K_d 值

堵塞系数 B'/B	1.00	0.75	0.50	0.25	0
K_d	1.0	1.2	1.4	1.7	2.0

注　1. B' 为实际堵塞长度；B 为计算堵塞长度。

　　2. 本表采用烈性炸药，如采用黑火药，K_d 取 1.6。

加强抛掷药包量计算，即

$$Q = (0.4 \sim 0.6n^3)qeW^3 \tag{1-49}$$

松动药包量计算，即

$$Q = 0.33qeW^3 \tag{1-50}$$

二、炸药和起爆方法

1. 炸药

炸药是由可燃物质（氮、氢）和助燃物质（氧）所组成的化合物，炸药受一定外力作用（如热能、机械能、爆炸能等），就能引起高速化学分解反应，并放出大量的气体和热量。炸药有液态和固态两种形态，具有下列性能：

（1）炸药的敏感度。炸药的敏感度是指引起爆炸反应的难易程度。在火花、摩擦、撞击和光等外界能量的作用下能引起炸药爆炸，在实际工程中，其敏感度应控制在一定范围内，按不同情况选择。炸药的敏感度包括爆燃点、发火性、对机械作用的敏感度、起爆敏感度和殉爆距离。

（2）炸药的威力。炸药的威力包括爆力、猛度和爆速。爆力是指炸药爆炸时对周围介质的破坏能力；猛度是表示炸药粉碎周围介质的能力；爆速是指炸药爆炸时炸药的分解速度，通常为 $200 \sim 8000 m/s$。

（3）炸药的稳定性。炸药的稳定性是指炸药爆炸时，爆速是否发生变化的性能。主要指标为药包直径和密度。

（4）炸药的安定性。炸药的安定性是指炸药在储运过程中的变质情况。

（5）氧平衡。氧平衡有正氧平衡、负氧平衡和零氧平衡。正氧平衡的炸药爆炸时，会生成一氧化氮、二氧化氮；负氧平衡炸药爆炸时，会生成一氧化碳，这些气体一方面会吸收部分热量，另一方面具有毒性。因此，在配制炸药时，必须注意接近零氧平衡，或者有少量正氧平衡，决不允许出现负氧平衡。

2. 起爆方法

要使炸药爆炸，必须给予一定的外界能量，这就是引爆或起爆。其主要方法有火花起爆法、电力起爆法、导爆索起爆法和导爆管起爆法。

（1）火花起爆法。火花起爆法是利用导火索在燃烧时产生的火花引爆火雷管，先使药卷爆炸，从而引起全部炸药爆炸。其主要器材有火雷管、导火索和点火材料等。火雷管（图1-49）由雷管壳、正副起爆炸药和加强帽三部分组成。外壳有铜、铁和纸三种，管壳开口的一段，留出15mm左右的空隙端，以便插入导火索，下端制成窝槽（聚能穴），以便爆力集中。加强帽又称金属帽，中央有一小孔（称过火孔或传火机），当插入管口的导火索点燃后，火焰通过小孔使雷管爆炸。

（2）电力起爆法。电力起爆法是利用电雷管中的电力引火剂通电发热燃烧使雷管起爆，以代替导火索引爆炸药的方法。大规模爆破及同时起爆较多炮眼时，多采用电力起爆法。其主要器材有电雷管、电线、电源及测量仪表。图1-50所示为电力起爆法的一种线路布置。

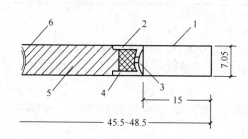

图 1-49　火雷管（单位：mm）	图 1-50　电力起爆装置
1—外壳；2—加强帽；3—帽孔；4—正起爆炸药； 5—副起爆炸药；6—窝槽	1—电源；2—主线；3—区域线；4—连接线； 5—端线；6—电雷管；7—药包（药室）

电雷管是一种用电流起爆的雷管。主要是由普通雷管和电力引火装置组成，当通电后，电阻丝发热，使发火剂点燃，引起正起爆炸药爆炸。电雷管按点火爆发的时间长短（图1-51）分为即发电雷管和迟发电雷管两种。迟发电雷管是在电力引火装置与起爆药之间放上一段缓燃剂而成的。

（3）导爆索起爆。导爆索的外线和导火索的外线相似，但它的药芯是由高级烈性炸药组成的，传爆速度7000m/s以上。

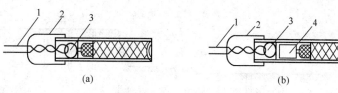

图 1-51　电雷管
（a）即发电雷管；（b）迟发电雷管
1—脚线；2—绝缘涂料；3—球形发火剂；4—缓燃剂

导爆索起爆不需雷管，但本身必须用雷管引爆。这种方法成本高，主要用于深孔爆破和大规模的药室爆破，不宜用于一般的炮眼法爆破。导火索与导爆索的区别见表1-17。

（4）导爆管起爆法。导爆管起爆法又称为非电起爆法，是利用导爆管起爆药的能量来引爆雷管，然后使药包爆炸。主要器材有起爆元件（击发枪或雷管）、传爆元件（塑料导爆管、火雷管和连接块或胶带）和末端工作元件（塑料导管和即发或迟发电雷管）。

表 1-17   导火索与导爆索的区别

主要性能	导火索（导火线）	导爆索（传爆线）
外　观	外径 5.2～5.8mm，白色	外径 5.7～6.2mm，红色或红黄相间
药　芯	黑火药，呈黑色	黑索金，呈白色
反应方式与速度	燃烧、燃速；正常燃速导火索 110～130s/m；缓燃导火索 180～210s/m，或 240～350s/m	爆炸，爆速 6500～7000m/s
作　用	传递燃烧，引爆火雷管	传递爆炸，引爆炸药
防水性能	基本上不防水	可用于水上爆破作业
有效期	2a（即两年）	2a（即两年）
作用时须注意	1. 日晒易使防湿涂料溶解，受凉后易折断； 2. 黑火药有吸湿性，含水量>1%时，质量显著降低。含水量>5%，甚至干后不能燃点	1. 切断时要用锋利的刀子，禁止锯割； 2. 耐冻、耐热、耐水； 3. 可用导爆索代替雷管直接起爆

导爆管起爆法的特点为：

1）传爆性能。一个传爆雷管能可靠地起爆数根导爆管，实现网路群起爆。

2）使用安全可靠。在强电场（可耐 30kV）、杂散电流的场地不起爆，受岩石冲击和火焰的影响较小。

3）具有良好的防水性能。在 100m 深水中经 48h 浸泡仍能正常起爆和传爆，也能在 80℃ 高温或 −40℃ 低温下正常传爆和起爆。

三、爆破方法

1. 裸露爆破法

将药包放在被爆破岩体的凹处，并覆盖厚度大于药包高度的砂或黏土，然后引爆。此法主要用于炸除孤石或大块岩石的改炮。

2. 炮孔爆破法

炮孔爆破法又称为炮眼爆破法，其施工程序是先在被爆破的岩体上钻一定深度和直径的炮孔，再在炮孔内装药、封堵进行起爆。根据炮孔的深度和直径，一般分为浅孔爆破法和深孔爆破法。但无论是浅孔或是深孔爆破，其爆破类型多为松动爆破，且采用延长药包，仅在少数的情况下，才采用集中药包抛掷爆破。

（1）浅孔爆破法。浅孔爆破法的孔径一般为 25～75mm，孔深为 1～5m，如图 1-52 所示。

最小抵抗线 W 视炸药的性能、装药直径、起爆方法和地质条件等确定，一般为 20～40 倍装药直径。炮孔的深度 L 应根据岩石的坚硬程度、梯段高度和抵抗线的长度等确定，一般为

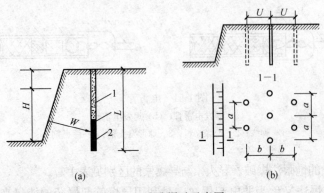

图 1-52　浅孔爆破示意图
(a) 炮孔深度；(b) 炮孔布置
1—堵塞物；2—炸药

$$L = (0.99 \sim 1.15)H \qquad (1\text{-}51)$$

式中 H——梯阶高度，根据工程规模，开挖厚度，施工进度和钻孔机械、挖掘机械的性能等确定。

药包量按松动爆破药包量的公式 $Q = K'eW^3$ 计算。K' 值见表 1-18。在实际工程中，由于炮孔数量多，往往是根据炮孔深度和岩石情况来确定装药量，而且还要堵塞 1/3 的深度。因此，实际装药量为炮孔深度的 1/3~1/2，最少不能小于 1/4。

表 1-18 K' 值 表

f（值）	1~2	3~4	5	6	8	10	12	14	16	20
K'（kg/m³）	0.40	0.43	0.46	0.50	0.53	0.56	0.60	0.64	0.67	0.70

注 f 为岩石坚固系数；K' 为统计资料，为采用 2 号岩石炸药时的数据。

炮孔的布置一般为梅花形，炮孔的间距 a 视不同的起爆方法而定。

火花起爆 $\qquad\qquad a = (1.4 \sim 2.0)W$

电力起爆 $\qquad\qquad a = (0.8 \sim 2.0)W$

如有多排炮孔时，其排距 b 为 $\quad b = (0.8 \sim 1.2)W$

炮孔装药后要进行堵塞，堵塞时，可用 1 份黏土、2 份粗砂或含水量适当的松散土料进行堵塞，若炮孔为水平或斜向时，则用 2 份黏土、1 份粗砂作成比炮孔直径小 5~8mm，长为 100~150mm 的圆柱形炮泥进行堵塞。堵塞时，对于紧靠起爆药卷的堵塞料不要捣压，以免震动雷管引起爆炸，后装入堵塞料则要轻轻捣实，在捣实过程中注意不要碰坏导火索或雷管脚线。

（2）深孔爆破法。深孔爆破炮孔直径为 75~120mm，深度为 5~15m，属于延长药包的中型爆破。这种爆破方法需要大型钻孔机械进行钻孔，其特点是生产效率高，一次爆破量大，单位岩石体积的钻孔量少，但爆落的岩石不均匀，有 10%~25% 的大石块需要进行二次爆破。适用于料场、深基坑的松爆，场地整平，高梯阶爆破各种岩石。

3. 药壶爆破法

此法是在炮孔底部装入少量炸药，经过几次爆破扩大成葫芦形状，最后装入主药包进行爆破（图 1-53）。

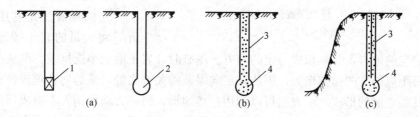

图 1-53 药壶爆破法示意图

（a）药壶的形成；（b）具有一个临空面的药壶爆破；（c）具有两个临空面的药壶爆破

1—小药包；2—药壶；3—炸药包；4—堵塞物

此法属于集中药包类型，规模为中等爆破，与炮孔爆破法相比，具有爆破效果好、工效快、进度快、炸药消耗量少等特点，但扩大到葫芦形的操作较为复杂，爆落的岩石不均匀。此法适用于软质岩石和中等硬度岩层，高度不大于 10m 的梯段中。

药壶爆破的布药方式有崩落悬岩法和梯段爆破法。崩落悬岩法对于临空面越多且越大的地段越有效。梯段爆破时，其梯段高 H 一般为 $10\sim20\text{m}$，最小抵抗线长度随梯段高度而定，一般 $W=(0.5\sim0.8)H$，H 较大时 W 取小值，H 较小时 W 则取大值；药壶排炮的排距 $b=1.8W$，孔距 $a=1.5W$；起爆时，必须采用电力起爆；当爆落高梯段岩层时，可用药壶与延长药包相结合，或与斜孔联合布置。

集中药包松动爆破药包量 Q 为

$$Q = AqW^3 \tag{1-52}$$

式中　A——系数，平坦地面取 $1/2$，斜坡地面取 $1/3$。

斜坡坡度为 $70°$ 时药包量 Q 为

$$Q = 0.33eqW^3 \tag{1-53}$$

药壶所需炸药量 Q 为

$$Q = eqW^3F \tag{1-54}$$

式中　F——松动系数，取 $0.33\sim0.45$，最小不小于 0.2。

药壶高梯段爆破最小抵抗线长度的选择，视岩石高梯段高 H 的不同而定。当 $H=2\sim4\text{m}$ 时，$W=0.8H$；当 $H=4\sim6\text{m}$ 时，$W=0.6H$；当 $H=8\sim9\text{m}$ 时，$W=0.5H$。

4. 预裂爆破法

预裂爆破法是沿岩体设计开挖面与主炮孔之间布置一排预裂炮孔，使预裂炮孔超前主孔炮 $50\sim150\text{m}$ 起爆，从而沿设计开挖面将岩石拉断，形成 $1\sim2\text{cm}$ 的贯通裂缝，当爆破完成后，岩石开挖面便形成要求的轮廓尺寸（图1-54）。

预裂爆破法的特点为：

（1）保证预留岩体应有的稳定性；

（2）实现岩石开挖面轮廓的平整；

（3）使爆破保留区达到减震的目的。

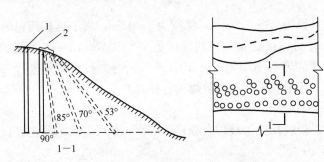

图1-54　预裂爆破钻孔布置
1—预裂炮孔；2—主炮孔

5. 定向爆破法

定向爆破法是利用爆破的作用，将大量的岩土按照指定的方向搬移到一定的地点，并堆积成一定的填方。爆破时，岩土沿最小抵抗线，即从药包中心到临空面最短距离的方向抛掷出去。因此，定向爆破的关键之处，是如何合理选择临空面来布置炮孔。其临空面的形成，一方面可以利用自然地形，另一方面可用人工造成任何需要的孔穴或定向槽，从而便于形成最小抵抗线的方向能指向工程需要的方向，而将爆破的岩土抛向指定的位置。图1-55所示是几个定向爆破示意图。

四、爆破安全技术措施

爆破作业要认真贯彻执行爆破安全规程及有关规定，做好爆破作业前后各施工工艺的操作检查与处理，杜绝各种安全事故的发生。特别应注意下列问题：

（1）爆破器材的领取、运输和储存，应有严格的规章制度。雷管和炸药不得同车装运、同库储存。仓库离工厂或住宅区要有一定的安全距离，并严加警卫。

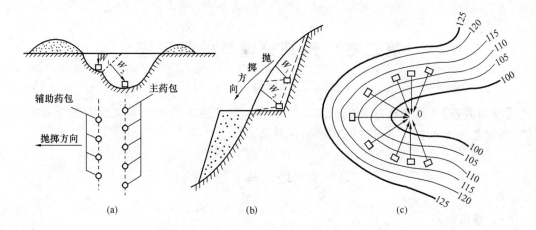

图 1-55　定向爆破示意图
(a) 水平地面单侧定向爆破；(b) 半挖半填定向爆破；
(c) 斜坡地面两侧一端集中堆积定向爆破

(2) 爆破施工前，应做好安全爆破准备工作，划好安全距离，设置警戒哨。闪电雷鸣时禁止装药、接线。施工操作时应严格按安全操作规程办事。

(3) 爆破时发现举报，必须先查清原因，然后再进行处理。

(4) 炮眼深度超过 4m 时，须用两个雷管起爆，如深度超过 10m，则不得用火花起爆。

第二章 地基处理与桩基工程

【**学习要点**】 熟悉地基处理施工工艺方法；掌握桩基础的基本概念和原理；熟悉桩基施工工艺；了解沉井及墩基础的施工工艺。

第一节 地 基 处 理

一、换填地基

（一）灰土地基

灰土地基是将基础底面下要求范围内的软弱土层挖去，用一定比例的石灰与土，在最优含水量情况下，充分拌和，分层回填夯实或压实而成。灰土地基具有一定的强度、水稳性和抗渗性，施工工艺简单，费用较低，是一种应用广泛、经济、实用的地基加固方法。适用于加固深度为 1～4m 厚的软弱土、湿陷性黄土、杂填土等，还可用作结构的辅助防渗层。

1. 材料要求

（1）土料。采用就地挖出的黏性土及塑性指数大于 4 的粉土，土内有机质含量不得超过 5%。土料应过筛，其颗粒不应大于 15mm。

（2）石灰。应用Ⅲ级以上新鲜的块灰，含氧化钙、氧化镁越高越好，使用前 1～2 天消解并过筛，其颗粒不得大于 5mm，且不应夹有未熟化的生石灰块粒及其他杂质，也不得含有过多的水分。

2. 施工工艺方法要点

（1）对基坑（槽）应先验槽，消除松土，并打两遍底夯，要求平整干净，如有积水、淤泥应晾干，局部有软弱土层或孔洞，应及时挖除后用灰土分层回填夯实。

（2）灰土配合比应符合设计规定，一般用 3:7 或 2:8（石灰:土，体积比）多用人工翻拌，不少于 3 遍，使其达到均匀，颜色一致，并适当控制含水量，现场以手握成团，两指轻捏即散为宜，一般最优含水量为 14%～18%。如含水分过多或过少时，应稍晾干或洒水湿润，如有球团应打碎，要求随拌随用。

（3）铺灰应分段分层夯筑，每层虚铺厚度可参见表 2-1，夯实机具可根据工程大小和现场机具条件用人力或机械夯打或碾压，遍数按设计要求的土密度由试夯（或碾压）确定，一般不少于 1～4 遍。

表 2-1　　　　　　　　　　　　灰土最大虚铺厚度

夯实机具种类	用量（m³）	虚铺厚度（mm）	备　注
石夯、木夯	0.04～0.08	200～250	人工夯，落距 400～500mm，夯实后为 80～100mm 厚
轻型夯实机械	0.12～0.4	200～250	蛙式打夯机、柴油打夯机，夯实后为 100～150mm 厚
压路机	6～10	200～300	双轮

（4）灰土分段施工时，不得在墙角、柱基及承重窗间墙下接缝，上下两层的接缝距离不得小于 500mm，接缝处应夯压密实，并作成直槎。当灰土地基高度不同时，应做成阶梯形，每阶宽不少于 500mm，对作辅助防渗层的灰土，应将地下水位以下结构包围，并处理好接缝。同时注意接缝质量、每层虚土及留缝处往前延伸 500mm，夯实时应夯过接缝 300mm 以上，接缝时，用铁锹在留缝处垂直切齐，再铺下段夯实。

（5）灰土应当日铺填夯压，入坑（槽）灰土不得隔日夯打。夯实后的灰土 30 天内不得受水浸泡，并及时进行基础施工与基坑回填，或在灰土表面作临时性覆盖，避免日晒雨淋。雨季施工时，应采取适当防雨、排水措施，以保证灰土在基坑（槽）内无积水的状态下进行。刚打完的灰土，如突然遇雨，应将松软灰土除去，并补填夯实，稍受湿的灰土在晾土后补夯。

（6）冬期施工，必须在基层不冻的状态下进行，土料应覆盖保温，冻土及夹有冻块的土料不得使用；已熟化的石灰应在次日用完，以充分利用石灰熟化时的热量，当日拌和灰土应当日铺填夯完，表面应用塑料面及草袋覆盖保温，以防灰土垫层早期受冻降低强度。

3. 质量控制

（1）施工前应检查原材料，如灰土的土料、石灰及配合比、灰土拌匀程度。

（2）施工过程中应检查分层铺设厚度，分段施工时上下两层的搭接长度，夯实时加水量、夯压遍数等。

（3）每层施工结束后检查灰土地基的压实系数。压实系数 λ_c 为土在施工时实际达到的干密度 ρ_d 与室内采用击实试验得到的最大干密度 ρ_{dmax} 之比，即

$$\lambda_c = \frac{\rho_d}{\rho_{dmax}} \tag{2-1}$$

灰土应逐层用贯入仪检验，以达到控制（设计要求）压实系数所对应的贯入度为合格，或用环刀取样检测灰土的干密度，除以试验的最大干密度求得。施工结束后，应检验灰土地基的承载力。

（二）砂和砂石地基

砂和砂石地基（垫层）是采用砂或砂砾石（碎石）混合物，经分层夯（压）实，作为地基的持力层，提高基础下部地基强度，并通过垫层的压力扩散作用，降低地基的压应力，减少变形量，同时垫层可起排水作用，地基土中孔隙水可通过垫层快速地排出，能加速下部土层的沉降和固结。

砂和砂石地基应用范围广泛，不用水泥、石材。由于砂颗粒大，可防止地下水因毛细作用上升，地基不受冻结的影响，能在施工期间完成沉陷；用机械或人工都可使地基密实，施工工艺简单，可缩短工期，降低造价等。适用于处理 3.0m 以内的软弱、透水性强的黏性土地基，包括淤泥、淤泥质土；不宜用于加固湿陷性黄土地基及渗透系数小的黏性土地基。

1. 材料要求

（1）砂。宜用颗粒级配良好、质地坚硬的中砂或粗砂，当用细砂、粉砂时，应掺加粒径 20～50mm 的卵石（或碎石），但要分布均匀，砂中有机质含量不超过 5%，含泥量应小于 5%，兼作排水垫层时，含泥量不得超过 3%。

（2）砂石。用自然级配的砂砾石（或卵石、碎石）混合物，粒级应在 50mm 以下，其含量应在 50% 以内，不得含有植物残体、垃圾等杂物，含泥量小于 5%。

2. 构造要求

垫层的构造要求有足够的厚度,以置换可能被剪切破坏的软弱土层;又要有足够的宽度,以防止垫层向两侧挤出。

(1) 垫层的厚度。垫层的厚度一般为 0.5~2.5m,不宜大于 3.0m,否则费工费料,施工比较困难,也不够经济,小于 0.5m 则作用不明显。

(2) 垫层的宽度。垫层顶面每边宜超出基础底边不小于 300mm,或从垫层底面两侧向上按当地经验的要求放坡。大面积整片垫层的底面宽度,常按自然倾斜角控制适当加宽。

3. 施工工艺方法要点

(1) 铺设垫层前应验槽,将基底表面浮土、淤泥、杂物清除干净,两侧应设一定坡度。防止振捣时塌方。

(2) 垫层底面标高不同时,土面应挖成阶梯或斜坡搭接,并按先深后浅的顺序施工,搭接处应夯压密实。分层铺设时,接头应做成斜坡或阶梯形搭接,每层错开 0.5~1.0m,并注意充分捣实。

(3) 人工级配的砂砾石,应先将砂、卵石拌和均匀后,再铺夯压实。

(4) 垫层铺设时,严禁扰动垫层下卧层及侧壁的软弱土层,防止被践踏、受冻或受浸泡,降低其强度。如垫层下有厚度较小的淤泥或淤泥质土层,在碾压荷载下抛石能挤入该层底面时,可采取挤淤处理。先在软弱土面上堆填块石、片石等,然后将其压入以置换和挤出软弱土,再做垫层。

(5) 垫层应分层铺设,分层夯或压实。基坑内预先安好 5m×5m 网格标桩。控制每层砂垫层的铺设厚度。每层铺设厚度、砂石最优含水量控制及施工机具、方法的选用参见表 2-2。振夯压要做到交叉重叠 1/3,防止漏振、漏压。夯实、碾压遍数、振实时间应通过试验确定。用细砂作垫层材料时,不宜使用振捣法或水撼法,以免产生液化现象。

表 2-2　　　　　　　　　　　砂垫层和砂石垫层铺设厚度及施工最优含水量

捣实方法	每层铺设厚度 (mm)	施工时最优含水量 (%)	施工要求	备　注
平振法	200~250	15~20	1. 用平板式振捣器往复振捣,往复次数以简易测定密实度合格为准; 2. 振捣器移动时,每行应搭接三分之一以防振动面积不搭接	不宜使用于细砂或含泥量较大的砂铺筑砂垫层
插振法	振捣器插入深度	饱和	1. 用插入式振捣器; 2. 插入间距可根据机械振捣大小决定; 3. 不用插至下卧黏性土层; 4. 插入振捣完毕,所留的孔洞应用砂填实; 5. 应有控制地注水和排水	不宜使用于细砂或含泥量较大的砂铺筑砂垫层
水撼法	250	饱和	1. 注水高度略超过铺设面层; 2. 甩钢叉摇撼捣实,插入点间距100mm左右; 3. 有控制地注水和排水	湿陷性黄土、膨胀土、细砂地不得使用

续表

捣实方法	每层铺设厚度 （mm）	施工时最优含水量 （％）	施工要求	备　注
夯实法	150～200	8～12	1. 用木夯或机械夯； 2. 木夯重 40kg，落距 400～500mm	适用于砂石垫层
碾压法	150～350	8～12	压路机往复碾压，碾压次数以达到要求密实度为准，一般不少于 4 遍，用振动压实机械振动 3～5mm	适用于大面积的砂石垫层，不宜用于地下水位以下的砂垫层

（6）当地下水位较高或在饱和的软弱地基上铺设垫层时，应加强基坑内及外侧四周的排水工作。防止砂垫层泡水引起砂的流失，保持基坑边坡稳定；或采取降低地下水位措施，使地下水位降低到基坑底 500mm 以下。

（7）当采用水撼法或插振法施工时，以振捣棒振幅半径的 1.75 倍为间距（一般为 400～500mm）插入振捣，依次振实，以不再冒气泡为准，直至完成；同时应采取措施做到有控制地注水和排水。

垫层接头应重复振捣，插入式振动棒振完所留孔洞应用砂填实，在振动首层的垫层时，不得将振动棒插入原土层或基槽边部，以避免使软土混入砂垫层而降低砂垫层的强度。

（8）垫层铺设完毕，应立即进行下道工序施工，严禁小车及人在砂层上面行走，必要时应在垫层上铺板行走。

4. 质量控制

（1）施工前应检查砂、石等原材料的质量及砂、石拌和均匀程度。

（2）施工过程中必须检查分层厚度和分段施工时搭接部分的压实情况、加水量、压实遍数、压实系数。

（3）施工结束后，应检查砂及砂石地基的承载力。

（三）粉煤灰地基

粉煤灰是火力发电厂的工业废料，有良好的物理力学性能，用它作为处理软弱土层的换填材料，已在许多地区得到应用。它具有承载能力和变形模量较大，可利用废料、施工方便、快速，质量易于控制，技术可行，经济效果显著等优点。可用于作各种软弱土层换填地基的处理，以及作大面积地坪的垫层等。

粉煤灰垫层具有遇水后强度降低的特点，其经验数值是：对压实系数 $\lambda_c = 0.90 \sim 0.95$ 的浸水垫层，其容许承载力可采用 $120 \sim 200kPa$，可满足软弱下卧层的强度与地基变形要求。

1. 施工工艺方法要点

（1）铺设前，应清除地基土垃圾。排除表面积水，平整场地，并用 8t 压路机预压两遍，使密实。

（2）垫层应分层铺设与碾压，铺设厚度用机械夯为 200～300mm，夯完后厚度为 150～200m；用压路机为 300～400mm，压实后为 250mm 左右，对小面积基坑、槽垫层，可用人工分层摊铺；用平板振动器或蛙式打夯机进行振（夯）实，每次振（夯）板应重叠 1/2～1/3 板，往复压实。由两侧或四侧向中间进行。夯实不少于 3 遍。大面积垫层应采用推土机摊铺，先用推土机预压两遍，然后用 8t 压路机碾压，施工时压轮重叠 1/2～1/3 轮宽、往复碾压，一般碾压 4～6 遍。

（3）粉煤灰铺设含水量应控制在最优含水量范围内。如含水量过大时，需摊铺晾干后再碾压，粉煤灰铺设后，应于当天压完；如压实时含水量过小，呈现松散状态，则应洒水湿润再压实，洒水的水质不得含有油质，pH 值应为 6～9。

（4）夯实或碾压时，如出现"橡皮土"现象，应暂停压实，可采取将垫层开槽、翻松、晾晒或换灰等办法处理。

（5）每层铺完经检测合格后，应及时铺筑土层，以防干燥、松散、起尘、污染环境，并应严禁车辆在其上行驶；全部粉煤灰垫层铺设完经验收合格后，应及时进行浇筑混凝土垫层，以防日晒、雨淋破坏。

（6）冬期施工，最低气温不得低于 0℃，以免粉煤灰含水冻胀。

2. 质量控制

（1）施工前应检查粉煤灰材料，并对基槽清底状况、地质条件予以检查。

（2）施工过程中应检查铺筑厚度、碾压遍数、施工含水量控制、搭接区碾压程度、压实系数等。

（3）施工结束后，应对地基的压实系数进行检查，并做载荷试验。载荷试验（平板载荷试验或十字板剪切试验）数量，每单位工程不少于 3 点，3000m² 以上工程，每 300m² 至少1 点。

二、夯实地基

1. 重锤夯实地基

重锤夯实是利用起重机械将夯锤提升到一定高度，然后自由落下，重复夯击基土表面，使地基表面形成一层比较密实的硬壳层，从而使地基得到加固。本法使用轻型设备易于解决，施工简便，费用较低；但布点较密，夯击遍数多，施工期相对较长，同时夯击能量小，孔隙水难以消散、加固深度有限，当土的含水量稍高，易夯成橡皮土，处理较困难。适用于地下水位 0.8m 以上，稍湿的黏性土、砂土、饱和度小于 60 的湿陷性黄土、杂填土以及分层填土地基的加固处理。但当夯击对邻近建筑物有影响或地下水位高于有效夯实深度时，不宜采用，重锤表面夯实的加固深度一般为 1.2～2.0m。湿陷性黄土地基经重锤表面夯实后，透水性有显著降低。可消除湿陷性，地基土密度增大，强度可提高 30%。对杂填土则可以减少其不均匀性，提高承载力。

2. 施工工艺方法要点

（1）施工前应进行试夯确定有关技术参数，如夯锤重量、底面直径及落距、最后下沉量及相应的夯击遍数和总下沉量。最后下沉量是指最后两击平均每击土面的夯沉量，对黏性土和湿陷性黄土取 10～20mm；对砂土取 5～10mm；对细颗粒土不宜超过 10～20mm。落距宜大于 4m，一般为 4～6m。夯击遍数由试验确定，通常取比试夯确定的遍数增加 1～2 遍，一般为 8～12 遍。土被夯实的有效影响深度，一般约为重锤直径的 1.5 倍。

（2）夯实前，槽、坑底面的标高应高出设计标高，预留土层的厚度可为试夯时的总下沉量再加 50～100mm；基槽、坑的坡度应适当放缓。

（3）夯实时地基土的含水量应控制在最优含水量范围以内，一般相当于土的塑限含水量±2%。现场简易测定方法是：以手捏紧后，松手土不散、易变形而不挤出，抛在地上即呈碎裂为合适；如表层含水量过大，可采取撒干土、碎砖、生石灰粉或换土等措施；如土含水量过低，应适当洒水，加水后待全部渗入土中，一昼夜后方可夯打。

（4）基底标高不同时，应按先深后浅的程序逐层挖土夯实，不宜一次挖成阶梯形，以免夯打时在高低相交处发生坍塌。夯打做到落距正确，落锤平稳，夯位准确，基坑的夯实宽度应比基坑每边宽 0.2～0.3m。基槽底面边角不易夯实部位应适当增大夯实宽度。

（5）重锤夯实填土地基时，应分层进行，每层的虚铺厚度以相当于锤底直径为宜。夯实层数不宜少于两层，夯实完后，应将基坑、槽表面修整至设计标高。

（6）重锤夯实在 10～15m 以外对建筑物振动影响较小，可不采取防护措施，在 10～15m 以内，应挖防振沟等作隔振处理。

（7）冬期施工，如土已冻结，应将冻土层挖去或通过烧热法将土层融解。若基坑挖好后不能立即夯实，应采取防冻措施，如在表面覆盖草垫、锯屑或松土保温。

（8）夯实结束后，应及时将夯松的表层浮土清除或将浮土在接近最优含水量状态下重新用 1m 的落距夯实至设计标高。

第二节　钢筋混凝土预制桩施工

桩基础是一种常用的深基础形式，当天然地基上的浅基础沉降量过大或地基的承载力不能满足设计要求时，往往采用桩基础。

桩基础是由桩身和承台组成，桩身全部或部分埋入土中，顶部有承台连成一体，在承台上修筑上部建筑。

按桩上的荷载传递机理可分为端承桩和摩擦桩（图 2-1）两种类型。端承桩是指在极限承载力状态下，桩顶荷载由桩端阻力承受的桩；摩擦桩是指在极限承载力状态下，桩顶荷载由桩侧阻力承受的桩。按桩身材料不同可分为木桩、混凝土或钢筋混凝土桩、钢桩、砂石桩、灰土桩。按桩的制作工艺可分为预制桩和现场灌注桩。预制桩是在工厂或施工现场制成的各种材料和形式的桩，然后用沉桩设备将桩打入、压入、振入土中。灌注桩是在桩位上先成孔，然后再孔内灌注混凝土，或者加入钢筋后再灌注混凝土而成的。

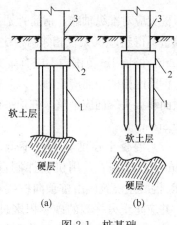

图 2-1　桩基础
（a）端承桩；（b）摩擦桩
1—桩；2—承台；3—上部结构

一、钢筋混凝土预制桩的制作、起吊、运输与堆放

钢筋混凝土预制桩能承受较大的荷载、坚固耐久、施工速度快，但对周围环境影响较大，是我国广泛应用的桩型之一。常用的钢筋混凝土预制桩有方形实心断面桩和圆柱体空心断面桩。钢筋混凝土方桩的断面边长为 250～550mm；桩的制作长度主要取决于运输条件及桩架高度。如在工厂制作，长度不宜超过 12m；如在现场预制，长度不宜超过 30m；混凝土强度等级不宜低于 C30。

（一）桩的制作

1. 制作程序

桩的制作程序（图 2-2）是：现场制作场地应压实、整平→场地地坪作三七灰土或浇筑混凝土→支模→绑扎钢筋骨架、安设吊环→浇筑混凝土→养护至 30% 强度拆模→支间隔端

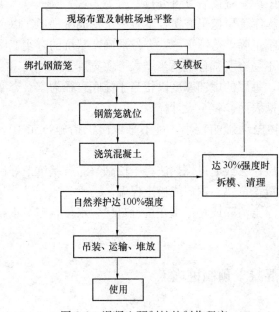

图 2-2　混凝土预制桩的制作程序

头模板、刷隔离剂、绑钢筋→浇筑间隔桩混凝土→同法间隔重叠制作第二层桩→养护至 70% 强度起吊→达 100% 强度后运输、堆放。

2. 制作方法

（1）混凝土预制桩可在工厂或施工现场预制，现场预制多采用工具式木模板或钢模板，支在坚实平整的地坪上，模板应平整牢靠，尺寸准确。用间隔重叠法生产，桩头部分使用钢模堵头板，并与两侧模板相互垂直，桩与桩之间用塑料薄膜、油毡、水泥袋纸或刷废机油、滑石粉隔离剂隔开，邻桩与上层桩的混凝土须待邻桩或下层桩的混凝土达到设计强度的 30% 以后进行浇筑。重叠层数一般不宜超过四层。

（2）桩中的钢筋应严格保证位置的正确，桩尖应对准纵轴线，钢筋骨架主筋连接宜采用对焊或电弧焊，主筋接头配置在同一截面内的数量不得超过 50%；相邻两根主筋接头截面的距离应大于 35d（d 为主筋直径），且不小于 500mm，桩顶 1m 范围内不应有接头。桩顶钢筋网的位置要准确，纵向钢筋顶部保护层不应过厚，钢筋网格的距离应正确，以防锤击时打碎桩头，同时桩顶面和接头端面应平整，桩顶平面与桩纵轴线倾斜不应大于 3mm。

（3）混凝土强度等级应不低于 C30，粗骨料用 5～40mm 碎石或卵石，用机械拌制混凝土，坍落度不大于 6cm，混凝土浇筑应由桩顶向桩尖方向连续浇筑，不得中断，并应防止另一端的砂浆积聚过多，并用振捣器捣实。接桩的接头处要平整，使上下桩能互相贴合对准。浇筑完毕应洒水养护不少于 7 天。

（二）桩起吊

当桩的混凝土达到设计强度等级的 70% 后方可起吊，吊点应在设计规定之处，如无吊环，吊点位置的确定随桩长而异，当吊点为 1～2 个时利用正负弯矩相等；当吊点多于 3 个时，利用反力相等。可按图 2-3 所示位置设置吊点起吊。在吊索与桩间应加衬垫，起吊应平稳提升，同时要采取相应措施保护桩身质量，防止撞击和受振动。

（三）桩运输和堆放

桩运输时的强度应达到设计强度标准值的 100%，长桩

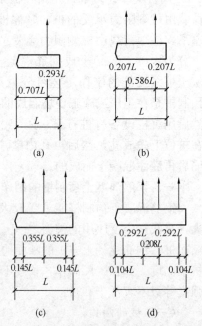

图 2-3　预制桩吊点的位置
（a）1 个吊点；（b）2 个吊点；
（c）3 个吊点；（d）4 个吊点

运输可采用平板拖车、平台挂车运输；短桩运输也可采用载重汽车。现场运距较近，也可采用轻轨平板车运输。装载时桩支撑应按设计吊钩位置或接近设计吊钩位置叠放平稳并垫实，支撑或绑扎牢固，以防运输中晃动或滑动。

堆放场地应平整坚实，排水良好。桩应按规格分层叠置，支撑点应设在吊点或临近处保持在同一横断平面上，各层垫木应上下对齐并支撑平稳，堆放层数不宜超过 4 层，运到打桩位置堆放，应布置在打桩架附设的起重钩工作半径范围内，并考虑到起吊方向，避免转向。

二、钢筋混凝土预制桩沉桩

（一）锤击沉桩施工方法

打桩机主要包括桩架、桩锤和动力装置三部分。桩锤是对桩施加冲击力，将桩打入土中的机具；桩架的作用是将桩固定在桩架上，并在打桩过程中引导桩入土的方向；动力装置主要包括驱动桩锤及卷扬机用的动力设备。

1. 常用桩锤的技术性能

桩锤主要有落锤、柴油锤、汽锤、振动锤、液压锤等。

（1）落锤。落锤构造简单，使用方便，能随意调整高度。轻型落锤可用人力拉升，一般用卷扬机拉升施打。落锤生产效率低、桩身的损坏也较大，重量一般为 0.5～1.5t，重型锤可达数吨。

落锤适用于在黏土和含砂、砾石较多的土层中打桩。

（2）柴油锤。柴桩锤又分导杆式和筒式两类，其中以筒式柴油锤使用较多，它是一种气缸固定活塞上下往复运动冲击的柴油锤，其特点是柴油在喷射时不雾化，只有被活塞冲击才雾化，其结构合理，有较大的锤击能力，工作效率高，还能打斜桩。

柴油锤适用于打设钢板桩以及在软弱地基上打设 12m 以下的混凝土桩，但不适用于在松软土或硬土中打设。

（3）汽锤。汽锤以饱和蒸汽为动力，使锤体上下运动冲击桩头进行沉桩，具有结构简单、动力大、工作可靠、能打各种桩等特点，但需配备锅炉，移动较麻烦，目前已很少应用。

（4）振动锤。振动锤有三种形式，即刚性振动锤、柔性振动锤和振动冲击锤，其中以刚性振动锤应用最多，效果最好。

振动锤具有沉桩、拔桩两种作用，在桩基施工中应用较多，多与桩架配套使用，也可不用桩架，起重机吊起即可工作，沉桩不伤桩头，无有害气体。

（5）液压锤。液压打桩锤的冲击块通过液压装置提升到预定高度后再快速释放，以自由落体方式打击桩体。也可在冲击块提升至预定高度后再以液压系统施加作用力，使冲击块获得加速度，以提高冲击速度与冲击能量，后者也称为双作用液压锤。

液压锤具有很好的工作性能，且无烟气污染、噪声较低，软土中起动性比柴油锤有很大改善，但它结构复杂、维修保养工作量大、价格高、作用效率比柴油锤低。

锤击成桩时，为防止桩受冲击应力过大而损失，已采用重锤低击方法。桩锤过轻，锤击能很大一部分被桩身吸收，桩头容易打碎而桩不易入土。

2. 桩架选用

桩架是打桩的专用起重和导向设备，其作用主要是起吊桩锤、桩或料斗，插桩，给桩导向，控制和调整沉桩位置及倾斜度。按行走方式的不同，桩架可分为滚筒式、多功能式、履带式、悬挂式等（见图 2-4～图 2-6）。桩架的选用主要根据：①所选定桩锤的形式、质量和尺寸；②桩的材料、材质截面形式与尺寸、桩长和桩的连接方式；③桩的种类、桩数、桩的布置方式；④作业空间、桩的打入位置；⑤打桩的连续程度与工期要求。

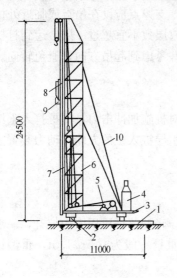

图 2-4　滚筒式桩架

1—垫木；2—滚筒；3—底座；4—锅炉；
5—卷扬机；6—桩架；7—龙门；
8—蒸汽锤；9—桩帽；10—缆绳

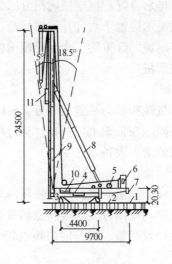

图 2-5　多功能式桩架

1—枕木；2—钢轨；3—底盘；4—回转
平台；5—卷扬机；6—司机室；7—平衡
重；8—撑杆；9—挺杆；10—水平调整
装置；11—桩锤与桩帽

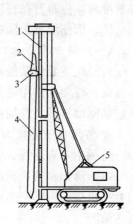

图 2-6　履带式桩架

1—导架；2—桩锤；3—桩
帽；4—桩；5—吊车

桩架主要由底盘、导杆、斜杆、滑轮组和动力设备等组成，桩架的高度可按桩长需要分节组装，每节长 3～4m。桩架的高度一般等于桩长＋滑轮组高＋桩锤长度＋桩帽高度＋起锤移位高度（取 1～2m）。

（二）静力压桩施工方法

静压法沉桩是通过静力压桩机的压桩机构，以压桩机自重和桩机上的配重作反力而将预制钢筋混凝土桩分节压入地基土层中成桩。其特点是：桩机全部采用液压装置驱动，压力大，自动化程度高，纵横移动方便，运转灵活；桩定位精确，不易产生偏心，可提高桩基施工质量；施工无噪声、无振动、无污染；沉桩采用全液压夹持桩身向下施加压力，可避免锤击应力及打碎桩头，桩截面可以减小，混凝土强度等级可降低 1～2 级，配筋比锤击法可省40%；效率高，施工速度快，压桩速度每分钟可达 2m，正常情况下每台班可完成 15 根。比锤击法缩短 1/3 工期；压桩力能自动记录，可预估和验证单桩承载力；施工安全可靠、便于拆装维修、运输等；但存在压桩设备较笨重，要求边桩中心到已有建筑物间距较大，压桩力受一定限制，挤土效应仍然存在等问题。

静压法沉桩适用于在软土、填土及一般黏性土层中应用，特别适合于居民稠密及危房附近等环境保护要求严格的地区沉桩，但不宜用于地下有较多孤石、障碍物或有 4m 以上硬隔离层的情况。

1. 静压法沉桩机理

静压预制桩主要应用于软土、一般黏性土地基。在桩压入土过程中，以桩机本身的重量

（包括配重）作为反作用力，以克服压桩过程中的桩侧摩阻力和桩端阻力。当预制桩在竖向静压力作用下沉入土中时，桩周土体发生急速而激烈的挤压，土中孔隙水压力急剧上升，土的抗剪强度大大降低，从而使桩身很快下沉。

2. 压桩机具设备

静力压桩机分机械式和液压式两种。前者是用桩架、卷扬机、加压钢丝绳、滑轮组和活动压梁等部件组成，施压部分在桩顶端面，施加静压力为 $600\sim2000kN$，这种桩机设备高大笨重，行走移动不便，压桩速度较慢，但装配费用较低，只少数地区还在应用；后者由压拔装置、行走机构及起吊装置等组成（图 2-7），采用液压操作，自动化程度高，结构紧凑，行走方便快速，施压部分不在桩顶面而在桩身侧面，它是当前国内较广泛采用的一种新型压桩机械。

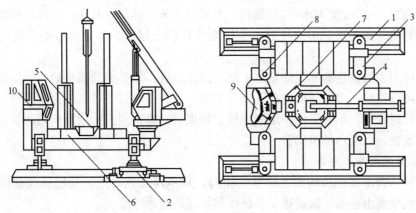

图 2-7 全液压式静力压桩机压桩

1—长船行走机构；2—短船行走及回转机构；3—支腿式底盘结构；4—液压起重机；5—夹持与压桩装置；
6—配重铁块；7—导向架；8—液压系统；9—电控系统；10—操纵室

3. 施工工艺方法要点

（1）静压预制桩的施工，一般都采取分段压入，逐段接长的方法。其施工程序为：测量定位→压拼机就位→吊桩、插桩→桩身对中调直→静压沉桩→接桩→再静压沉桩→送桩→终止压桩→切割桩头。静压预制桩施工前的准备工作、桩的制作、起吊、运输、堆放、测量放线、定位等均同锤击法打（沉）预制桩。压桩的工艺程序见图 2-8。

（2）压桩时桩机就位是利用行走装置完成的行走装置是由横向行走（短船行走）和回转机构组成的。把船体当作铺设的轨道，通过

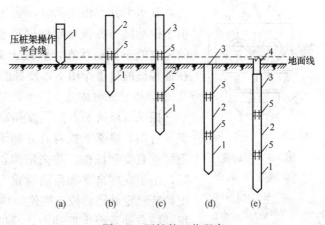

图 2-8 压桩的工艺程序

（a）准备压第一段桩；（b）接第二段桩；（c）接第三段桩；
（d）整根被压平至地面；（e）采用送桩压桩完毕

1—第一段桩；2—第二段桩；3—第三段桩；
4—送桩；5—接桩处

横向和纵向油缸的伸程和回程使桩机实现步履式的横向和纵向行走，当横向两油缸一只伸程，另一只回程，可使桩机实现小角度回转，这样可使桩机达到要求的位置。

（3）静压预制桩每节长度一般在 12m 以内，压桩时先用起重机吊运或用汽车运至桩机附近，再利用桩机上自身设置的工作吊机将预制混凝土桩吊入夹持器中，夹持油缸将桩从侧面夹紧，即可开动压桩油缸。先将桩压入土中 1m 左右后停止，调正桩在两个方向的垂直度后，压桩油缸继续伸长把桩压入土中，伸长完后，夹持油缸回程松夹，压桩油缸回程，重复上述动作可实现连续压桩操作，直至把桩压入预定深度土层中。在压桩过程中要认真记录桩入土的深度和压力表读数的关系，以判断桩的质量及承载力。当压力表读数突然上升或下降时，要停机对照地质资料进行分析，判断是否遇到障碍物或产生断桩现象等。

（4）压桩应连续进行，如需接桩，可压至桩顶离地面 0.8～1.0m 用硫黄砂浆锚接（详见接桩），一般在下部桩留 $\phi50mm$ 的锚孔，上部桩顶伸出锚筋，长 $15～20d$，硫黄砂浆接桩材料和锚接方法同锤击法，但接桩时避免桩端停在砂土层上，以免再压桩时阻力增大压入困难。

（5）当压力表读数达到预先规定值，便可停止压桩。如果桩顶接近地面而压桩力尚未达到规定值，可以送桩。静力压桩情况下，只需用一节长度超过要求送桩深度的桩，放在被送的桩顶上便可以送桩，不必采用专用钢送桩。如果桩顶高出地面一段距离而压桩力已达到规定值时则要截桩，以便压桩机移位。

（三）振动沉桩施工方法

振动沉桩与锤击沉桩的施工方法基本相同，其不同之处是用振动桩机代替锤打桩机施工。振动桩机主要由桩架、振动锤、卷扬机和加压装置等组成。

1. 振动锤（图 2-9）

振动锤是一个箱体，内装有左右两根水平轴，轴上各有一个偏心块，电动机通过齿轮带动两轴旋转，两轴的旋转方向相反但转速相同。利用振动锤沉桩的工作原理是：沉桩时当启动电动机后，由于偏心块的转动产生离心力，其水平分力相互抵消，垂直分力则相互叠加，形成垂直振动力。由于振动锤与桩顶为刚性固定连接，当锤振动时，迫使桩和桩四周的土也处于振动状态，因此土被扰动，从而使桩表面摩阻力降低，在锤和桩的自重作用下，使桩能顺利地沉入土中。

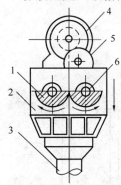

图 2-9　振动锤
1—偏心块；2—箱壳；
3—桩；4—电机；
5—齿轮；6—轴

2. 振动沉桩方法

振动沉桩施工方法是在振动桩机就位后，先将桩吊升并送入桩架导管内，再落下桩身直立插于桩位中。然后在桩顶扣好桩帽，校正好垂直度和桩位，除去吊钩，把振动锤放置于桩顶上并连牢。此时，由于在桩自重和振动锤重力作用下，桩便自行沉入土中一定深度，待稳定并经再校正桩位和垂直度后，即可启动振动锤开始沉桩。振动锤启动后产生振动力，通过桩身将此振动力传递给土壤，迫使土体产生强迫振动，导致土壤颗粒彼此间发生位移，因而减少了桩与土壤之间的摩擦阻力，使桩在自重和振动力共同作用下沉入土中，直沉至设计要求位置。振动沉桩一般控制最后三次振动（每次振动 10min），测出每分钟的平均贯入度，或控制沉桩深度，当不大于设计规定的数值时即认为符合要求。

振动沉桩具有噪声小、不产生废气污染环境、沉桩速度快、施工简便、操作安全等优点。振动沉桩法适用于在砂质黏土、砂土和软土地区施工，但不宜用于砾石和密实的黏土层中施工。如用于砂砾石和黏土层中时，则需配以水冲法辅助施工。

三、打（沉）桩方法

1. 施工准备

（1）整平场地，清除桩基范围内的高空、地面、地下障碍物；架空高压线距打桩架不得小于10m；铺设桩机进出、行走道路，做好排水措施。

（2）进行测量放线，定出桩基轴线，先定出中心，再引出两侧，并将桩的准确位置测设到地面，每一个桩位打一个小木桩，并测出每个桩位的实际标高。场地外设2~3个水准点，以便随时检查之用。

（3）检查桩的质量，将需用的桩按平面布置图堆放在打桩机附近，不合格的桩不能运至打桩现场。

（4）检查打桩机设备及起重工具，铺设水电管网，进行设备架立组装和试打桩。在桩架上设置标尺或在桩的侧面画上标尺，以便能观测桩身入土深度。

（5）打桩场地建（构）筑物有防震要求时，应采取必要的防护措施。

2. 打（沉）桩程序

（1）打（沉）桩程序应根据地基土质情况，桩基平面布置，桩的尺寸、密集程度、深度，桩移动方便以及施工现场实际情况等因素确定。图2-10所示为几种打桩顺序对土体的挤密情况。

当基坑不大时，打桩应逐排打设或从中间开始分头向周边或两侧进行［图2-10（c）、（d）］。

对于密集群桩（桩距小于或等于4倍桩直径或边长），应自中间向两个方向或向四周对称施打，当一侧毗邻建筑物时，由毗邻建筑物处向另一方向施打。当基坑较大时，应将基坑分为数段，而后在各段范围内分别进行［图2-10（c）、（d）］，但打桩应避免自外向内，或从周边向中间进行，以避免中间土体被挤密使桩难以打入，或虽勉强打入，但使邻桩侧移或上冒。

当桩较稀疏时（桩距大于或等于4倍桩直径或边长），则与打桩顺序无关（图2-10）。

（2）对基础标高不一的桩，宜先深后浅；对不同规格的桩，宜先大后小，先长后短，这样可使土层挤密均匀，以防止位移或偏斜；在粉质黏土及黏土地区，应避免按着一个方向进

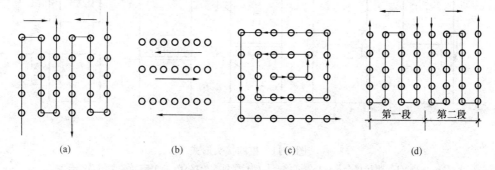

图2-10　打桩顺序

（a）从两侧向中间打设；（b）逐排打设；（c）自中间向四周打设；（d）由中间向两侧打设

行打桩,使土体向一边挤压,造成入土深度不一,土体挤密程度不均,导致不均匀沉降。当桩头高出地面时,桩机宜采用往后退打,否则可采用往前顶打。

3. 打(沉)桩方法

(1)打桩方法有锤击法、振动法及静力压桩法等,以锤击法应用最普遍。打桩时,应用导板夹具或桩箍将桩嵌固在桩架两导柱中,桩位置及垂直度经校正后方可将锤连同桩帽压在桩顶,开始沉桩。桩锤、桩帽与桩身中心线要一致,桩顶不平应用厚纸板垫平或用环氧树脂砂浆补抹平整。

(2)开始沉桩应起锤轻压并轻击数锤,使桩身、桩架、桩锤等垂直一致,方可转入正常。桩插入时的垂直度偏差不得超过0.5%。

(3)打桩应用适合桩头尺寸的桩帽和弹性垫层,以缓和打桩的冲击。桩帽用钢板制成,并用硬木或绳垫承托。桩帽与桩周围的间隙应为5~10mm。桩帽与桩接触表面须平整,桩锤、桩帽与桩身应在同一直线上,以免沉桩产生偏移。桩锤本身带帽的,则只在桩顶护以绳垫、尼龙垫或木块。

(4)当桩顶标高较低,须送桩入土时,应用钢制送桩器放于桩头上,锤击送桩器将桩送入土中。

振动沉桩与锤击沉桩法基本相同,是用振动箱代替桩锤,将桩头套入振动箱连固的桩帽上或用液压夹桩器夹紧,便可按照锤击法启动振动箱进行沉桩至设计要求的深度。

4. 接桩形式和方法

混凝土预制长桩,受运输条件和打(沉)桩架高度的限制,一般分成数节制作,分节打入,在现场接桩。常用接头方式有焊接、法兰接及硫黄胶泥锚接等几种(图2-11)。前两种可用于各类土层;硫黄胶泥锚接适用于软土层。焊接接桩,钢板宜用低碳钢,焊条宜用E43,焊接时应先将四角点焊固定,然后对称焊接,并确保焊缝质量和设计尺寸。法兰接桩,钢板和螺栓宜用低碳钢并紧固牢靠;硫黄胶泥锚接桩,使用的硫黄胶泥配合比应通过试验确定,其物理力学性能应符合表2-3的要求,施工参考配合比见表2-4。硫黄胶泥锚接方法是将熔化的硫黄胶泥注满锚筋孔并溢出桩面,然后迅速将上段桩对准落下,胶泥冷硬后,即可继续施打,比前几种接头形式接桩简便快速。锚接时应注意以下几点:①锚筋应调直;②锚筋孔内应有完好螺纹,无积水、杂物和油污;③接桩时接点的平面和锚筋孔内应灌满胶

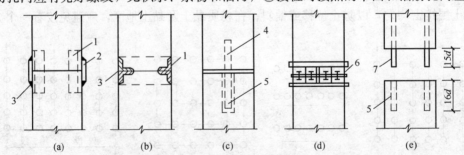

图 2-11　桩的接头形式

(a)、(b)焊接接合;(c)管式接合;(d)管桩螺栓接合;(e)硫黄砂浆锚筋接合

1—角钢与主筋接合;2—钢板;3—焊缝;4—预埋钢管;

5—浆锚孔;6—预埋法兰;7—预埋锚筋;d—螺栓直径

泥，灌注时间不得超过 20min；④灌注后停歇时间应满足表 2-5 的要求；⑤胶泥试块每班不得少于一组。

表 2-3　　　　　　　　　　　**硫黄胶泥的主要物理力学性能指标**

项次	项目	物理力学性能指标
1	物理性能	（1）热变性：60℃以内强度无明显变化，120℃变液态，140～145℃密度最大且和易性最好，170℃开始沸腾，超过 180℃开始焦化，且于明火即燃烧； （2）密度：2.28～3.32t/m³； （3）吸水率：0.12％～0.24％； （4）弹性模量：5×10⁵kPa； （5）耐酸性：常温下能耐盐酸、硫酸、磷酸、40％以下的硝酸、25％以下的铬酸、中等浓度的乳酸和醋酸
2	力学性能	（1）抗拉强度：4MPa； （2）抗压强度：40MPa； （3）疲劳强度：对照混凝土的实验方法，当疲劳应力比值为 0.38 时，疲劳修整系数大于 0.8； （4）握裹强度：与螺纹钢为 11MPa，与螺纹孔混凝土为 4MPa

表 2-4　　　　　　　　　　　**硫黄胶泥的配合比及物理力学性能**

配合比（重量比）							物理力学性能						握裹强度（MPa）	
硫黄	水泥	石墨粉	粉砂	石英砂	聚硫胶	聚硫甲胶	密度（kg/m³）	吸水率（％）	弹性模量（MPa）	抗拉强度（MPa）	抗压强度（MPa）	抗折强度（MPa）	与螺纹钢筋	与螺纹孔混凝土
44 60	11 —	— 5	40 —	— 34.3	1 —	— 0.7	2280～2320	0.12～0.24	5×10⁴	4	40	10	11	4

注　1. 热变性：在 60℃以下不影响强度。
　　2. 疲劳强度：取疲劳应力 0.38 经 200 万次损失 20％。

表 2-5　　　　　　　　　　　**硫黄胶泥灌注后的停歇时间**

项次	桩截面（mm×mm）	不同气温下的停歇时间（min）									
		0～10℃		11～20℃		21～30℃		31～40℃		41～50℃	
		打桩	压桩	打桩	压桩	打桩	压桩	打桩	压桩	打桩	压桩
1	400×400	6	4	8	5	10	7	13	9	17	12
2	450×450	10	6	12	7	14	9	17	11	21	14
3	500×500	13	—	15	—	18	—	21	—	24	—

5. 拔桩方法

当已打入的桩由于某种原因需拔出时，长桩可用拔桩机进行。一般桩可用人字桅杆借卷扬机拔起，或用钢丝绳捆紧桩头部，借横梁用液压千斤顶抬起。采用汽锤打桩可直接用蒸汽锤拔桩，将汽锤倒连在桩上，当锤的动程向上，桩受到一个向上的力，即可将桩拔出。

6. 打（沉）桩的质量控制

（1）桩端（指桩的全截面）位于一般土层时，以控制桩端设计标高为主，贯入度可作参考。

（2）桩端达到坚硬、硬塑的黏性土，中密以上粉土、砂土、碎石类土、风化岩时，以贯入度控制为主，桩端标高可作参考。

（3）当贯入度已达到，而桩端标高未达到时，应继续锤击 3 阵，按每阵 10 击的贯入度不大于设计规定的数值加以确认。

（4）振动法沉桩是以振动箱代替桩锤，其质量控制是以最后 3 次振动（加压），每次 10mm 或 5mm。测出每分钟的平均贯入度，以不大于设计规定的数值为合格，而摩擦桩则以沉到设计要求的深度为合格。

第三节　混凝土灌注桩施工

混凝土灌注桩是直接在施工现场桩位上成孔，然后在孔内安放钢筋笼，浇筑混凝土成桩。与预制桩相比，灌注桩能适应地层的变化，无需接桩，施工时无振动、无挤土和噪声小，具有施工低噪声、低振动，桩长和直径可按设计要求变化自如，桩端能可靠地进入持力层或嵌入岩层，单桩承载力大，挤土影响小，含钢量低等特点。适于在建筑物密集地区使用；但其操作要求严格，施工后需一定的养护期，且不能立即承受荷载。灌注桩按成孔方法分为干作业成孔灌注桩、泥浆护壁成孔灌注桩、沉管灌注桩、爆破成孔灌注桩和人工挖孔灌注桩等，以干作业成孔灌注桩、泥浆护壁成孔灌注桩应用较广。

一、灌注桩施工准备工作

1. 确定成孔施工顺序

对土有挤密作用和振动影响的锤击（或振动）沉管灌注桩，一般可结合现场施工条件，采用下列方法确定成孔顺序：间隔 1 个或 2 个桩位成孔；在邻桩混凝土初凝前或终凝后成孔；一个承台下桩数在 5 根以上者，中间的桩先成孔，外围的桩后成孔。

2. 成孔深度的控制

摩擦桩以设计桩长控制成孔深度；端承摩擦桩必须保证设计桩长及桩端进入持力层深度；当采用锤击沉管法成孔时，桩管入土深度以标高控制为主，以贯入度控制为辅。

端承桩当采用锤击法成孔时，沉管深度控制以贯入度为主，设计持力层标高对照为辅。

3. 钢筋笼的制作

制作钢筋笼时，要求主筋环向均匀布置，箍筋的直径及间距、主筋的保护层、加劲箍的间距等均应符合设计规定。箍筋和主筋之间一般采用点焊。

钢筋笼吊放入孔时，不得碰撞孔壁。灌注混凝土时应采取措施固定钢筋笼的位置，避免钢筋笼受混凝土上浮力的影响而上浮。也可待浇筑完混凝土后，将钢筋笼用带帽的平板振动器振入混凝土灌注桩内。

4. 混凝土的配制

配制混凝土所用的材料与性能要进行选用。灌注桩混凝土所用粗骨料可选用卵石或碎石，其最大粒径不得大于钢筋净距的 1/3，对于沉管灌注桩还不宜大于 50mm；对于素混凝土桩，不得大于桩径的 1/4，一般不宜大于 70mm，混凝土强度等级不应低于 C15；水下灌注混凝土具有无振动、无排污的优点，又能在流砂、卵石、地下水、易塌孔等复杂地质条件下顺利成桩，而且由于其水泥浆扩散渗透而大大提高了桩体质量，承载力为一般灌注桩的 1.5～2 倍。

二、混凝土和钢筋混凝土钻孔灌注桩

1. 干作业成孔灌注桩

干作业成孔灌注桩适用于地下水位较低、在成孔深度内无地下水的土质，无须护壁可直接取土成孔。目前常用螺旋钻机成孔，也有用洛阳铲成孔的。

螺旋钻成孔灌注桩是利用动力旋转钻杆，使钻头的螺旋叶片旋转削土，土块沿螺旋叶片上升排出孔外（图2-12）。在软塑土层，含水量大时，可用疏纹叶片钻杆，以便较快地钻进。在可塑或硬塑黏土中，或含水量较小的砂土中应用密纹叶片钻杆，缓慢均匀地钻进。一节钻杆钻入后，应停机接上第二节，继续钻到要求深度，操作时要求钻杆垂直，钻孔过程中如发现钻杆摇晃或难钻进时，可能是遇到石块等异物，应立即停车检查。全叶片螺旋钻机成孔直径一般为 300～600mm，钻孔深度为 8～12m。钻进速度应根据电流值变化及时调整。在钻进过程中，应随时清理孔口积土，遇有塌孔、缩孔等异常情况，应及时研究解决。

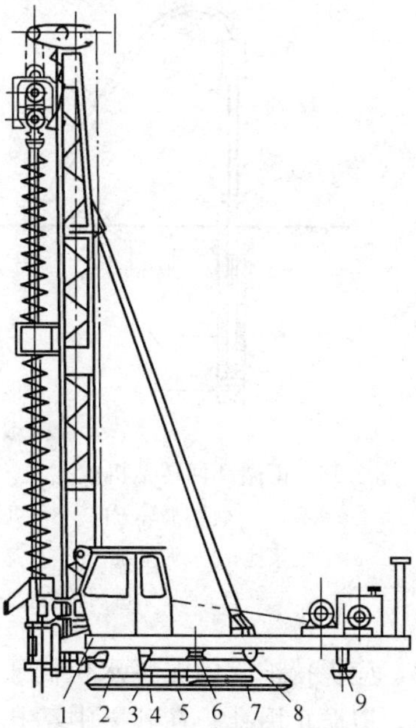

钢筋笼应一次绑扎完成，放入孔内之后再次测量孔内虚土厚度。混凝土应随浇随振，每次浇筑高度不得大于1.5m。

如为扩底桩，则需于桩底部用扩孔刀片切削扩孔，扩底直径应符合设计要求，对以摩擦力为主的桩，其孔底虚土厚度不得大于 300mm，对以端承力为主的桩，则不得大于 100mm。

图 2-12　步履式螺旋钻机
1—上盘；2—下盘；3—回转滚轮；4—行车滚轮；5—钢丝滑轮；6—回转中心轴；7—行车油缸；8—中盘；9—支盘

如孔底虚土超过规范规定，可用匀钻清理孔底虚土，或用原钻机多次投钻。如孔底虚土为砂或砂卵石时，可灌入砂浆拌和，然后再浇筑混凝土。

如成孔时发生塌孔，宜钻至塌孔处以下 1～2m，用低强度等级的混凝土填至塌孔以上1m 左右，待混凝土初凝后再继续下钻，钻至设计深度，也可用三七灰土夯实代替填筑混凝土。

2. 泥浆护壁成孔灌注桩

泥浆护壁成孔是用泥浆保护孔壁防止塌孔并排出土渣而成孔，对地下水位高或低的土层皆适用，多用于含水量高的软土地区。

成孔机械有回转钻机、潜水钻机、冲击钻等，其中以回转钻机应用最多。

（1）回转钻机成孔。回转钻机是由动力装置带动钻机回转装置转动，由其带动带有钻头的钻杆转动，由钻头切削土壤。根据泥浆循环方式的不同，分为正循环回转钻机和反循环回转钻机。

正循环回转钻机成孔的工艺如图 2-13 所示。泥浆或高压水由空心钻杆内部通入，从钻杆底部喷出，携带钻下的土碴沿孔壁向上流动，由孔口将土渣带出并流入泥浆池。

反循环回转钻机成孔的工艺如图 2-14 所示。它是泥浆或清水由钻杆与孔壁间的环状间隙流入钻孔，由吸泥泵等在钻杆内形成真空使之携带钻下的土渣由钻杆内腔返回地面而流向泥浆池。反循环工艺的泥浆上流速度较高，能携带较大的土渣。

在杂填土或松软土层中钻孔时，应在桩位处埋设护筒以起定位、保护孔口、维持水头等作用。护筒用钢板制作，内径应比钻头直径大 10cm，埋入土中深度通常不宜小于 1.0～1.5m，特殊情况下，埋深需要大于 1.5m。在护筒顶部应开设 1～2 个溢浆口。在钻孔过程

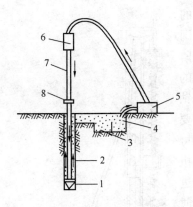

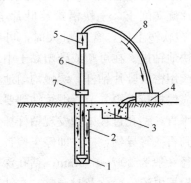

图 2-13 正循环回转钻机成孔工艺原理图
1—钻头；2—泥浆循环方向；3—沉淀池；
4—泥浆池；5—泥浆泵；6—水龙头；
7—钻杆；8—钻机回转装置

图 2-14 反循环回转钻机成孔工艺原理图
1—钻头；2—新泥浆流向；3—沉淀池；
4—砂石泵；5—水龙头；6—钻杆；
7—钻机回转装置；8—混合液流向

中，应保持护筒内泥浆水位高于地下水位。在黏土中钻孔，可采用清水钻进，自造泥浆护壁，以防止坍孔；在砂土中钻孔，则应注入制备泥浆钻进，注入的泥浆比重控制在 1.1 左右，排出泥浆的比重宜为 1.2～1.4。钻孔达到要求的深度后，测量沉渣厚度，进行清孔。以原土造浆的钻孔，清孔可用射水法，同时钻具只转不进，待泥浆比重降到 1.1 左右即认为清孔合格；注入制备泥浆的钻孔，可采用换浆法清孔，至换出泥浆的比重小于 1.15 时方为合格，在特殊情况下可以放宽到 1.25。

钻孔灌注桩的桩孔钻成并清孔后，应尽快吊放钢筋骨架并灌注混凝土。在无水或少水的浅桩孔中灌注混凝土时，应分层浇筑振实，每层高度一般为 0.5～0.6m，不得大于 1.5m。混凝土坍落度在一般黏性土中宜用 5～7cm；砂类土中用 7～9cm；黄土中用 6～9cm。灌注混凝土至桩顶时，应适当超过桩顶设计标高，以保证在凿除浮浆层后，桩顶标高和质量能符合设计要求。

钻孔灌注桩施工时常会遇到孔壁坍陷和钻孔偏斜等问题。

钻进过程中，如发现排出的泥浆中不断出现气泡，或泥浆突然漏失，这表示有孔壁坍陷迹象。孔壁坍陷的主要原因是土质松散，泥浆护壁不好，护筒周围未用黏土紧密填封以及护筒内水位不高等。钻进过程中如出现缩颈、孔壁坍陷时，首先应保持孔内水位并加大泥浆比重以稳孔护壁。如孔壁坍陷严重，应立即回填黏土，待孔壁稳定后再钻。

钻杆不垂直、土层软硬不匀或碰到孤石时，都会引起钻孔偏斜。钻孔偏斜时，可提起钻头，上下反复扫钻几次，以便削去硬土，如纠正无效，应于孔中局部回填黏土至偏孔处 0.5m 以上，重新钻进。

施工后的灌注桩平面位置及垂直度都需满足规范的规定。

（2）潜水钻机成孔。潜水钻机是一种旋转式钻孔机械，其动力、变速机构和钻头连在一起，加以密封，因而可以下放至孔中地下水位以下进行切削土壤成孔（图 2-15）。用正循环工艺输入泥浆，进行护壁和将钻下的土渣排出孔外。

潜水钻机成孔，亦需先埋设护筒，其他施工过程皆与回转钻机成孔相似。

（3）冲击钻成孔。冲击钻主要用于在岩土层中成孔，成孔时将冲锥式钻头提升一定高度后以自由下落的冲击力来破碎岩层，然后用掏碴筒来掏取孔内的碴浆（图2-16）。

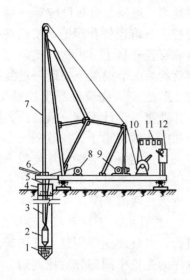

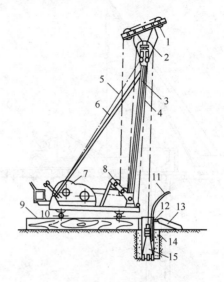

图 2-15　潜水钻机示意图

1—钻头；2—潜水钻机；3—电缆；4—护筒；5—水管；6—滚轮（支点）；7—钻杆；8—电缆盘；9—0.5t 卷扬机；10—1t 卷扬机；11—电流电压表；12—起动开关

图 2-16　冲击钻成孔示意图

1—副滑轮；2—主滑轮；3—主杆；4—前拉索；5—后拉索；6—斜撑；7—双滚筒卷扬机；8—导向轮；9—垫木；10—钢管；11—供浆管；12—溢流口；13—泥浆溜槽；14—护筒回填土；15—钻头

冲抓锥（图2-17），锥头内有重铁块和活动抓片，下落时松开卷扬机刹车，抓片张开，锥头自由下落冲入土中，开动卷扬机拉升锥头，此时抓片闭合抓土，将冲抓锥整体提升至地面卸土，依次循环成孔。

三、人工挖孔和挖孔扩底灌注桩

人工挖孔灌注桩是用人工挖土成孔，浇筑混凝土成桩。挖孔扩底灌注桩，是在挖孔灌注桩的基础上，扩大桩底尺寸而成，这类桩由于受力性能可靠，不需大型机具设备，施工操作工艺简单等特点，在各地应用较为普遍。

挖孔及挖孔扩底灌注桩的特点是：单机承载力高，结构传力明确，沉降量小，可直接检查桩直径、垂直度和持力土层情况，桩质量可靠；施工机具设备较简单，施工工艺操作简便，占场地小；施工无振动、无噪声、无环境污染，对周围建筑物无影响。

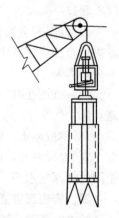

图 2-17　冲抓锥

挖孔及挖孔扩底灌注桩适用于桩径 800mm 以上，无地下水或地下水较少的黏土、粉质黏土中，特别适于黄土层，深度一般在 20m 左右，可用于高层建筑、公用建筑、水下结构（如泵站、桥墩作支撑、抗滑、挡土、锚拉桩之用）。对有流砂、地下水位较高、涌水量大的冲积地带及近代沉积的含水量高的淤泥及淤泥质土层不宜采用。

（1）施工工艺方法要点有以下几点：

1）挖孔灌注桩的施工程序是：场地平整→放线、定桩位→挖第一节桩孔土方→支模浇筑第一节混凝土护壁→在护壁上二次投测标高及桩位十字轴线→安装活动井盖、垂直运输

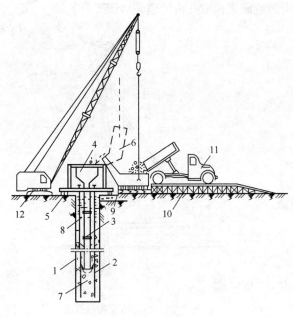

图 2-18　混凝土浇筑工艺

1—大直径桩孔；2—钢筋笼；3—导管；
4—下料漏斗；5—浇筑台架；6—卸料槽；
7—混凝土；8—泥浆水；9—泥浆溢流槽；
10—钢承台；11—翻斗汽车；12—履带式起重机

架、起重电动葫芦或卷扬机、活底吊土桶、排水、通风、照明设施等→第二节桩身挖土→清理桩孔四壁、校核桩孔垂直度和直径→拆上节模板，支第二节模板，浇筑第二节混凝土护壁→重复第二节挖土、支模、浇筑混凝土护壁工序，循环作业直至设计深度→检查持力层后进行扩底→清理虚土、排除积水、检查尺寸和持力层→吊放钢筋笼就位→浇筑桩身混凝土。当桩孔不设支护和不扩底时，则无此两道工序。

2）挖孔由人工自上而下逐层用镐、锹进行，遇坚硬土层用锤、钎破碎；挖土次序为先挖中间部分后挖周边，扩底部分采取先挖桩身圆柱体，再按扩底尺寸从上到下削土修成扩底形。

3）混凝土用粒径小于 50mm 石子，水泥用强度等级 32.5 的普通水泥或矿渣水泥，坍落度 4～8cm，用机械拌制，混凝土用翻斗汽车、机动车或手推车向桩孔内浇筑。混凝土灌注采用串桶，深桩孔用混凝土溜管。如地下水较丰富，应采用混凝土导管，水中浇筑混凝土工艺（图 2-18），混凝土要垂直灌入桩孔内，并应连续分层浇筑，每层厚不超过 1.5m。

4）桩混凝土的养护：当桩顶标高比自然场地标高低时，在混凝土浇筑 12h 后进行湿水养护；当桩顶标高比场地标高高时，混凝土浇筑 12h 后应覆盖草袋，并湿水养护，养护时间不少于 7 天。

（2）桩挖孔时，如地下水丰富、渗水或涌水量较大时，可根据情况分别采取以下措施：

1）少量渗水，可在桩孔内挖小集水坑，随挖土随用吊桶，将泥水一起吊出。

2）大量渗水，可在桩孔内先挖较深集水井，设小型潜水泵将地下水排出桩孔外，满挖土同时加深集水井。

四、锤击沉管灌注桩

锤击沉管灌注桩（图 2-19）是用锤击打桩机，将带活瓣桩尖或设置钢筋混凝土预制桩尖（靴）的钢管锤击沉入土中，然后边浇筑混凝土边用卷扬机拔桩管成桩。其工艺特点是：可用小桩管打较大截面桩，承载力大；可避免坍孔、瓶颈、断桩、移位、脱空等缺陷；可采用普通锤击打桩机施工，操作简便，沉桩速度快；但桩机较笨重，劳动强度较大。适于黏性土、淤泥、淤泥质土、稍密的砂土及杂填土层中使用。但不能用于密实的中粗砂、砂砾石、漂石层中使用。

其主要设备为一般锤击打桩机，如落锤、柴油锤、蒸汽锤等。由桩架、桩锤、卷扬机、桩管等组成，桩管直径可达 500mm，长 8～15m。

锤击沉管灌注桩桩身混凝土强度等级应不低于 C20；混凝土坍落度，当配筋时宜为 80～100mm，当为素混凝土时宜为 60～80mm。碎石粒径不大于 40mm。预制钢筋混凝土桩尖应有足够的承载力，混凝土强度等级不得低于 C30；套管下端与预制钢筋混凝土桩尖接触处应垫置缓冲材料；桩尖中心应与套管中心重合。

桩身混凝土应连续浇筑，分层振捣密实，每层高度不宜超过 1～1.5m；浇筑桩身混凝土时，同一配合比的试块每班不得小于 1 组；单打法的混凝土从拌制到最后拔管结束，不得超过混凝土的初凝时间；复打法以复打一次为宜，前后两次沉管的轴线应重合，且复打必须在第一次浇筑的混凝土初凝之前完成工作。

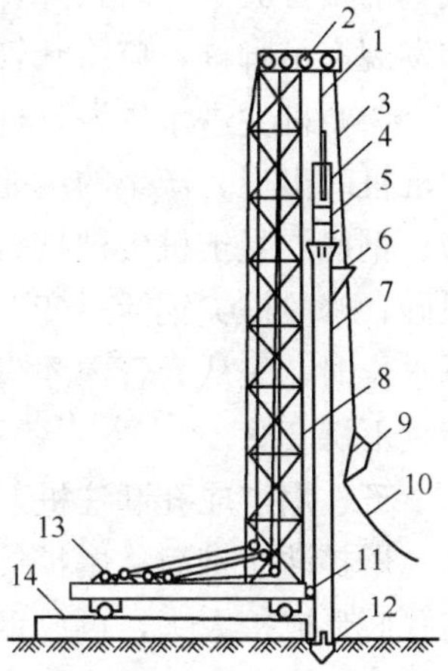

当桩的中距在套管外径的 5 倍以内或小于 2m 时，套管的施打必须在邻桩混凝土初凝时间内完成，或实行跳打施工。跳打时中间空出未打的桩，须待邻桩混凝土达到设计强度的 50% 后，方可进行施打。

图 2-19　锤击沉管灌注桩桩机
1—钢丝绳；2—滑轮组；3—吊斗钢丝绳；4—桩锤；5—桩帽；6—混凝土漏斗；7—套管；8—桩架；9—混凝土吊斗；10—回绳；11—钢管；12—桩尖；13—卷扬机；14—枕木

在沉管过程中，如果地下水或泥浆有可能进入套管内时，应在套管内先灌入高 1.5m 左右的封底混凝土，然后方可开始沉管；沉管施工时，必须严格控制最后 3 阵 10 击的贯入度，其值可按设计要求或根据试验确定。同时应记录沉入每一根套管的总锤击次数及最后 1m 沉入的锤击次数。

锤击沉管灌注桩施工过程中易发生断桩、瓶颈桩、吊脚桩、桩尖进水进泥等问题，就其发生的原因及处理方法简述如下：

（1）断桩一般都发生在地面以下软硬土层的交接处，并多数发生在黏性土中，砂土及松土中则很少出现。断裂的裂缝贯通整个截面，呈水平或略带倾斜状态。产生断桩的主要原因是桩距过小，打邻桩时受挤压、隆起而产生水平推力和上拔力；软硬土层间传递水平变形大小不同，产生水平剪力；桩身混凝土终凝不久，其强度尚软弱时就受振动而产生破坏等影响因素所致。处理方法是经检查发现有断桩后，应将断桩段拔去，略增大桩的截面面积或加箍筋后，再重新浇筑混凝土。

（2）瓶颈桩。瓶颈桩是指桩的某处直径缩小形似"瓶颈"，其截面面积不符设计要求。多数发生在黏性大、土质软弱、含水率高，特别是饱和的淤泥或淤泥质软土层中。产生瓶颈桩的主要原因是在含水率较大的软土层中沉管时，土受挤压便产生很高的孔隙水压力，待桩管拔出后，这种水压力便作用到新浇筑的混凝土桩上。当某处孔隙水压力一旦大于新浇筑混凝土侧压力时，则该处就会发生不同程度的颈缩现象。此外，当拔管速度过快，管内混凝土量过小，混凝土出管性差时也会造成缩颈。处理方法是：施工中应经常检查混凝土的下落情况，如发现有颈缩现象，应及时进行复打。

（3）吊脚桩。吊脚桩是指桩的底部混凝土隔空或混进泥砂而形成松散层部分的桩。产生的主要原因是预制钢筋混凝土桩尖承载力或钢活瓣桩尖刚度不够，沉管时被破坏或变形，因而水或泥砂进入套管；预制混凝土桩尖被打坏而挤入套管，拔管时桩尖未及时被混凝土挤出或钢活瓣桩尖未及时张开，待拔管至一定高度时才挤出或张开而形成吊脚桩。处理方法是：如发现有吊脚桩，应将套管拔出，填砂后重打。

（4）桩尖进水进泥。桩尖进水进泥常发生在地下水位高或含水量大的淤泥和粉泥土土层中沉桩时出现。产生的主要原因是由于钢筋混凝土桩尖与套管接合处或钢活瓣桩尖闭合不紧密；钢筋混凝土桩尖被打破或钢活瓣桩尖变形等所致。处理方法是：将套管拔出，清除管内泥砂，修整桩尖钢活瓣变形缝隙，用黄沙回填桩孔后再重打；若地下水位较高，待沉管至地下水位时，先从套管内灌入 0.5m 厚度的水泥砂浆作封底，再灌入 1m 高度混凝土增压，再继续下沉套管。

五、爆扩成孔灌注桩

爆扩灌注桩简称爆扩桩，是用机钻或爆破成孔，在孔底安放适量的炸药，利用爆炸能量在孔底形成扩大头，再放钢筋骨架，最后浇筑混凝土而成的一种灌注桩。爆扩桩（图 2-20）由桩柱和扩大头两部分组成，利用扩大头增加承载力，能承受轴心、偏心、压、拔、推等荷载。这种桩成孔方法简单，节省劳动力，可降低施工成本。适用于地下水位以上的黏性土、黄土、碎石土以及风化岩。爆扩桩的种类可见图 2-21。

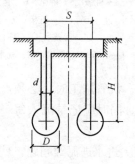

图 2-20　爆扩桩构造

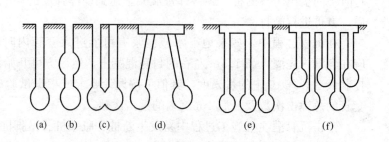

图 2-21　爆扩桩种类
(a) 单大头桩；(b) 串联桩；(c) 双柱并联桩；
(d) 斜桩；(e) 群桩；(f) 扩大头埋深交错布置

桩柱直径一般为 200～350mm，用冲抓锥成孔或爆破成孔的桩柱直径为 550～1200mm。爆扩桩的埋置深度一般为 3～6m，最大可达 10m。爆扩桩的最小间距：在硬塑和可塑状态黏土中，不小于 1.5D（D 为扩大头直径）；在软塑性黏土或人工回填土中，不小于 1.8D。当桩数很多而基础平面尺寸较小时，可将扩大头上下交错布置，相邻两桩的扩大头标高差不应小于 1.5D。

（一）成孔方法

爆扩桩的成孔方法有人工或机钻成孔和爆扩成孔两种。人工或机钻成孔是采用洛阳铲、太阳铲、手摇钻等成孔。爆扩成孔是用洛阳铲或钢钎等工具，按设计要求深度先打导孔。导孔直径视药条粗细以及土质情况来确定，土质较好时为 40～70mm；土质较软、地下水位较高、容易产生缩颈时为 100mm。导孔上口挖成喇叭形，根据不同土质条件在导孔内放入不同直径的条件药包，其用药量要根据试爆来确定，或者参考表 2-6 的数值确定。爆扩成孔工艺流程见图 2-22。

表 2-6 　　　　　　　　　　　　　　　**爆扩成孔法的参数表**

土的类别	土的变形模量 （MPa）	桩身直径 （mm）	玻璃管内直径 （mm）	用药量 （kg/m）
未压实的人工填土	5	300	20～21	0.25～0.26
软塑、可塑黏性土	3～15	300	22	0.28～0.29
硬塑黏性土	20	300	25	0.37～0.38
黄土类土	—	300	20～21	—
湿陷黄土状亚黏土	—	260～300	20～21	—
湿陷黄土状亚黏土	—	300～390	22～23	—
湿陷黄土状亚黏土	—	390～440	25～28	—
湿陷黄土状亚黏土	—	440～550	30～33	—

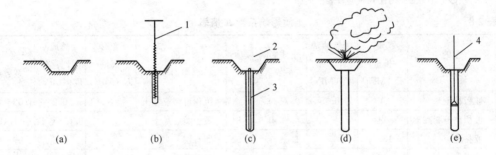

图 2-22 爆扩成孔工艺流程图

（a）挖喇叭口；（b）钻导孔；（c）安装炸药条并填砂；（d）引爆成孔；（e）检查并修正桩孔

1—手提钻；2—砂；3—炸药条；4—太阳铲

（二）爆扩大头

爆扩大头的工艺流程为：放入药包，灌压爆混凝土（作用是压药包，使之充分发挥爆破作用），引爆，测量混凝土下落高度或直接测量扩大头直径，灌注扩大头混凝土。如图 2-23 所示。

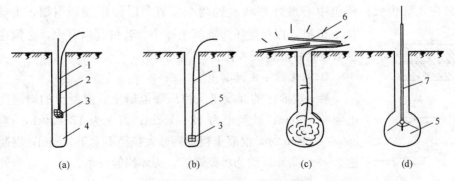

图 2-23 爆扩大头工艺流程图

（a）填砂、下药包；（b）灌压爆混凝土；（c）引爆；（d）检查扩大头直径

1—导线；2—绳；3—药包；4—砂；5—压爆混凝土；6—木板；7—测孔器

施工要点如下:

1. 炸药用量

炸药用量与扩大头直径和土质有关,应在现场通过试验确定,或参考下式估算

$$D = K \sqrt[3]{C} \tag{2-2}$$

式中　D——扩大头直径,m;

　　　C——炸药用量,kg,参考表 2-7;

　　　K——土质影响系数,见表 2-8。

表 2-7 爆扩大头用药量参考表

扩大头直径(m)	0.6	0.7	0.8	0.9	1.0	1.1	1.2
炸药用量(kg)	0.30~0.45	0.45~0.60	0.60~0.75	0.75~0.90	0.90~1.1	1.1~1.3	1.3~1.5

注　1. 表内数值适用于地面以下深度 3.5~9.0m 的黏性土,土质松软时采用小的数值,坚硬时采用大的数值。

　　2. 在地面以下 2.0~3.0m 的土层中爆扩时,用药量应较表值减少 20%~30%。

　　3. 在砂类土中爆扩时用药量应较表值增加 10%。

表 2-8 土质影响系数 K 值表

项次	土的类别	变形模量 E(MPa)	天然地基计算强度(MPa)	土质影响系数 K	项次	土的类别	变形模量 E(MPa)	天然地基计算强度(MPa)	土质影响系数 K
1	坡积黏土	50	0.4	0.7~0.9	7	沉积可塑亚黏土	8	0.2	1.03~1.21
2	坡积黏土亚黏土	14	—	0.8~0.9	8	黄土类亚黏土		0.12~0.14	1.19
3	亚黏土	13.4	—	1.0~1.1	9	卵石层		0.6	1.07~1.18
4	冲积黏土	12	0.15	1.25~1.3	10	松散角砾			0.94~0.99
5	残积可塑亚黏土	18	0.2~0.25	1.15~1.3	11	稍湿亚黏土 干容重>1.35 干容重<1.35			0.8~1.0 1.0~1.2
6	沉积可塑亚黏土	24	0.25	1.02					

2. 安放药包

药包必须用塑料薄膜等防水材料紧密包扎,必要时包扎口应涂以沥青等防火材料,以免药包受潮,药包宜包扎成扁圆球状(图 2-24),其高度与直径比为 1:2。药包用绳索吊进桩孔内,放在孔底中央,药包中心最好并联放置两个雷管,以保证顺利引爆,上盖 150~200mm 砂,以免受压爆混凝土冲击。若桩孔内有水,必须在药包上悬吊重物将药包沉入孔底。

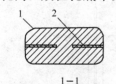

图 2-24　扩大头药包
1—药包;2—雷管

3. 灌注第一次混凝土

第一次灌注的混凝土又称压爆混凝土。混凝土的坍落度:黏性土为 9~12cm;砂类土为 12~15cm;黄土为 17~20cm。当桩径为 250~400mm 时,混凝土粗骨料最大粒径不大于 30mm,混凝土量应达 2~3m 高,或约为将要爆扩大头体积的一半。

4. 引爆

从压爆混凝土灌入桩孔至引爆的时间间隔,不宜超过 30min,否则引爆时容易产生拒落事故。引爆时为了安全,20m 内不得靠近。

为了保证爆扩桩的施工质量，应根据不同的桩距、扩大头标高和布置情况，严格遵守引爆顺序。

（1）相邻爆扩桩的扩大头在同一标高，桩距大于或等于扩大头直径的1.5倍时，可采用单爆方式；当桩距小于1.5倍时，应采用联爆方式。当采用联爆方式时，第一次混凝土量要适当增加，以防混凝土飞扬或上部土体松动破坏。

（2）当相邻爆扩桩的扩大头不在同一标高时，引爆顺序应先浅后深，否则会使相邻桩产生变形、弯曲、缩颈、断裂等现象。

（3）串联爆扩桩（俗称糖葫芦桩）引爆时，应先引爆深的扩大头，插入下段钢筋骨架，浇筑下段混凝土至浅扩大头标高，引爆浅扩大头，再插入上段钢筋骨架，浇筑上段混凝土至桩顶。

（三）浇筑桩柱混凝土

桩柱钢筋的配置：当为轴心受压时，按构造配筋，用4根ϕ12钢筋，伸入桩柱内长度不小于桩长的1/4～1/3；承受拔力、横向力、动荷载的桩，应经计算配置，一般不小于6根ϕ12钢筋并伸至扩大头中心。箍筋采用螺旋式或分离式，直径ϕ6，间距为20～30cm。桩柱保护层厚度不小于50mm。施工时钢筋骨架应轻放，放置时不要将孔口和孔壁的泥土带入孔内。混凝土坍落度：一般黏土为5～7cm；砂类土为7～9cm；黄土为6～9cm。混凝土强度等级不低于C15，骨料粒径不宜大于25cm。其施工方法和要求与干作业成孔灌注桩相同。

第四节 沉 井 基 础

沉井是修筑深基础和地下构筑物的一种施工工艺。施工时先在地面或基坑内制作开口的钢筋混凝土井身，待其达到规定强度后，在井身内部分层挖土运出，随着挖土和土面的降低，沉井井身在其自重或在其他措施协助下克服与土壁间的摩阻力和刃脚反力，不断下沉直至设计标高就位，进行封底。

沉井施工工艺的优点是可在场地狭窄情况下施工较深（可达50余米）的地下工程，且对周围环境影响较小；可在地质、水文条件复杂的地下施工；施工不需复杂的机具设备；与大开挖相比，可减少挖、运和回填土方量。其缺点是施工工序较多，技术要求高，质量控制难。

沉井的施工程序为：平整场地→测量放线→开挖基坑→铺砂垫层和垫木或砌刃脚砖座→沉井浇筑→布设降水井点或挖排水沟、集水井→抽出垫木→沉井下沉封底→浇筑底板混凝土→施工内隔墙、梁、顶板及辅助设施。

（1）刃脚支设。沉井下部为刃脚，其支设方式取决于沉井重量、施工荷载和地基承载力。常用的方法有垫架法、砖垫座法和土胎腹法。

在软弱地基上浇筑较重的沉井常用垫架法（图2-25）。垫架

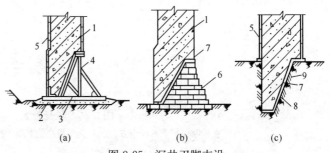

图 2-25 沉井刃脚支设

（a）垫架法；（b）砖垫座法；（c）土胎膜法

1—刃脚；2—砂垫层；3—枕木；4—垫架；5—模板；6—砖垫座；7—水泥砂浆抹面；8—刷隔离层；9—土胎膜

的作用是将上部沉井重量均匀地传给地基，使沉井井身浇筑过程中不会产生过大不均匀沉降，至使刃脚和井身产生裂缝而破坏；使井身保持垂直；便于拆除模板和支撑。

（2）井壁制作。沉井施工有下列几种方式：一次制作一次下沉；分节制作、一次下沉；分节制作、分节下沉（制作与下沉交替进行）。如沉井过高，下沉时易倾斜，宜分节制作、分节下沉。沉井分别制作的高度，应保证其稳定性并能使其顺利下沉。采用分节制作、一次下沉时，制作高度不宜大于沉井短边或直径。总高度超过12m时需要可靠的计算依据和采取确保稳定的措施。

第五节　墩　基　础

墩基础是在人工或机械成孔的大直径孔中浇筑混凝土（钢筋混凝土）而成，我国多用人工开挖，亦称大直径人工挖孔桩。直径在1～5m之间，多为一柱一墩。墩身直径大，有很大的强度和刚度，多穿过深厚的软土层直接支撑在岩石或密实土层上。我国广州、深圳、杭州、北京等地亦有应用。

墩基础在人工开挖时，可直接检查成孔质量，易于清除孔底虚土，施工时无噪声、无振动，且可多人同时进行若干个墩的开挖，底部扩孔易于施工。

人工开挖为防止塌方造成事故，需制作护圈，每开挖一段则浇筑一段护圈，护圈多为钢筋混凝土现浇的。否则对每一墩身则需事先施工维护，然后才能开挖。人工开挖还需注意通风、照明和排水。

在地下水位高的软土地区开挖墩身，要注意隔水。否则，在开挖墩身时大量排水，会使地下水位大量下降，有可能造成附近地面的下沉，影响附近已有的建筑物和管线的安全（见图2-26）。

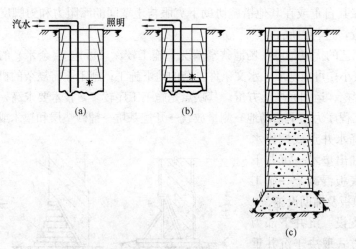

图 2-26　墩身施工

(a) 在护圈保护下开挖土方；(b) 支模板浇筑混凝土护圈；(c) 浇筑墩混凝土

第三章　混凝土结构工程

【学习要点】　了解模板的类型及特点；熟悉组合钢模板的类型；理解模板设计；掌握模板安装拆除的基本要求。了解钢筋加工工艺过程，掌握钢筋下料的计算、钢筋连接、钢筋代换的方法。掌握混凝土施工配料及计算，掌握运输、浇筑及养护，理解混凝土冬季施工原理和方法。

混凝土结构是工业与民用建筑的主要结构之一。混凝土结构有素混凝土结构、钢筋混凝土结构以及预应力混凝土结构。

钢筋混凝土结构工程由模板工程、钢筋工程、混凝土工程三个工种工程组成。在施工中三者应密切配合，进行流水施工。其施工工艺程序见图3-1。

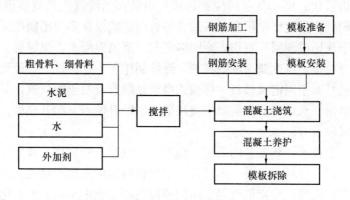

图 3-1　钢筋混凝土结构工程施工工艺程序

第一节　模　板　工　程

混凝土结构的模板工程，是混凝土结构构件施工的重要工具。现浇混凝土结构施工所用模板工程的造价，约占混凝土结构工程总造价的三分之一。因此，采用先进的模板技术，对于提高工程质量、加快施工速度、提高劳动生产率、降低工程成本和实现文明施工，都具有十分重要的意义。

一、模板的作用与基本要求

模板工程是指支撑新浇筑混凝土的整个系统，包括模板和支撑。

模板是使新浇筑混凝土成形并养护，使之达到一定强度以承受自重的临时性结构并能拆除的模型板。搅拌机搅拌出的混凝土具有一定的流动性，经过凝结硬化后，才能成为需要的、具有规定形状和尺寸的结构构件，所以要将混凝土浇灌在与结构构件形状和尺寸相同的模板内。

支撑是保证模板形状、尺寸和位置的支撑体系，并能承受模板、钢筋、新浇筑混凝土以及施工荷载的结构。

因此，模板及支撑的安装支设必须符合下列规定：

（1）模板及其支架应具有足够的承载能力，刚度和稳定性，能可靠地承受浇筑混凝土的重量、侧压力及施工荷载；

（2）要保证工程结构与构件各部分形状尺寸和相互位置的正确；

（3）构造简单，装拆方便，并便于钢筋的绑扎和安装，符合混凝土的浇筑及养护等工艺要求；

（4）模板的拼（接）缝不得漏浆；

（5）清水混凝土工程及装饰混凝土工程所使用的模板，应满足设计要求的效果；

（6）能多次周转使用。

二、模板的种类及发展方向

模板的种类很多，按材料分类，可分为木模板、钢木模板、胶合板模板、钢竹模板、钢模板、塑料模板、玻璃钢模板、铝合金模板等。

按结构的类型分为基础模板、柱模板、楼板模板、楼梯模板、墙模板、壳模板和烟囱模板等多种。

按施工方法分类，有现场装拆式模板、固定式模板和移动式模板。现场装拆式模板是按照设计要求的结构形状、尺寸及空间位置在现场组装，当混凝土达到拆模强度后即拆除模板。现场装拆式模板多用定型模板和工具式支撑；固定式模板多用于制作预制构件，是按构件的形状、尺寸于现场或预制厂制作，涂刷隔离剂，浇筑混凝土，当混凝土达到规定的强度后，即脱模、清理模板，再重新涂刷隔离剂，继续制作下一批构件。各种胎模（土胎模、砖胎模、混凝土胎模）属于固定式模板；移动式模板是随着混凝土的浇筑，可沿垂直方向或水平方向移动，如烟囱、水塔、墙柱混凝土浇筑采用的滑升模板、爬升模板、筒壳混凝土浇筑采用的水平移动式模板等。

随着新结构、新技术、新工艺的采用，模板工程也在不断发展，其发展方向是：构造上由不定型向定型发展；材料上由单一木模板向多种材料模板发展；功能上由单一功能向多功能发展。由于模板的发展，使钢筋混凝土结构模板逐步实现定型化、装配化、工具化，大量节约了模板材料，尤其是木材，提高了模板的周转率，降低了工程成本，加快了工程进度。近年来，采用大模板、滑升模板、爬升模板施工工艺，以整间大模板代替普通模板进行混凝土墙板结构施工，不仅节约模板材料，还大大提高了工程质量和施工机械化程度。

三、模板的构造与安装

（一）木模板

木模板及其支架系统一般在加工厂或现场木工棚制成元件，然后再在现场拼装。图 3-2 所示是基本元件之一，通常称为拼板。拼板的长短、宽窄可以根据混凝土构件的尺寸，设计出几种标准规格以便组合使用。每块重以两个人能搬动为宜。拼板的板条厚度一般为 25～50mm。

拼板宽度不宜超过 200mm，以保证干缩时缝隙均匀，浇水后易于密封，受潮后不易翘曲。但梁底板的板条宽度则不受限制，以减少拼缝，防止漏浆为原则。拼条截面尺寸为 (25～50mm)×(40～70mm)。梁侧板的拼条一般立放，如图 3-2（b）所示，其他则可平放。拼条间距决定于所浇筑混凝土侧压力的大小及板条的厚度，多为 400～500mm。钉子的长度为模板厚度的 1.5～2 倍。

1. 柱模板

柱子的断面尺寸不大但比较高。因此，柱子模板的构造和安装主要考虑保证垂直度及抵抗新浇混凝土的侧压力，与此同时，也要便于浇筑混凝土、清理垃圾与钢筋绑扎等。

柱模板由两块相对的内拼板夹在两块外拼板之间组成，如图 3-3（a）所示。亦可用短横板（门子板）代替外拼板钉在内拼板上，如图 3-3（b）所示。有些短横板可先不钉上，作为混凝土的浇筑孔，待混凝土浇至其下口时再钉上。

柱模板底部开有清理孔，沿高度每隔 2m 开有浇筑孔。柱底部一般有一钉在底部混凝土上的木框，用来固定柱模板的位置。为承受混凝土侧压力，拼板外要设柱箍，柱箍可为木制、钢制或钢木制。柱箍间距与混凝土侧压力大小、拼板厚度有关，由于侧压力是下大上小，因而柱模板下部柱箍较密。柱模板顶部根据需要开有与梁模板连接的缺口。

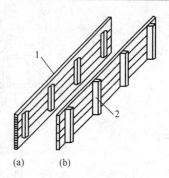

图 3-2　拼板的构造
(a) 一般拼板；(b) 梁侧板的拼板
1—板条；2—拼条

安装柱模前，应先绑扎好钢筋，测出标高并标在钢筋上，同时在已浇筑的基础顶面或楼面上固定好柱模板底部的木框，在内外拼板上弹出中心线，根据柱边线及木框位置竖立内外拼板，并用斜撑临时固定，然后由顶部用吊锤校正，使其垂直。检查无误后，即用斜撑钉牢固定。同在一条轴线上的柱，应先校正两端的柱模板，再从柱模板上口中心线拉一铁丝来校正中间的柱模。柱模之间还要用水平撑及剪刀撑相互拉结。

2. 梁模板

梁的跨度较大而宽度不大。梁底一般是架空的，混凝土对梁侧模板有水平侧压力，对梁底模板有垂直压力。因此，梁模板及其支架必须能承受这些荷载而不致发生超过规范允许的过大变形。

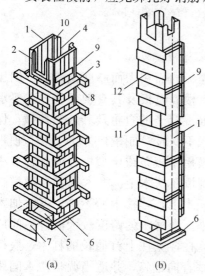

图 3-3　柱模板
(a) 拼板柱模板；(b) 短横板柱模板
1—内拼板；2—外拼板；3—柱箍；4—梁缺口；5—清理孔；6—木框；7—盖板；8—拉紧螺栓；9—拼条；10—三角木条；11—浇筑孔；12—短横板

梁模板主要由底模、侧模、夹木及其支架系统组成，如图 3-4 所示。为承受垂直荷载，在梁底模板下每隔一定间距（800～1200mm）用顶撑顶住。顶撑可以用圆木、方木或钢管制成。顶撑底要加垫一对木楔块以调整标高。为使顶撑传下来的集中荷载均匀地传给地面，在顶撑底加铺垫板。多层建筑施工中，应使上、下层的顶撑在同一条竖向直线上。侧模板用长板条加拼条制成，为承受混凝土侧压力，底部用夹木固定，上部由斜撑和水平拉条固定。

单梁的侧模板，一般拆除较早。因此，侧模板应包在底模板的外面。柱模板与梁侧板一样，可较早拆除，梁模板也不应伸到柱模板的开口内，如图 3-5 所示。同样次梁模板也不应伸到开口内。

如梁或板的跨度等于或大于 4m，应使梁或板底模起拱，防止新浇筑混凝土的荷载使跨中模板下挠。如设计无规定时，起拱高度宜为全跨长度的 1/1000～3/1000（木模板为 1.5/1000～3/1000，钢模板为 1/1000～2/1000）。

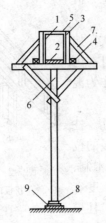

图 3-4　单梁模板

1—侧模板；2—底模板；3—侧模拼条；
4—夹木；5—水平拉条；6—顶撑（支架）；7—斜撑；8—木楔；9—木垫板

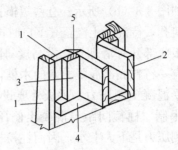

图 3-5　梁模板连接

1—柱或大柱侧板；2—梁；3、4—衬口档；5—斜口小木条

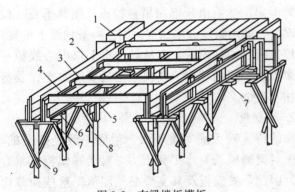

图 3-6　有梁楼板模板

1—楼板模板；2—梁侧模板；3—楞木；4—托木；5—杠木；
6—夹木；7—短撑木；8—立柱；9—顶撑

3. 楼板模板

楼板的面积大而厚度比较薄，侧压力小。楼板模板及其支架系统，主要承受钢筋混凝土的自重及其施工荷载，保证模板不变形。如图 3-6 所示，楼板模板的底模用木板条或定型模板或胶合板拼成，铺设在楞木上。楞木搁置在梁模板外侧托木上，若楞木面不平，可以加木楔调平。当楞木的跨度较大时，中间应加设立柱，立柱上钉通长的杠木。底模板应垂直向铺钉，并适当调整楞木间距来适应定型模板的规格。

主梁、次梁模板安装完毕后，方可安装托木、楞木及模板底模。

（二）定型组合钢模板

定模组合钢模板通过各种连接件和支撑件可组合成多种尺寸和几何形状，以适应各种类型建筑物捣制钢筋混凝土梁、柱、板、墙、基础等施工所需要的模板，也可用其拼成大模板、滑模、筒模和台模等。施工时可在现场直接组装，亦可预拼装成大块模板或构件模板用起重机吊运安装。

定型组合钢模板的安装工效比木模高；组装灵活，通用性强；拆装方便，周转次数多，每套钢模可重复使用 50～100 次以上；加工精度高，浇筑混凝土质量好；成型后的混凝土尺寸准确，棱角齐整，表面光滑，可以节省装修用工。

1. 定型组合钢模板的组成

组合钢模板由模板、连接件和支撑件组成。

模板包括平面模板（P）、阴角膜板（E）、阳角膜板（Y）、连接角模（J），如图 3-7 所示。此外还有一些异形模板。钢模板的宽度有 100、150、200、250、300mm 五种规格，其长度有 450、600、750、900、1200、1500mm 六种规格，可适应横竖拼装。

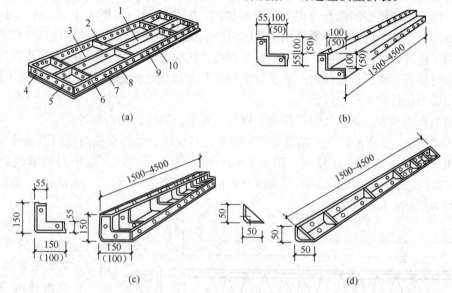

图 3-7 钢模板类型

(a) 平面模板；(b) 阳角模板；(c) 阴角模板；(d) 连接角模

1—中纵肋；2—中横肋；3—面板；4—横肋；5—插销孔；

6—纵肋；7—凸棱；8—凸鼓；9—U 形卡孔；10—钉子孔

定型组合钢模板的连接件包括 U 形卡、L 形插销、钩头螺栓、对拉螺栓、紧固螺栓和扣件等，如图 3-8 所示。U 形卡用于相邻模板的拼接，其安装距离不大于 300mm，即每隔

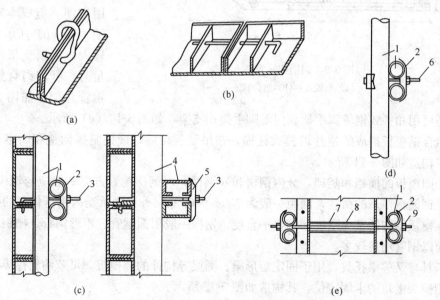

图 3-8 钢模板连接件

(a) U 形卡连接；(b) L 形插销连接；(c) 钩头螺栓连接；(d) 紧固螺栓连接；(e) 对拉螺栓连接

1—圆钢管钢楞；2—U 形扣件；3—钩头螺栓；4—内卷边槽钢钢楞；5—蝶形扣件；

6—紧固螺栓；7—对拉螺栓；8—塑料套管；9—螺母

一孔卡插一个，安装方向一顺一倒相互错开，以抵消因打紧 U 形卡可能产生的位移。L 形插销用于插入钢模板端部横肋的插销孔内，以加强两相邻模板接头处的刚度和保证接头处板面平整。钩头螺栓用于钢模板与内外钢楞的加固，安装间距一般不大于 600mm，长度应与采用的钢楞尺寸相适应。紧固螺栓用于紧固内外钢楞，长度应与采用的钢楞尺寸相适应。对拉螺栓用于连接墙壁两侧模板，保持模板与模板之间的设计厚度，并承受混凝土侧压力及水平荷载，使模板不变形。扣件用于钢楞与钢楞或与钢模板之间的扣紧，按钢楞的不同形状，分别采用蝶形扣件和 3 形扣件。

定型组合钢模板的支撑件包括柱箍、钢楞、支架、斜撑、钢桁架等。

钢桁架如图 3-9 所示，其两端可支撑在钢筋托具、墙、梁侧模板的横档以及柱顶梁底横档上，用以支撑梁或板的底模板。图 3-9（a）所示为整榀式，一榀桁架的承载能力约为 30kN（均匀放置）；图 3-9（b）所示为组合式桁架，可调范围为 2.5～3.5m，一榀桁架的承载能力约为 20kN（均匀放置）。

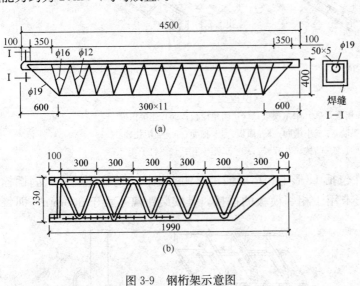

图 3-9　钢桁架示意图
(a) 整榀式；(b) 组合式

钢支架用于支撑由桁架、模板传来的垂直荷载。钢管支架如图 3-10（a）所示，它由内外两节钢管制成，其高低调节距模数为 100mm，支架底部除垫板外，均用木楔调整，以利于拆卸。调节螺杆钢管支架本身装有调节螺杆，能调节一个孔距的高度，使用方便，但成本略高，如图 3-10（b）所示。当荷载较大，单根支架承载力不足时，可用组合钢支架和钢管井架，如图 3-10（c）所示。还可用扣件式钢管脚手架、门形脚手架作支架，如图 3-10（d）所示。

由组合钢模板拼成的整片墙模或柱模，在吊装就位后，应用斜撑调整和固定其垂直位置。斜撑构造如图 3-11 所示。

钢楞即模板的横档和竖档，分内钢楞和外钢楞。内钢楞配置方向一般应与钢模板垂直，直接承受钢模板传来的荷载，间距一般为 700～900mm。外钢楞承受内钢楞传来的荷载，或用来加强模板结构的整体刚度和调整平直度。钢楞一般用圆钢管、矩形钢管、槽钢或内卷边槽钢，而以钢管用得较多。

梁卡具，又称梁托具，用于固定矩形梁、圈梁等构件的侧模板，可节约斜撑等材料。也可用于侧模板上口的卡固定位，其构造如图 3-12 所示。

2. 钢模板的配板设计

（1）应使木材拼镶补量最少。

（2）合理使用转角模板。对于构造上无特殊要求的转角，可不用阳角模板，一般可用连

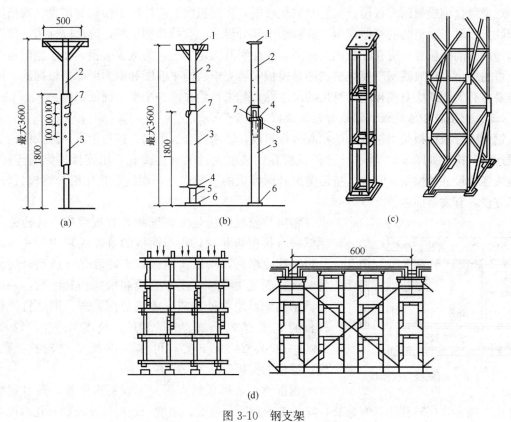

图 3-10 钢支架

(a) 钢管支架；(b) 调节螺杆钢管支架；(c) 组合钢支架和
钢管井架；(d) 扣件式钢管和门形脚手架支架

1—顶板；2—插管；3—套管；4—转盘；5—螺杆；
6—底板；7—插销；8—转动手柄

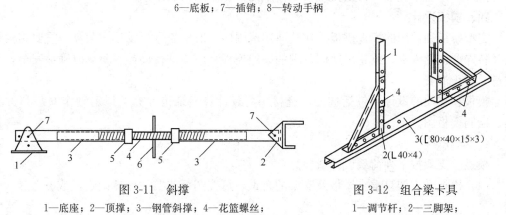

图 3-11 斜撑

1—底座；2—顶撑；3—钢管斜撑；4—花篮螺丝；
5—螺母；6—旋杆；7—销钉

图 3-12 组合梁卡具

1—调节杆；2—三脚架；
3—底座；4—螺栓

接角模代替。阴角模板宜用于长度大的转角处，柱头、梁口及其他短边转角部位，如无合适的阴角模板，也可用 55mm 的方木条代替。

（3）应使支撑件布置简单，受力合理。

（4）对钢模板尽量采用横排或竖排，尽量不用横竖兼排的方式，因为这样会使支撑系统布置困难。

　　定型组合钢模板的配板设计，应绘制配板图。在配板图上应标出钢模板的位置、规格型号和数量。对于预组装的整体模板，应标绘出其分界线。有特殊构造时，应加以标明。预埋件和预留孔洞的位置，应在配板图上标明，并注明其固定方法。为减少差错，在绘制配板图前，可先绘出模板放线图。模板放线图是模板安装完毕后的平面图和剖面图，是根据施工模板需要将有关图纸中对模板施工有用的尺寸综合起来，绘在同一个平、剖面图中。

　　（三）钢框胶合板模板和钢框竹胶板模板

　　钢框胶合板模板是由钢框和防水胶合板组成，防水胶合板平铺在钢框上，用沉头螺栓与钢框连牢，构造如图 3-13 所示。这种模板在钢边框上可钻有连接孔，用连接件纵横连接，组装成各种尺寸的模板，它也具备定型组合钢模板的一些优点，而且重量比组合钢模板轻，施工方便，有发展前途。

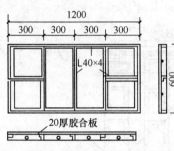

图 3-13　钢框胶合板模板

　　钢框竹胶板模板是由钢框和竹胶板组成，其构造与钢框胶合板模板相同，用于面板的竹胶板是用竹片（或竹帘）涂胶粘剂，纵横向铺放，组坯后热压成型。为使竹胶板板面光滑平整，便于脱模和增加周转次数，一般板面采用涂料复面处理或浸胶纸复面处理。钢框竹胶板模板的宽度有 300、600mm 两种，长度有 900、1200、1500、1800、2400mm 等。可作为混凝土结构柱、梁、墙、楼板的模板。

　　钢框竹胶板模板特点是：不仅富有弹性，而且耐磨耐冲击，能多次周转使用，寿命长，降低工程费用，强度、刚度和硬度都比较高；在水泥浆中浸泡，受潮后不会变形，模板接缝严密，不易漏浆；重量轻，可设计成大面模板，减少模板拼缝，提高装拆工效，加快施工进度；竹胶板模板加工方便，可锯刨、打钉，可加工成各种规格尺寸，适用性强；竹胶板模板不会生锈，能防潮，能露天存放。

　　四、模板设计

　　定型模板和常用的模板拼板，在其适用范围内一般不需进行设计或验算。重要结构的模板，特殊形式的模板，或超出适用范围的一般模板，应该进行设计或验算以确保安全，保证质量，防止浪费。

　　模板和支架的设计，包括选型、选材、荷载计算、结构计算、拟定制作安装和拆除方案、绘制模板图。

　　1. 荷载

　　模板、支架按下列荷载设计或验算：

　　（1）模板及支架自重。模板及支架的自重，可按图纸或实物计算确定，或参考表 3-1 确定。

表 3-1　　　　　　　　　　　　　　楼板模板自重标准值

模 板 构 件	木模板（kN/m²）	定型组合钢模板（kN/m²）
平板模板及小楞自重	0.3	0.5
楼板模板自重（包括梁模板）	0.5	0.75
楼板模板及其支架自重（楼层高度4m以下）	0.75	1.1

（2）新浇筑混凝土的自重标准值。普通混凝土用 24kN/m³，其他混凝土根据实际重力密度确定。

（3）钢筋自重标准值。根据设计图纸确定。一般梁板结构每立方米钢筋混凝土结构的钢筋自重标准值：楼板 1.1kN，梁 1.5kN。

（4）施工人员及设备荷载标准值。

1）计算模板及直接支撑模板的小楞时：均布活荷载 2.5N/m²，另以集中荷载 2.5kN 进行验算，取两者中较大的弯矩值；

2）计算支撑小楞的构件时：均布活荷载 1.5kN/m²；

3）计算支架立柱及其他支撑结构构件时：均布活荷载 1.0kN/m²。

对大型浇筑设备（上料平台等）、混凝土泵等按实际情况计算。木模板板条宽度小于 150mm 时，集中荷载可以考虑由相邻两块板共同承受。如混凝土堆集料的高度超过 100mm 时，则按实际情况计算。

（5）振捣混凝土时产生的荷载标准值。水平面模板 2.0kN/m²；垂直面模板 4.0kN/m²（作用范围在有效压头高度之内）。

（6）新浇筑混凝土对模板侧面的压力标准值。影响混凝土侧压力的因素很多，如与混凝土组成有关的骨料种类、水泥用量、外加剂、坍落度等都有影响，但更重要的还是外界影响，如混凝土的浇筑速度、混凝土的温度、振捣方式、模板情况、构件厚度等。

混凝土的浇筑速度是一个重要影响因素，最大侧压力一般随着浇筑速度加快而增大。但当其达到一定速度后，再提高浇筑速度，对最大侧压力的影响就不明显了。混凝土的温度影响混凝土的凝结速度，温度低，凝结慢，混凝土侧压力的有效压头高，最大侧压力就大。反之，最大侧压力就小。模板情况和构件厚度影响拱作用的发挥，因之对侧压力也有影响。

由于影响混凝土侧压力的因素很多，想用一个计算公式全面加以反映是有一定困难的。国内外研究混凝土侧压力，都是抓住几个主要影响因素，通过典型试验或现场实测取得数据，再用数学方法分析归纳后提出计算公式。

我国目前采用的计算公式为：采用内部振动器时，新浇筑的混凝土作用于模板的最大侧压力，按下列两式计算，并取两式中的较小值

$$F = 0.22\gamma_c t_0 \beta_1 \beta_2 V^{\frac{1}{2}} \tag{3-1}$$

$$F = \gamma_c H \tag{3-2}$$

式中　F——新浇筑混凝土对模板的最大侧压力，kN/m²；

　　　γ_c——混凝土的重力密度，kN/m³；

　　　t_0——新浇筑混凝土的初凝时间，h，可按实测确定，当缺乏试验资料时，可采用 $t_0 = 200/(T+15)$ 计算（T 为混凝土的温度，℃）；

　　　V——混凝土的浇筑速度，m/h；

　　　H——混凝土侧压力计算位置处至新浇混凝土顶面的总高度，m；

　　　β_1——外加剂影响修正系数，不掺外加剂时取 1.0，掺有缓凝作用的外加剂时取 1.2；

　　　β_2——混凝土坍落度影响修正系数，当坍落度小于 30mm 时，取 0.85；当坍落度为 50～90mm 时，取 1.0；当坍落度为 110～150mm 时，取 1.15。

（7）倾倒混凝土时产生的荷载标准值。倾倒混凝土时对垂直面模板产生的水平荷载标准

值，按表 3-2 采用。

表 3-2　　　　　　向模板中倾倒混凝土时产生的水平荷载标准值

项 次	向模板中供料的方法	水平荷载标准值（kN/m²）
1	用溜槽、串筒或由导管输出	2
2	用容量＜0.2m³的运输器具倾倒	2
3	用容量为 0.2～0.8m³的运输器具倾倒	4
4	用容量＞0.8m³的运输器具倾倒	6

注　作用范围在有效压头高度以内。

计算滑升模板、水平移动式模板等特种模板时，荷载应按专门的规定计算。对于利用模板张拉和锚固预应力筋等产生的荷载亦应另行计算。

计算模板及其支架时的荷载设计值，应采用荷载标准值乘以相应的荷载分项系数求得，荷载分项系数按表 3-3 采用。

表 3-3　　　　　　荷 载 分 项 系 数

项 次	荷 载 类 别	γ_i	项 次	荷 载 类 别	γ_i
1	模板及支架自重		4	施工人员及施工设备荷载	1.4
2	新浇筑混凝土自重	1.2	5	振捣混凝土时产生的荷载	
3	钢筋自重		6	新浇筑混凝土对模板侧面的压力	1.2
			7	倾倒混凝土时产生的荷载	1.4

参与模板及其支架荷载效应组合的各项荷载，应符合表 3-4 的规定。

表 3-4　　　　　　参与模板及其支架荷载效应组合的各项荷载

模 板 类 别	参与组合的荷载项	
	计算承载能力	验算刚度
平板和薄壳的模板及支架	(1)，(2)，(3)，(4)	(1)，(2)，(3)
梁和拱模板的底板及支架	(1)，(2)，(3)，(5)	(1)，(2)，(3)
梁、拱、柱（边长≤300mm）、墙（厚≤100mm）的侧面模板	(5)，(6)	(6)
大体积结构、柱（边长＞300mm）、墙（厚＞100mm）的侧面模板	(6)，(7)	(6)

2. 计算规定

计算钢模板、木模板及支架时都要遵守相应结构的设计规范。

验算模板及其支架的刚度时，其最大变形值不得超过下列允许值：对结构表面外露的模板，为模板构件计算跨度的 1/400；对结构表面隐蔽的模板，为模板构件计算跨度的 1/250；对支架的压缩变形值或弹性挠度，为相应结构计算跨度的 1/1000。

支架的立柱或桁架应保持稳定，并用撑拉杆件固定。验算模板及其支架在自重和风荷载作用下的抗倾倒稳定性时，应符合有关的专门规定。

五、模板拆除

在进行模板的施工设计时，应考虑模板的拆除顺序和拆除时间，以便更多的模板参加周转，减少模板用量，降低工程成本。模板的拆除时间与构件混凝土的强度以及模板所处的位置有关。

1. 现浇结构拆模时的规定

现浇结构的模板及其支架拆除时的混凝土强度，应符合设计要求；当设计无具体要求时，应符合下列规定：

（1）侧模：在混凝土强度能保证其表面及棱角不因拆除模板而受损坏后，方可拆除；

（2）底模：在混凝土强度符合表 3-5 的规定后，方可拆除。

表 3-5　　　　　　　　　　现浇结构拆模时所需混凝土强度

结构类型	构件跨度（m）	达到设计的混凝土立方体抗压强度标准值的百分率（%）	结构类型	构件跨度（m）	达到设计的混凝土立方体抗压强度标准值的百分率（%）
板	≤2	50	梁、拱、壳	≤8	75
	>2，≤8	75		>8	100
	>8	100	悬臂构件	—	100

2. 预制构件拆模时的规定

预制构件模板拆除时的混凝土强度，应符合设计要求；当设计无具体要求时，应符合下列规定：

（1）侧模：在混凝土强度能保证构件不变形，棱角完整时，方可拆除。

（2）芯模或留孔洞的内模：在混凝土强度能保证构件和孔洞表面不发生坍陷和裂缝后，方可拆除。

（3）底模：当构件跨度不大于 4m 时，在混凝土强度符合设计混凝土强度标准值的 50% 的要求后，方可拆除；当构件跨度大于 4m 时，在混凝土强度符合设计混凝土强度标准值的 75% 的要求后，方可拆除。

（4）对后张法预应力混凝土结构构件，侧模宜在预应力张拉前拆除；底模支架的拆除应按施工技术规范执行，当无具体要求时，不应在结构构件建立预应力前拆除。

3. 其他规定

已拆除模板及其支架的结构，在混凝土强度符合设计混凝土强度等级的要求后，方可承受全部使用荷载；当施工荷载所产生的效应比使用荷载的效应更不利时，必须经过核算，加设临时支撑。

模板拆除时，应先拆除连接件，再逐块拆除模板。拆下的模板及零配件应随拆随运，不要随意抛掷，避免丢失。模板运至堆放场地应排放整齐，并派专人负责清理维修，以增加模板使用寿命，提高经济效益。

第二节　钢　筋　工　程

一、钢筋的分类

钢筋混凝土结构所用的钢筋按生产工艺分为热轧钢筋、冷拉钢筋、冷拔钢筋、冷轧钢筋、热处理钢筋、碳素钢丝、刻痕钢丝和钢绞线等。热轧钢筋按力学性能分为 HPB300

钢筋（即屈服点为 300N/mm²，抗拉强度为 270N/mm²）、HRB335 钢筋（即屈服点为 335N/mm²，抗拉强度为 300N/mm²）、HRB400 钢筋（即屈服点为 400N/mm²，抗拉强度为 360N/mm²）和 HRB500 钢筋（即屈服点为 500N/mm²，抗拉强度为 435N/mm²）等。按轧制外形分为光圆钢筋和变形钢筋（月牙形、螺旋形、人字形钢筋）；按钢筋直径大小分为钢丝（直径 3～5mm）、细钢筋（直径 6～10mm）、中粗钢筋（直径 12～20mm）和粗钢筋（直径大于 20mm）。

二、钢筋性能

1. 钢筋力学性能

热轧钢筋具有软钢性质，有明显的屈服点；冷轧带肋钢筋是硬钢性质，无明显屈服点，一般将对应于塑性应变为 0.2% 时的应力定为屈服强度，并以 $\sigma_{0.2}$ 表示。

提高钢筋强度，可减少用钢量，降低成本，但并非强度越高越好。高强钢筋在高应力下往往引起构件过大的变形和裂缝，因此，对普通混凝土结构，设计强度限值为 360MPa。

钢筋的延性通常用拉伸试验测得的伸长率表示，影响延性的主要因素是钢筋材质。热轧低碳钢筋强度虽低但延性好。随着加入合金元素和碳当量加大，强度提高但延性减小。对钢筋进行热处理和冷加工同样可提高强度，但延性降低。

混凝土构件的延性表现为破坏前有足够的预兆（明显的挠度或较大的裂缝），构件的延性与钢筋的延性有关，但并不等同，它还与配筋率、钢筋强度、预应力程度、高跨比、裂缝控制性能等有关。

2. 钢筋锚固性能

钢筋混凝土结构中，两种性能不同的材料能够共同受力是由于它们之间存在着黏结锚固作用，这种作用使接触界面两边的钢筋与混凝土之间能够实现应力传递，从而在钢筋与混凝土中建立起结构承载所必须的工作应力。

钢筋在混凝土中的黏结锚固作用有：胶结力——即接触面上的化学吸附作用，但其影响不大；摩阻力——它与接触面的粗糙程度及侧压力有关，且随滑移发展其作用逐渐减小；咬合力——这是带肋钢筋横肋对肋前混凝土挤压而产生的，为带肋钢筋锚固力的主要来源；机械锚固力——这是指弯钩，弯折及附加锚固等措施（如焊锚板、贴焊钢筋等）提供的锚固作用。

钢筋基本锚固长度，取决于钢筋强度及混凝土抗拉强度，并与钢筋外形有关。《混凝土结构设计规范》给出了受拉钢筋的锚固长度 l_a 计算公式。

$$l_a = a\frac{f_y}{f_1}d \tag{3-3}$$

式中　f_y——普通钢筋的抗拉强度设计值，N/mm²；

　　　f_1——混凝土轴心抗拉强度设计值，N/mm²，当混凝土强度等级高于 C40 时，按 C40 取值；

　　　a——钢筋外形系数，光面钢筋为 0.16，带肋钢筋为 0.14，螺旋肋钢丝为 0.13；

　　　d——钢筋的公称直径。

式（3-3）应用时应将计算所得的基本锚固长度乘以对应于不同锚固条件的修正系数。基本锚固长度的计算结果见表 3-6。

表 3-6		纵向受拉钢筋的最小锚固长度		
钢筋种类	混凝土强度等级			
	C15	C20～C25	C30～C35	≥C40
HPB300 光圆钢筋	40d	30d	25d	20d
HRB335 带肋钢筋	50d	40d	30d	25d
HRB400 与 RRB400 带肋钢筋		45d	35d	30d

注 1. 当圆钢筋末端应做 180°弯钩，弯后平直段长度不应小于 3d，但作受压钢筋时可不作弯钩。

2. 在任何情况下，纵向受拉钢筋的锚固长度不应小于 250d。

3. d 为钢筋公称直径。

（1）当符合下列条件时，表 3-6 的锚固长度应进行修正。

1）当 HRB335、HRB400 与 RRB400 级钢筋的直径大于 25mm 时，其锚固长度应乘以修正系数 1.1；

2）HRB335、HRB400 与 RRB400 级环氧树脂涂层钢筋的锚固长度，应乘以修正系数 1.25；

3）当钢筋在混凝土施工过程中易受扰动（如滑模施工）时，其锚固长度应乘以修正系数 1.1；

4）当 HRB335、HRB400 与 RRB400 级钢筋在锚固区的混凝土保护层厚度大于钢筋直径的 3 倍且配有箍筋时，其锚固长度可乘以修正系数 0.8。

（2）当计算充分利用纵向钢筋的抗压强度时，其锚固长度不应小于表 3-6 所列的受拉钢筋锚固长度的 0.7。

（3）当 HRB335、HRB400 与 RRB400 及纵向受拉钢筋末端采用机械锚固措施时，包括附加锚固端头在内的锚固长度可取表 3-6 所列锚固长度的 0.7。

3. 钢筋冷弯性能

钢筋冷弯是考核钢筋的塑性指标，也是钢筋加工所需的。钢筋弯折、做弯钩时应避免钢筋裂缝和折断。低强的热轧钢筋冷弯性能较好，强度较高的稍差，冷加工钢筋的冷弯性能最差。

4. 钢筋焊接性能

钢材的可焊性是指被焊钢材在采用一定焊接材料、焊接工艺条件下，获得优质焊接接头的难易程度，也就是钢材对焊接加工的适应性。它包括以下两个方面：

（1）工艺焊接性，即接合性能，指在一定焊接工艺条件下焊接接头中出现各种裂纹及其他工艺缺陷的敏感性和可能性。这种敏感性和可能性越大，则其工艺焊接性越差。

（2）使用焊接性，是指在一定焊接条件下焊接接头对使用要求的适应性，以及影响使用可靠性的程度。这种适应性和使用可靠性越大，则其使用焊接性越好。

三、钢筋冷加工

（一）钢筋冷拉

钢筋冷拉是在常温下对钢筋进行强力拉伸，拉应力超过钢筋的屈服强度，使钢筋产生塑性变形，以达到调直钢筋、提高强度节约钢材的目的，对焊接接长的钢筋亦考验了焊接接头的质量。冷拉 HPB300 级钢筋用于结构中的受拉钢筋，冷拉 HRB335、HRB400、HRB500 钢筋用作预应力筋。

1. 冷拉原理

钢筋冷拉原理如图 3-14 所示，图中 $abcde$ 为钢筋的拉伸特性曲线。冷拉时，拉应力超

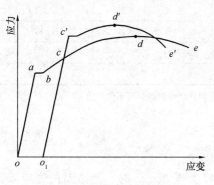

过屈服点 b 达到 c 点，然后卸荷。由于钢筋已产生塑性变形，卸荷过程中应力应变沿 co_1 降至 o_1 点。如再立即重新拉伸，应力应变图将沿 o_1cde 变化，并在高于 c 点附近出现新的屈服点，该屈服点明显高于冷拉前的屈服点 b，这种现象称为变形硬化。其原因是冷拉过程中，钢筋内部结晶面滑移，晶格变化，内部组织发生变化，因而屈服强度提高，塑性降低，弹性模量也降低。

图 3-14　钢筋冷拉原理图

钢筋冷拉后有内应力存在，内应力会促进钢筋内的晶体组织调整，经过调整，屈服强度又进一步提高。该晶体组织调整过程称为时效。钢筋经冷拉和时效后的拉伸特性曲线即改为 $o_1c'd'e'$。HPB300、HRB335 级钢筋的时效过程在常温下需 15～20 天（称自然时效），但在 100℃温度下只需 2h 即完成，因而为加速时效可利用蒸汽、电热等手段进行人工时效，HRB400、HRB500 级钢筋在自然条件下一般达不到时效的效果，更宜用人工时效，一般通电加热至 150～200℃保持 20min 左右即可。

2. 冷拉作用

从钢筋的冷拉曲线图中可以看出，钢筋冷拉最重要的作用就是提高它的屈服强度，同时钢筋被拉长，达到节约钢材的目的；冷拉过程也对钢筋起了调直、除锈的作用；如钢筋由几根短筋对焊而成，就必须先焊接后进行冷拉程序，以避免因焊接而降低冷拉后的强度，并可检验对焊接头的质量；冷拉后钢筋的塑性明显降低，硬度提高。

3. 冷拉参数及控制方法

钢筋冷拉的控制可用冷拉应力与冷拉率两个主要参数进行控制。在一定限度范围内，冷拉应力和冷拉率越大，强度提高越多，而塑性降低越多。

冷拉钢筋的控制即是对控制应力和冷拉率两个参数进行控制，冷拉控制方法有控制应力法和控制冷拉率法两种。

（1）控制应力法。采用控制应力法冷拉钢筋时，其冷拉控制应力及该应力下的最大冷拉率应符合表 3-7 的规定。

表 3-7　　　　　　　　　　钢筋冷拉的冷拉控制应力和最大冷拉率

钢筋级别		冷拉控制应力 (N/mm^2)	最大冷拉率 （%）
HPB300	$d \leqslant 12$	280	10.0
HRB335	$d \leqslant 25$	450	5.5
	$d = 28 \sim 40$	430	
HRB400	$d = 8 \sim 40$	500	5.0
HRB500	$d = 10 \sim 28$	700	4.0

对不能分清炉批号的热轧钢筋，不应采取冷拉率控制。抗拉强度较低的热轧钢筋，如拉

到符合标准的冷拉强度，其冷拉率将超过限值，对结构使用非常不利，故规定最大冷拉率限值，冷拉后检查钢筋的冷拉率，如超过表3-7中规定的数值时，则应进行力学性能试验。

表 3-8　　测定冷拉率时钢筋的冷拉应力

钢筋级别		冷拉控制应力（N/mm²）
HPB300 级	$d \leqslant 12$	310
HRB335 级	$d \leqslant 25$	480
	$d = 28 \sim 40$	460
HRB400 级	$d = 8 \sim 40$	530
HRB500 级	$d = 10 \sim 28$	730

注　当钢筋平均冷拉率低于 1% 时，仍按 1% 进行冷拉。

（2）控制冷拉率法。钢筋冷拉以冷拉率控制时，其控制值由试验确定。对同炉批钢筋，测定的试件不宜少于 4 个，每个试件都按表 3-8 规定的冷拉应力值，在万能试验机上测定相应的冷拉率，取其平均值作为该炉批钢筋的实际冷拉率。如钢筋强度偏高，平均冷拉率低于 1% 时，仍按 1% 进行冷拉。

由于控制冷拉率为间接控制法，试验统计资料表明，同炉批钢筋按平均冷拉率冷拉后的抗拉强度的标准差 σ 为 $15 \sim 20 \mathrm{N/mm^2}$，为满足 95% 的保证率应按冷拉控制应力增加 1.645σ，约 $30 \mathrm{N/mm^2}$。因此，用冷拉率控制方法冷拉钢筋时，钢筋的冷拉应力较高。

不同炉批的钢筋，不宜用控制冷拉率法冷拉钢筋。多根连接的钢筋，用控制应力的方法进行冷拉时其控制应力和每根的冷拉率均应符合表 3-7 的规定；当用冷拉率的方法进行冷拉时，冷拉率可按总长计，但冷拉后每根钢筋的冷拉率不得超过表 3-7 的规定。

4. 冷拉设备

钢筋冷拉工艺有两种：一种是采用卷扬机带动滑轮组作为冷拉动力的机械式冷拉工艺；另一种是采用长行程（1500mm 以上）的专用液压千斤顶（YPD-60S 型液压千斤顶）和高压油泵的液压冷拉工艺。

（二）钢筋冷拔

冷拔是使 $\phi 6 \sim \phi 9$ 的光圆钢筋通过钨合金的拔丝模（图 3-15）进行强力冷拔。钢筋通过拔丝模时，受到拉伸与压缩兼有的作用，使钢筋内部晶格变形而产生塑性变形，因而抗拉强度提高（可提高 50%～90%），塑性降低，呈硬钢性质。光圆钢筋经冷拔后称为冷拔低碳钢丝。

钢筋冷拔的工艺过程是：轧头→剥壳→通过润滑剂进入拔丝模冷拔。如钢筋需连接，则在冷拔前用对焊连接。

钢筋表面常有一硬渣层，易损坏拔丝模，并使钢筋表面产生沟纹，因而冷拔前要进行剥壳，方法是使钢筋通过 3～6 个上下排列的辊子以剥除渣壳。润滑剂常用石灰、动植物油、肥皂、白蜡和水按一定配比制成。

冷拔用的拔丝机有立式（图 3-16）和卧式两种。其鼓筒直径一般为 500mm。冷拔速度为 0.2～0.3m/s，速度过大易断丝。

影响冷拔低碳钢丝质量的主要因素，是原材料的质量和冷拔总压缩率。

（1）对原材料的要求。甲级钢丝用于预应力结构，

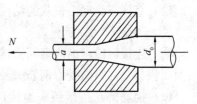

图 3-15　钢筋冷拔示意图

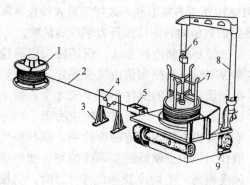

图 3-16　立式单鼓筒冷拔机

1—盘圆架；2—钢筋；3—剥壳装置；4—槽轮；5—拔丝模；6—滑轮；7—绕丝筒；8—支架；9—电动机

对其要求较高，必须使用满足牌号 HPB300 级钢筋钢盘圆拔制而成。对于牌号不明确、不具备出厂质保书的盘圆，应先抽样检验，各项指标均合格后，才能开始冷拔。

遇到扁圆的、带刺的、太硬的、潮湿的钢筋，不能勉强拔制。否则不但钢丝质量不好，而且容易损坏拔丝模。

（2）冷拔总压缩率。冷拔总压缩率（β）是光圆钢筋拔成冷拔钢丝时的横截面缩减率。总缩率为

$$\beta = \frac{d_0^2 - d^2}{d_0^2} \times 100\% \tag{3-4}$$

式中　d_0——原材料光圆钢筋直径，mm；

　　　d——冷拔后成品钢丝直径，mm。

总压缩率越大，则抗拉强度提高越多，而塑性降低越多。总压缩率不宜过大，直径 5mm 的冷拔低碳钢丝，宜用直径 8mm 的圆盘条拔制；直径 4mm 和小于 4mm 者，宜用直径 6.5mm 的圆盘条拔制。

冷拔低碳钢丝有时是经多次冷拔而成，不一定是一次冷拔就达到总压缩率。每次冷拔的压缩率不宜太大，否则拔丝机的功率要大，拔丝模易损耗，且易断丝。一般前道钢丝和后道钢丝的直径之比以 1∶0.87 为宜。冷拔次数亦不宜过多，否则易使钢丝变脆。对用于预应力结构的甲级冷拔低碳钢丝，应加强检验，逐盘取样检验。

冷拔低碳钢丝经调直机调直后，抗拉强度降低 8%～10%，塑性有所改善，使用时应注意。

四、钢筋连接

钢筋连接方式可分为绑扎搭接、焊接、机械连接等。由于钢筋通过连接接头传力的性能总不如整根钢筋，因此设置钢筋连接原则为：钢筋接头宜设置在受力较小处，同一根钢筋上宜少设接头，同一构件中的纵向受力钢筋接头宜相互错开。

1. 接头使用规定

（1）直径大于 12mm 以上的钢筋，应优先采用焊接接头或机械连接接头。

（2）当受拉钢筋的直径大于 28mm 及受压钢筋的直径大于 32mm 时，不宜采用绑扎搭接接头。

（3）轴心受拉及小偏心受拉杆件的纵向受力钢筋，不得采用绑扎搭接接头。

（4）直接承受动力荷载的结构构件中，其纵向受拉钢筋不得采用绑扎搭接接头。

2. 接头面积允许百分率

同一连接区段内纵向钢筋搭接接头面积百分率，为该区段内有搭接接头的纵向受力钢筋截面面积与全部纵向受力钢筋截面面积的比值。

（1）钢筋绑扎搭接接头连接区段的长度为 $l = 1.3 l_1$（l_1 为搭接长度），凡搭接接头中点位于该连接区段长度内的搭接接头，均属于同一连接区段（图 3-17）。同一连接区段

内，纵向受拉钢筋搭接接头面积百分率应符合设计要求；当设计无具体要求时，应符合下列规定：

1）对梁、板类及墙类构件，不宜大于 25%；

2）对柱类构件，不宜大于 50%；

3）当工程中确有必要增大接头面积百分率时，对梁类构件不应大于 50%；对板、墙、柱及预制构件的拼接处，可根据实际情况放宽。

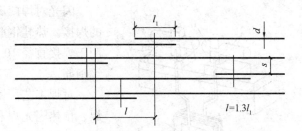

图 3-17　受力钢筋绑扎接头

注：图中所示 l 区段内有接头的钢筋面积按两根计。

纵向受压钢筋搭接接头面积百分率，不宜大于 50%。

（2）钢筋机械连接与焊接接头连接区段的长度为 $35d$（d 为纵向受力钢筋的较大直径），且不小于 500mm。同一连接区段内，纵向受力钢筋的接头面积百分率应符合设计要求；当设计无具体要求时，应符合下列规定：

1）受拉区不宜大于 50%，受压区不受限制。

2）接头不宜设置在有抗震设防要求的框架梁端、柱端的箍筋加密区。

3）直接承受动力荷载的结构构件中，不宜采用焊接接头；当采用机械连接接头时，不应大于 50%。

4）纵向受压钢筋接头面积百分率可不受限制。

3. 绑扎接头搭接长度

（1）纵向受拉钢筋绑扎搭接接头的搭接长度，应根据位于同一连接区段内的钢筋搭接接头面积百分率，按下列公式计算

$$l_1 = \xi l_a \tag{3-5}$$

式中　l_a——纵向受拉钢筋的锚固长度，mm；

ξ——纵向受拉钢筋搭接长度修正系数，按表 3-9 取用。

表 3-9　　　　　　　　　　　纵向受拉钢筋搭接长度修正系数

纵向受拉钢筋搭接接头面积百分率（%）	≤25	50	100
ξ	1.2	1.4	1.6

（2）当采用搭接连接时，构件中的纵向受压钢筋受压搭接长度，不应小于纵向受拉钢筋搭接长度的 0.7，且在任何情况下不应小于 200mm。

（3）在梁、柱类构件的纵向受力钢筋搭接长度范围内，应按设计要求配置箍筋。

（一）钢筋焊接连接

1. 钢筋闪光对焊

钢筋闪光对焊（图 3-18）是将两根钢筋安放成对接形式，利用焊接电流通过两根钢筋接触点产生的电阻热，使接触点金属熔化，产生强烈飞溅，形成闪光，迅速施加顶锻力完成的一种压焊方法。

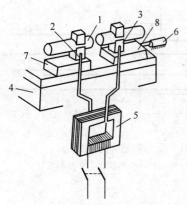

图 3-18 钢筋闪光对焊原理图
1—焊接的钢筋；2—固定电极；3—可
动电极；4—机座；5—变压器；6—平
动顶压机构；7—固定支座；
8—滑动支座

闪光对焊广泛用于钢筋接长及预应力钢筋与螺丝端杆的焊接。热轧钢筋的焊接宜优先选用闪光对焊。闪光对焊用于焊接直径 10～40mm 的 HPB300、HRB335、HRB400 级钢筋。

对焊工艺。钢筋闪光对焊的焊接工艺可分为连续闪光焊、预热闪光焊和闪光－预热闪光焊等，根据钢筋品种、直径、焊机功率、施焊部位等因素选用。

（1）连续闪光焊。连续闪光焊的工艺过程包括连续闪光和顶锻过程［图 3-19（a）］。施焊时，先闭合一次电路，使两根钢筋端面轻微接触，此时端面的间隙中即喷射出火花般熔化的金属微粒——闪光，接着徐徐移动钢筋使两端面仍保持轻微接触，形成连续闪光。当闪光到预定的长度，使钢筋端头加热到将近熔点时，就以一定的压力迅速进行顶锻。先带电顶锻，再无电顶锻到一定长度，焊接接头即告完成。

此法适用于焊接直径 25mm 以下钢筋端部凹凸不平的 HPB300、HRB335、HRB400 级钢筋。

（2）预热闪光焊。预热闪光焊是在连续闪光焊前增加一次预热过程，以扩大焊接热影响区。其工艺过程包括预热、闪光和顶锻过程［图 3-19（b）］。施焊时先闭合电源，然后使两根钢筋端面交替地接触和分开，这时钢筋端面的间隙中即发出断续的闪光而形成预热过程。当钢筋达到预热温度后进入闪光阶段，随后顶锻而成。

此法适用于焊接直径 25mm 以上钢筋端部平整的 HPB300、HRB335、HRB400 级钢筋。

（3）闪光—预热—闪光焊。闪光—顶热—闪光焊是在预热闪光焊前加一次闪光过程，目的是使不平整的钢筋端面烧化平整，使预热均匀，如图 3-19（c）所示。

此法适用于焊接直径 25mm 以上钢筋端部不平整的 HPB300、HRB335、HRB400 级钢筋。第一次闪光的目的是要达到接头钢筋端面平整。

2. 钢筋电弧焊

钢筋电弧焊包括帮条焊、搭接焊、坡口焊等接头形式。焊接时应符合下列要求：①应根

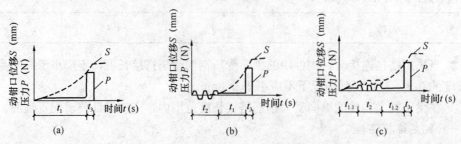

图 3-19 钢筋闪光对焊工艺过程图解
（a）连续闪光焊；（b）预热闪光焊；（c）闪光—预热—闪光焊
t_1—烧化时间；$t_{1.1}$—一次烧化时间；$t_{1.2}$—二次烧化时间；
t_2—预热时间；t_3—顶锻时间

据钢筋级别、直径、接头形式和焊接位置，选择焊条、焊接工艺和焊接参数；②焊接时，引弧应在垫板、帮条或形成焊缝的部位进行，不得烧伤主筋；③焊接地线与钢筋应接触紧密；④焊接过程中应及时清渣，焊缝表面应光滑。

（1）帮条焊和搭接焊。帮条焊和搭接焊（图 3-20）宜采用双面焊。当不能进行双面焊时，可采用单面焊。当帮条级别与主筋相同时，帮条直径可与主筋相同或小一个规格；当帮条直径与主筋相同时，帮条级别可与主筋相同或低一个级别。

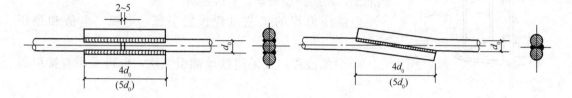

图 3-20　帮条焊和搭接焊接头

1）施焊前，钢筋的装配与定位应符合下列要求：

a. 采用帮条焊时，两主筋端面之间的间隙应为 2～5mm；

b. 采用搭接焊时，焊接端钢筋应预弯，并应使两钢筋的轴线在一直线上。

2）施焊时，应在帮条焊或搭接焊形成焊缝中引弧；在端头收弧前应填满弧坑，并应使主焊缝与定位焊缝的始端和终端熔合。

3）帮条焊或搭接焊的焊缝厚度 h 不应小于主筋直径的 0.3，焊缝宽度 b 不应小于主筋直径的 0.7（图 3-21）。

（2）坡口焊。施焊前的准备工作，应符合下列要求：

1）钢筋坡口面应平顺，切口边缘不得有裂纹、钝边和缺棱。

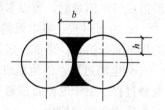

图 3-21　焊缝尺寸示意图
b—焊缝宽度；h—焊缝厚度

2）钢筋坡口平焊时，V 形坡口角度宜为 55°～65°［图 3-22（a）］；坡口立焊时，坡口角度宜为 40°～55°，其中下钢筋为 0°～10°，上钢筋为 35°～45°［图 3-22（b）］。

3）钢垫板的长度宜为 40～60mm，厚度宜为 4～6mm；坡口平焊时，垫板宽度应为钢筋直径加 10mm；立焊时，垫板宽度宜等于钢筋直径。

4）钢筋根部间隙，坡口平焊时宜为 4～16mm，立焊时，宜为 3～5mm；其最大间隙均不宜超过 10mm。

3. 钢筋电渣压力焊

钢筋电渣压力焊是将两根钢筋安放成竖向对接形式，利用焊接电流通过两根钢筋端面间隙，在焊剂层下形成电弧过程和电渣过程，产生电弧热和电阻热熔化钢筋，加压完成的一种压焊方法。这种焊接方法比电弧焊节省钢材、工效高、成本低。适用于

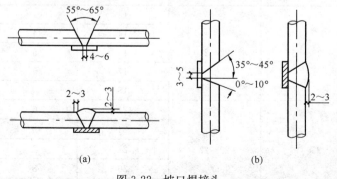

图 3-22　坡口焊接头
(a) 平焊；(b) 立焊

现浇钢筋混凝土结构中竖向或斜向（倾斜度在 4：1 范围内）钢筋的连接。

电渣压力焊在供电条件差、电压不稳、雨季或防火要求高的场合应慎用。

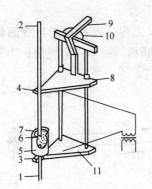

图 3-23　电渣焊构造示意图

1、2—钢筋；3—固定电极；4—活动电极；5—药盒；6—导电剂；7—焊药；8—滑动架；9—手柄；10—支架；11—固定架

（1）焊接设备与焊剂。电渣压力焊的焊接设备包括焊接电流、焊接机头、控制箱、焊剂填装盒，见图 3-23。

（2）焊接工艺与参数。

1）焊接工艺。施焊前，焊接夹具的上下钳口应夹紧在上下钢筋上，钢筋一经夹紧，不得晃动。

电渣压力焊的工艺过程包括引弧、电弧、电渣和顶压过程。

a. 引弧过程：宜采用铁丝圈引弧法，也可采用直接引弧法。

铁丝圈引弧法是将铁丝圈放在上下钢筋端头之间，高约 10mm，电流通过铁丝圈与上下钢筋端面的接触点形成短路引弧。

直接引弧法是在通电后迅速将上钢筋提起，使两端头之间的距离为 2～4mm 引弧。当钢筋端头夹杂不导电物质或过于平滑造成引弧困难时，可以多次把上钢筋移下与下钢筋短接后再提起，达到引弧目的。

b. 电弧过程：靠电弧的高温作用，将钢筋端头的凸出部分不断烧化；同时将接口周围的焊剂充分熔化，形成一定深度的渣池。

c. 电渣过程：渣池形成一定深度后，将上钢筋缓缓插入渣池中，此时电弧熄灭，进入电渣过程。由于电流直接通过渣池，产生大量的电阻热，使渣池温度升到 2000℃，将钢筋端头迅速而均匀熔化。

d. 顶压过程：当钢筋端头达到全截面熔化时，迅速将上钢筋向下顶压，将熔化的金属、熔渣及氧化物等杂质全部挤出结合面，同时切断电源，焊接结束。

2）焊接参数。电渣压力焊的焊接参数（表 3-10）主要包括焊接电流、焊接电压和焊接时间等。

表 3-10　　　　　　　　　　　　　　　电渣压力焊焊接参数

钢筋直径（mm）	焊接电流（A）	焊接电压（V）		焊接通电时间（s）	
		电弧过程 $u_{2.1}$	电渣过程 $u_{2.2}$	电弧过程 t_1	电渣过程 t_2
14	200～220			12	3
16	200～250			14	4
18	250～300	35～45	22～27	15	5
20	300～350			17	5
22	350～400			18	6
25	400～450			21	6
28	500～550			24	6
32	600～650	35～45	22～27	27	7
36	700～750			30	8
40	850～900			33	9

4. 钢筋埋弧压力焊

预埋件钢筋埋弧压力焊是将钢筋与钢板 T 形连接形式，利用焊接电流，在焊剂层下产生电弧，形成熔池，加压完成的一种压焊方法。这种焊接方法工艺简单、工效高、质量好、成本低。

（1）焊接工艺。施焊前，钢筋钢板应清洁，必要时除锈，以保证台面与钢板、钳口与钢筋接触良好，不致起弧。

1）采用手工埋弧压力焊时，接通焊接电源后，立即将钢筋上提 2.5～4.0mm，引燃电弧。随后，根据钢筋直径大小适当延时，或者继续缓慢提升 3～4mm，再渐渐下送，使钢筋端部和钢板熔化，待达到一定时间后迅速顶压。

2）采用自动埋弧压力焊时，应在引弧之后，根据钢筋直径大小，延续一定时间进行熔化，随后及时顶压。

（2）焊接参数。埋弧压力焊的焊接参数应包括引弧提升高度、电弧电压、焊接电流、焊接通电时间等。

（二）钢筋机械连接

钢筋机械连接是指通过连接件的机械咬合作用或钢筋端面的承压作用，将一根钢筋中的力传递至另一根钢筋的连接方法。这类连接方法是我国近 10 年来陆续发展起来的，它具有以下优点：接头质量稳定可靠，不受钢筋化学成分的影响，人为因素的影响也小，操作简便，施工速度快，且不受气候条件影响；无污染、无火灾隐患，施工安全等。在粗直径钢筋连接中，钢筋机械连接方法有广阔的发展前景。

1. 钢筋套筒挤压连接

带肋钢筋套筒挤压连接是将两根待接钢筋放入钢套筒，用挤压连接设备沿径向挤压钢套筒，使之产生塑性变形，依靠变形后的钢套筒与被连接钢筋纵、横肋产生的机械咬合成为整体的钢筋连接方法（图 3-24）。

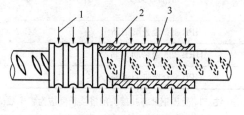

图 3-24 钢筋套筒挤压连接
1—压痕；2—钢套筒；3—变形钢筋

这种接头质量稳定性好，可与母材等强，但操作工人工作强度大，有时液压油污染钢筋，综合成本较高。钢筋挤压连接，要求钢筋最小中心间距为 90mm。

2. 钢筋锥螺纹套筒连接

钢筋锥螺纹套筒连接是将两根待接钢筋端头用套丝机做出锥形外径，然后用带锥形内丝的套筒将钢筋两端拧紧的钢筋连接方法（图 3-25）。这种接头质量稳定性一般，但施工速度快，综合成本较低。

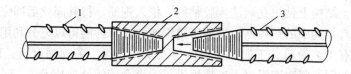

图 3-25 钢筋锥螺纹套筒连接
1—已连接的钢筋；2—锥螺纹套筒；3—待连接的钢筋

3. 钢筋直螺纹套筒连接

钢筋直螺纹套筒连接是通过钢筋端头特制的直螺纹和直螺纹套管咬合形成的接头。

4. 套筒灌浆连接

套筒灌浆连接技术就是将连接钢筋插入内部带有凹凸部分的高强圆形套筒，再由灌浆机灌入高强度无收缩灌浆材料，当灌浆材料硬化后，套筒和连接钢筋便牢固地连接在一起。这种连接方法在抗拉强度、抗压强度及可靠性方面均能满足要求。

该工艺可用于不同种类、不同外形、不同直径的变形钢筋的连接。施工操作时无需特殊设备，安全可靠、无噪声、无污染、受气候环境变化影响小。

（三）钢筋的绑扎和安装

1. 钢筋绑扎接头

（1）钢筋绑扎接头宜设置在受力较小处。同一纵向受力钢筋不宜设置两个或两个以上接头，接头末端至钢筋弯起点的距离不应小于钢筋直径的 10 倍。

（2）绑扎搭接接头中钢筋的横向间距不应小于钢筋直径，且不应小于 25mm。

（3）当纵向受拉钢筋的绑扎搭接接头面积百分率不大于 25% 时，其最小搭接长度应符合表 3-11 的规定。

表 3-11　　　　　　　　　　　　纵向受拉钢筋的最小搭接长度

钢筋种类	混凝土强度等级			
	C15	C20～C25	C30～C35	≥C40
HPB 300 级光圆钢筋	45d	35d	30d	25d
HRB 335 级带肋钢筋	55d	45d	35d	30d
HPB 400 级带肋钢筋		55d	40d	35d

注　1. 受压钢筋绑扎接头的搭接长度应为表中数值的 0.7。

2. 在任何情况下，纵向受拉钢筋的搭接长度不应小于 300mm，受压钢筋搭接长度不应小于 200mm。

3. 两根直径不同钢筋的搭接长度，以较细钢筋直径计算。

（4）在梁、柱类构件的纵向受力钢筋搭接长度范围内，应按设计要求配置箍筋。当设计无具体要求时，应符合下列规定：

1）箍筋直径不应小于搭接钢筋较大直径的 0.25 倍；

2）受拉搭接区段的箍筋间距不应大于搭接钢筋较小直径的 5 倍，且不应大于 100mm；

3）受压搭接区段的钢筋间距不应大于搭接钢筋较小直径的 10 倍，且不应大于 200mm；

4）当柱中纵向受力钢筋直径大于 25mm 时，应在搭接接头两个端面外 100mm 范围内各设置两个箍筋，其间距宜为 50mm。

2. 植筋施工

在钢筋混凝土结构上钻出孔洞注入胶粘剂，植入钢筋，待其固化后即完成植筋施工。用此法植筋犹如原有结构中的预埋筋，能使所植钢筋的技术性能得以充分利用。

植筋方法具有工艺简单、工期短、造价省、操作方便、劳动强度低、质量易保证等优点，为工程结构加固及解决旧混凝土连接提供了一个全新的处理技术。

（1）钢筋胶粘剂。喜利得 Hi-Hy150 胶粘剂为软塑状的两个不同化学组分，分别装入两个管状箔包中，在两个箔包的端部设有特殊的连接器，然后再放入手动注射器中，扳动注射器将两个箔包中的不同组分挤出。在连接器中相遇后，再通过混合器将两个不同组分充分混合后，最终注入所需植筋的孔洞中。

该胶粘剂的两个不同化学组分在未混合前，不会固化；一旦混合后，就会发生化学反应，出现凝胶现象，并很快固化，胶粘剂凝固愈合时间随基础材料的温度而变化，见表3-12。

表 3-12　　　　　　　　　　　　　　胶粘剂凝固愈合时间

基础材料温度(℃)	凝固时间(min)	愈合时间(min)	基础材料温度(℃)	凝固时间(min)	愈合时间(min)
−5	25	360	20	5	45
0	18	180	30	4	25
5	13	90	40	2	15

注　该胶粘剂的施工温度范围为−5～+40℃。

（2）植筋施工过程：植筋施工过程为：钻孔→清孔→填胶粘剂→植筋→凝胶。

1）钻孔使用冲击电钻，钻孔时，孔洞间距与孔洞深度应满足设计要求。

2）清孔时，先用吹气泵清除孔洞内的粉尘等，再用清孔刷清孔，要经多次吹刷完成。同时，不能用水冲洗，以免残留在孔中的水分削弱粘合剂的作用。

3）使用植筋注射器从孔底向外均匀地把适量胶粘剂填住孔内，注意勿将空气封入孔内。

4）按顺时针方向把钢筋平行于孔洞走向轻轻植入孔中，直至插入孔底，胶粘剂溢出。

5）将钢筋外露端固定在模架上，使其不受外力作用，直至凝结，并派专人现场保护。凝胶的化学反应时间一般为 15min，固化时间一般为 1h。

（四）钢筋接头使用规定

（1）直径大于 12mm 以上的钢筋，应优先采用焊接接头或机械连接接头。

（2）当受拉钢筋的直径大于 28mm 及受压钢筋的直径大于 32mm 时，不宜采用绑扎搭接接头。

（3）轴心受拉及小偏心受拉杆件（如桁架和拱的拉杆）的纵向受力钢筋不得采用绑扎搭接接头。

（4）直接承受动力荷载的结构构件中，其纵向受拉钢筋不得采用绑扎搭接接头。

五、钢筋质量检验

（一）检查项目和方法

1. 主控项目

（1）钢筋进场时，应按现行国家标准 GB 1499—2007《钢筋混凝土用热轧带肋钢筋》等的规定抽取试件作为力学性能检验，其质量必须符合有关标准的规定。

检查数量：按进场的批次和产品的抽样检验方案确定。

检验方法：检查产品合格证、出厂检验报告和进场复验报告。

（2）对有抗震设防要求的框架结构，其纵向受力钢筋的强度应满足设计要求；当设计无具体要求时，对一、二级抗震等级，检验所得的强度实测值应符合下列规定：

1）钢筋的抗拉强度实测值与屈服强度实测值的比值不应小于 1.25；

2）钢筋的屈服强度实测值与强度标准值的比值不应大于1.3。

检查数量与方法同（1）。

（3）当发现钢筋脆断、焊接性能不良或力学性能显著不正常等现象时，应对该批钢筋进行化学成分检验或其他专项检验。

2. 一般项目

钢筋应平直、无损伤，表面不得有裂纹、油污、颗粒状或片状老锈。

检查数量：进场时和使用前全数检查。

检查方法：观察。

（二）热轧钢筋检验

热轧钢筋进场时，应按批进行检查和验收。每批由同一牌号、同一炉罐号、同一规格的钢筋组成，重量不大于60t。允许由同一牌号、同一冶炼方法、同一浇铸方法的不同炉罐号组成混合批，但各炉罐号含碳量之差不得大于0.02%，含锰量之差不得大于0.15%。

1. 外观检查

从每批钢筋中抽取5%进行外观检查。钢筋表面不得有裂纹、结疤和折叠。钢筋表面允许有凸块，但不得超过横肋的高度，钢筋表面上其他缺陷的深度和高度不得大于所在部位尺寸的允许偏差。

钢筋可按实际重量或公称重量交货。当钢筋按实际重量交货时，应随机抽取10根（6m长）钢筋称重。如重量偏差大于允许偏差，则应与生产厂交涉，以免损害用户利益。

2. 力学性能试验

从每批钢筋中任选两根钢筋，每根取两个试件分别进行拉伸试验（包括屈服点、抗拉强变和伸长率）和冷弯试验。

拉伸、冷弯、反弯试验试件不允许进行车削加工，计算钢筋强度时，采用公称横截面面积，反弯试验时，经正向弯曲后的试件应在100℃温度下保温不少于30min，经自然冷却后再进行反向弯曲。

当供方能保证钢筋的反弯性能时，正弯后的试件也可在室温下直接进行反向弯曲。

六、钢筋配料与代换

（一）钢筋配料

钢筋配料是根据构件配筋图，先绘出各种形状和规格的单根钢筋简图并加以编号，然后分别计算钢筋下料长度和根数，填写配料单，作为钢筋备料加工的依据。

钢筋配料图中注明的尺寸一般是钢筋外轮廓尺寸称外包尺寸，即钢筋外缘至外缘之间的长度；在钢筋加工时，一般也按外包尺寸进行验收。

1. 钢筋下料长度计算

在配料表中须标出钢筋的下料长度。下料长度是指下料时钢筋需要的实际长度，这与图纸上标注的长度并不完全一致。

钢筋因弯曲或弯钩使其长度变化，在配料中不能直接根据图纸中尺寸下料，必须了解混凝土保护层、钢筋弯曲、弯钩等的规定，再根据图中尺寸计算其下料长度。钢筋下料长度计算如下

直钢筋下料长度＝构件长度－保护层厚度＋弯钩增加长度＋钢筋搭接长度

弯起钢筋下料长度＝直段长度＋斜段长度－弯曲调整值（量度差值）＋弯钩增加长度＋

钢筋搭接长度

$$箍筋下料长度＝箍筋周长＋箍筋调整值$$

（1）保护层厚度。钢筋保护层是指从混凝土外表面至钢筋外表面的距离，主要起保护钢筋免受大气锈蚀的作用，不同部位的钢筋保护层厚度也不同。受力钢筋的混凝土保护层厚度，应符合设计要求；当设计无具体要求时，不应小于受力钢筋直径，并应符合下列规定：室内正常环境下柱、梁保护层厚度为25mm；板、墙、壳结构保护层厚度为15mm；基础有垫层时为35mm，无垫层时为70mm。

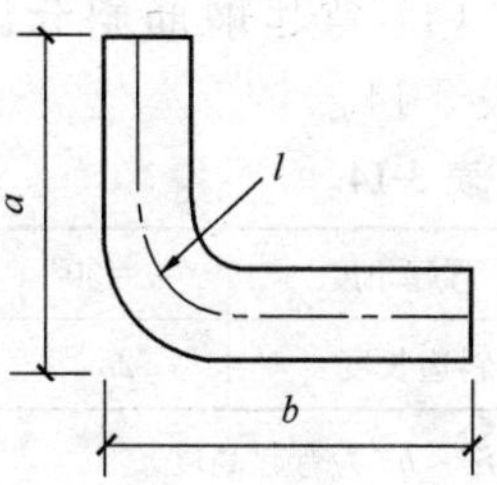

（2）弯曲调整值（量度差值）。

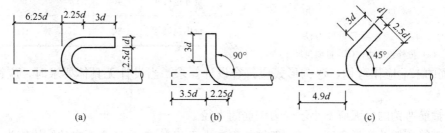

图 3-26　钢筋弯曲
量测方法
a、b—量度尺寸；l—下料尺寸

（3）钢筋弯曲后的特点：一是在弯曲处内皮收缩、外皮延伸、轴线长度不变；二是在弯曲处形成圆弧。钢筋的量度方法是沿直线量外包尺寸（图 3-26）。因此，弯起钢筋的量度尺寸大于下料尺寸，两者之间的差值称为弯曲调整值（量度差值）即钢筋的外包尺寸和轴线长度之间的差值。在计算下料长度时必须加以扣除，否则势必形成下料长度太长，造成浪费，或弯曲成型后钢筋尺寸大，造成保护层不够，甚至钢筋尺寸大于模板尺寸而造成返工。弯曲调整值（量度差值），根据理论推算并结合实践经验列于表 3-13 中。

表 3-13　　　　　　　　　　　　　钢筋弯曲调整值

钢筋弯曲角度	30°	45°	60°	90°	135°
钢筋弯曲调整值	$0.35d$	$0.5d$	$0.85d$	$2d$	$2.5d$

注　d 为钢筋直径。

（3）弯钩增加长度。钢筋的弯钩形式有三种：半圆弯钩、直弯钩及斜弯钩（图 3-27）。半圆弯钩是最常用的一种弯钩；直弯钩只用在柱钢筋的下部、箍筋和附加钢筋中；斜弯钩只用在直径较小的钢筋中。

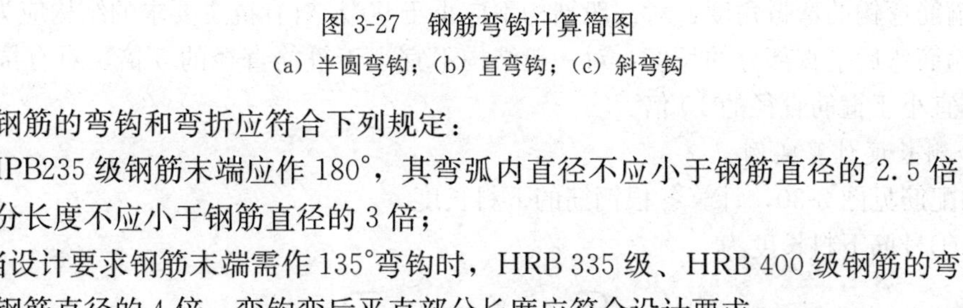

图 3-27　钢筋弯钩计算简图
（a）半圆弯钩；（b）直弯钩；（c）斜弯钩

受力钢筋的弯钩和弯折应符合下列规定：

1）HPB235 级钢筋末端应作 180°，其弯弧内直径不应小于钢筋直径的 2.5 倍，弯钩弯后平直部分长度不应小于钢筋直径的 3 倍；

2）当设计要求钢筋末端需作 135°弯钩时，HRB 335 级、HRB 400 级钢筋的弯弧内直径不应小于钢筋直径的 4 倍，弯钩弯后平直部分长度应符合设计要求；

3）钢筋作不大于 90°的弯折时，弯折处的弯弧内直径不应小于钢筋直径的 5 倍。

光圆钢筋的弯钩增加长度，按图 3-27 所示的简图（弯心直径为 2.5d、平直部分为 3d）计算；半圆弯钩为 6.25d，对直弯钩为 3.5d，对斜弯钩为 4.9d。

（4）弯起钢筋斜长。弯起钢筋斜长计算简图如图 3-28 所示。弯起钢筋斜长系数见表 3-14。

表 3-14　　　　　　　　　弯起钢筋斜长系数

弯起角度	$\alpha=30°$	$\alpha=45°$	$\alpha=60°$	底边长度 l	$1.732h_0$	h_0	$0.575h_0$
斜边长度 s	$2h_0$	$1.41h_0$	$1.15h_0$	增加长度 $s-l$	$0.268h_0$	$0.41h_0$	$0.575h_0$

注　h_0 为弯起高度。

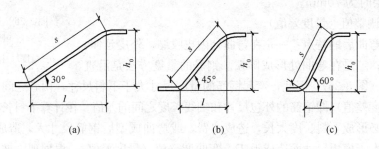

图 3-28　弯起钢筋斜长计算简图

（a）弯起角度 30°；（b）弯起角度 45°；（c）弯起角度 60°

（5）箍筋调整值。箍筋调整值，即为弯钩增加长度和弯曲调整值两项之差或之和，根据箍筋量外包尺寸或内皮尺寸确定（图 3-29），箍筋调整值见表 3-15。

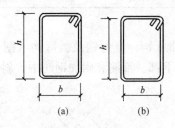

图 3-29　箍筋量度方法

（a）量外包尺寸；（b）量内包尺寸

表 3-15　　　箍 筋 调 整 值　　　mm

箍筋量度方法	箍筋直径			
	4～5	6	8	10～12
量外包尺寸	40	50	60	70
量内包尺寸	80	100	120	150～170

箍筋的末端应作弯钩，弯钩形式应符合设计要求；当设计无具体要求时，应符合下列规定：

1）箍筋弯钩的弯弧应不小于受力钢筋的直径。

2）箍筋弯钩的弯折角度：对一般结构不应小于 90°，对有抗震要求的结构应为 135°。

3）箍筋弯后平直部分的长度：对一般结构不宜小于箍筋直径的 5 倍，对有抗震要求的结构，不宜小于箍筋直径的 10 倍。

2. 下料长度计算实例

梁的配筋见图 3-30，计算各根钢筋的下料长度。

解　①号筋下料长度为

$6000-2\times25+2\times6.25\times20=6200\text{mm}$

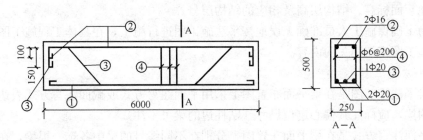

图 3-30　梁的配筋图

②号筋下料长度为

$6000-2\times25+2\times100-2\times2\times16+2\times6.25\times16=6286\text{mm}$

③号筋下料长度为

$6000-2\times25+2(\sqrt{2}-1)(500-2\times25)+2\times150-4\times0.5\times20-2\times2\times20+2\times6.25\times20=6753\text{mm}$

④号筋下料长度为

$[(500-2\times25)+(250-2\times25)]\times2+100=1400\text{mm}$

（二）混凝土结构平法施工图

建筑结构施工图平面整体设计方法（平法），对我国传统混凝土结构施工图的设计表示方法做了重大改革，既简化了施工图，又统一了表示方法，以确保设计与施工质量。

11G101《混凝土结构施工图平面整体表示方法制图规则和构造详图》做了如下规定。

1. 一般规定

（1）按平法设计绘制的施工图，一般是由各类结构构件的平法施工图和标准构造详图两大部分构成，但对于复杂的工业与民用建筑，尚需增加模板、开洞和预埋件等平面图。只有在特殊情况下，才需增加剖面配筋图。

（2）按平法设计绘制结构施工图时，必须根据具体工程设计，按照各类构件的平法制图规则，在按结构（标准）层绘制的平面布置图上直接表示各构件的尺寸、配筋。

（3）在平面布置图上表示各构件尺寸和配筋的方式，分为平面注写方式、列表注写方式和截面注写方式等三种。

（4）按平法设计绘制结构施工图时，应将所有柱、剪力墙、梁和板等构件进行编号，编号中含有类型代号和序号等。其中，类型代号的主要作用是指明所选用的标准构造详图；在标准构造详图上，已经按其所属构件类型注明代号，以明确该详图与平法施工图中该类型构件的互补关系，使两者结合构成完整的结构设计图。

（5）按平法设计绘制结构施工图时，应当用表格或其他方式注明包括地下和地上各层的结构楼（地）面标高、结构层高及相应的结构层号。

（6）为了确保施工人员准确无误地按平法施工图进行施工，在具体工程施工图中必须写明与平法施工图密切相关的内容。

2. 梁平法施工图

（1）梁平法施工图是在梁平面布置图上采用平面注写方式或截面注写方式表达。对于轴线未居中的梁，应标注其偏心定位尺寸（贴柱边的梁可不注）。

（2）平面注写方式是在梁平面布置图上分别在不同编号的梁中各选一根梁，在其上注写截面尺寸和配筋具体数值的方式表达。

平面注写分为集中标写与原位标注两类（图 3-31）。集中标注通用数值，原位标注表达梁的特殊数值。当集中标注中的某项数值不适用于梁的某部位时，则将该项数值原位标注，施工时原位标注取值优先。

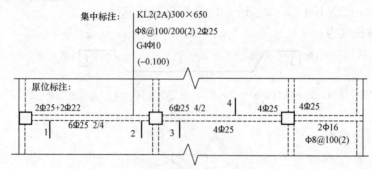

图 3-31 平面注写方式

（3）梁集中标注的内容，有五项必注值及一项选注值（集中标注可以从梁的任意一跨引出），规定如下：

1）梁编号为必注值，由梁类型代号、序号、跨数及有无悬挑代号组成。例 KL2（2A）表示第 2 号框架梁，两跨，一端有悬挑（A 为一端悬挑，B 为两端悬挑）。

2）梁截面尺寸为必注值，用 $b \times h$ 表示；当为竖向加腋梁时，用 $b \times h$，$GYc_1 \times c_2$ 表示，其中 c_1 为腋长，c_2 为腋高。当有悬挑梁且根部和端部的高度不同时，用斜线分隔根部与端部的高度值，即为 $b \times h_1 / h_2$。

3）梁箍筋，包括钢筋级别、直径、加密区与非加密区间距及肢数，该项为必注值。箍筋加密区与非加密区的不同间距及肢数需用斜线"/"分隔，箍筋肢数应写在括号内。

例：Φ 8@100/200（2）表示箍筋为 HPB300 级钢筋，直径 8mm。加密区间距 100mm，非加密区间距为 200mm。均为两肢箍。

对非抗震结构中的各类梁，采用不同的箍筋间距及肢数时，也可用斜线"/"隔开。先注写支座端部的箍筋，在斜线后注写梁跨中部的箍筋间距及肢数。

4）梁上部贯通筋或架立筋根数为必注值，所注规格与根数应根据结构受力要求及箍筋肢数等构造要求而定。当同排钢筋中既有通长筋又有架立筋时，应用加号"＋"将通长筋和架立筋相连。注写时须将角部纵筋写在加号的前面，架立筋写在加号后面的括号内，以示不同直径。

例：2Φ22 ＋（4Φ12）用于六肢箍，其中 2Φ22 为通长筋，4Φ12 为架立筋。

当梁的上部纵筋和下部纵筋为全跨相同，且多数跨配筋相同时，此项可加注下部纵筋的配筋值，用分号";"隔开。

例：3Φ22；3Φ20 表示梁的上部配置 3Φ22 的通长筋；梁的下部配置 3Φ20 的通长筋。

5）梁顶面标高高差，该项为选注值。梁顶面标高的高差是指相对于结构层楼面标高的高差值，有高差时，须将其写入括号内；无高差时不注。

（4）梁原位标注的内容规定如下：

1）梁支座上部纵筋含贯通筋在内的所有纵筋，当上部纵筋多于一排时，用斜线"/"将各排纵筋自上而下分开；当同排纵筋有两种直径时，用加号"+"将两种直径的纵筋相连，注写时将角部纵筋写在前面；当梁中间支座两边的上部纵筋不同时，须在支座两边分别标注。

2）梁下部纵筋多于一排时，用斜线"/"隔开；当同排纵筋有两种直径时，用加号"+"相连，注写时将角部纵筋写在前面；当梁下部纵筋不全部伸入支座时，将梁支座下部纵筋减少的数量写在括号内，例 2Φ25＋3Φ22（－3）/5Φ25。

3）当在梁上集中标注的内容不适用于某跨或某悬挑部分时，则将其不同数值原位标注在该跨或该悬挑部位，施工时应按原位标注数值取用。

4）附加箍筋或吊筋，将其直接画在平面图中的主梁上，用线引注总配筋值。

3. 柱平法施工图

（1）柱平法施工图是在柱平面布置图上采用列表注写方法或截面注写方式表达。

（2）列表注写方式是在柱平面布置图上，分别在同一编号的柱中选择一个（有时需要选择几个）截面标准几何参数代号；在柱表中注写柱编号、柱段起止标高、几何尺寸（含柱截面对轴线的偏心情况）与配筋的具体数值，并配以各种柱截面形状及其箍筋类型图。

注写柱纵筋。当柱纵筋直径相同，各边根数也相同时（包括矩形柱、圆柱和芯柱），将纵筋注写在"全部纵筋"一栏中；除此之外，柱纵筋分角筋、截面 b 边中部筋和 h 边中部筋三项分别注写（对于采用对称配筋的矩形截面柱，可仅注写一侧中部筋，对称边省略不注）。

注写箍筋类型号及箍筋肢数、箍筋级别、直径和间距等。当为抗震设计时，用料线"/"区分柱端箍筋加密区与柱身非加密区长度范围内箍筋的不同间距。例：Φ10@100/250，表示箍筋为 HPB300 级钢筋，直径为 10，加密区间距为 100，非加密区间距为 250。当箍筋沿柱全高为一种间距时，则不使用"/"线。例：Φ10@100，表示箍筋为 HPB300 级钢筋，直径为 10，间距为 100，沿柱全高加密。当圆柱采用螺旋箍筋时，需在箍筋前加"L"。例：LΦ10@100/200，表示采用螺旋箍筋，HPB300 级钢筋，直径为 10，加密区间距为 100，非加密区间距为 200。

具体工程所设计的各种箍筋类型图以及箍筋复合的具体方式，需画在表的上部或图中的适当位置，并在其上标注与表中相对应的 b、h 和类型号。

（3）截面注写方式是在柱平面布置图的柱截面上，分别在同一编号的柱中选择一个截面，以直接注写截面尺寸和配筋具体数值的方式来表达（图 3-32）。

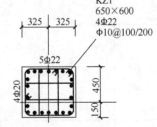

图 3-32　柱平法标注

当纵筋采用两种直径时，需再注写截面各边中部筋的具体数值（对于采用对称配筋的矩形截面柱，可仅在一侧注写中部筋，对称边省略不注）。

4. 剪力墙平法施工图

剪力墙平法施工图是在剪力墙平面布置图上采用列表注写方式或截面注写方式表达。

采用列表注写方式时，剪力墙可视为由剪力墙柱、剪力墙身和剪力墙梁表，对应于剪力墙平面布置图上的编号，用绘制截面配筋图并注写几何尺寸与配筋具体数值的方式，来表达剪力墙平法施工图。

采用截面注写方式时，在分标准层绘制的剪力墙平面布置图上，以直接在墙柱、墙身、墙梁上注写截面尺寸和配筋具体数值。

剪力墙平法施工图的上述两种注写方式具体表达，与柱平法施工图类似，从略。

（三）钢筋代换

1. 代换原则

当施工中遇有钢筋的品种或规格与设计要求不符时，征得设计单位同意，可参照以下原则进行钢筋代换：

（1）等强度代换：当构件受强度控制时，钢筋可按强度相等原则进行代换。

（2）等面积代换：当构件按最小配筋率配筋时，钢筋可按面积相等原则进行代换。

（3）当构件受裂缝宽度或挠度控制时，代换后应进行裂缝宽度或挠度验算。

2. 等强代换方法

（1）计算法

$$n_2 \geqslant n_1 \frac{d_1^2 f_{y1}}{d_2^2 f_{y2}} \tag{3-6}$$

式中　n_2——代换钢筋根数；

　　　　n_1——原设计钢筋根数；

　　　　d_2——代换钢筋直径；

　　　　d_1——原设计钢筋直径；

　　　　f_{y2}——代换钢筋抗拉强度设计值（见表 3-16）；

　　　　f_{y1}——原设计钢筋抗拉强度设计值。

表 3-16　　　　　　　　　　钢筋强度设计值　　　　　　　　　　N/mm²

项次	钢　筋　种　类		钢筋抗拉强度设计值 f_y	钢筋抗压强度设计值 f_y'
1	热轧钢筋	HPB300	270	270
		HRB335	300	300
		HRB400	360	360
		RRB400	360	360
2	冷拉钢筋	HPB300	250	210
		HRB335	380	310
			360	310
		HRB400	420	360
		RRB400	580	400
3	冷轧带肋钢筋	LL550	360	360
		LL650	430	380
		LL800	530	380

注　1. 在钢筋混凝土结构中，轴心受拉和小偏心受拉构件的钢筋抗拉强度设计值大于300N/mm²时，仍按 300N/mm²取用。

　　2. 构件中配有不同种类的钢筋时，每种钢筋根据其受力情况采用各自的强度设计值。

（2）查表法。表3-17列有各种类别、直径和根数的钢筋拉力 $A_y f_y$ 值。查表时，首先根据原设计钢筋的类别、直径及根数，查得钢筋拉力，然后根据代换钢筋的类别、直径，在相同拉力条件下，查得代换钢筋根数。

表 3-17　　　　　　　　　　　　　　钢筋拉力（$A_y f_y$）

钢筋级别直径 (mm)	根　数							
	1	2	3	4	5	6	7	8
当 $f_y = 210\text{N/mm}^2$ 时，钢筋拉力 $A_s f_y$（kN）								
$\phi 6$	5.94	11.80	17.74	23.77	29.71	35.40	41.43	47.54
$\phi 8$	10.56	21.13	31.69	42.25	52.82	63.38	73.94	84.50
$\phi 10$	16.49	32.97	49.47	69.54	86.03	98.94	115.43	131.88
$\phi 12$	23.75	47.50	71.25	95.00	118.75	142.50	166.25	190.00
$\phi 14$	32.32	64.64	96.96	129.98	161.60	193.92	226.24	258.55
$\phi 16$	42.23	84.46	126.69	168.92	211.15	253.38	295.61	337.85
$\phi 18$	53.45	106.89	160.35	213.78	267.25	320.70	374.15	427.56
$\phi 20$	65.98	131.96	197.94	263.93	329.90	395.88	461.86	527.86
$\phi 22$	79.82	159.64	239.46	319.24	399.10	478.92	558.74	638.56
$\phi 25$	103.09	206.18	309.27	412.36	515.45	618.54	721.63	824.71
$\phi 28$	129.21	258.42	387.63	516.84	646.05	775.26	904.47	1033.68
$\phi 32$	168.90	337.81	506.71	675.62	844.52	1013.42	1182.32	1351.22
$\Phi 10$	24.34	48.67	73.00	97.34	121.68	146.01	170.35	194.68
$\Phi 12$	35.06	70.12	104.18	140.24	175.30	210.36	245.42	380.49
$\Phi 14$	47.71	95.42	143.13	190.84	238.55	286.26	333.97	381.67
$\Phi 16$	62.34	124.68	187.00	249.36	311.70	372.04	436.38	498.73
$\Phi 18$	78.90	157.79	236.69	315.58	394.48	473.37	552.27	631.16
$\Phi 20$	97.40	194.80	292.20	389.61	487.00	584.40	681.80	779.22
$\Phi 22$	117.84	235.68	353.52	471.36	589.20	707.04	824.88	942.72
$\Phi 25$	152.18	304.36	456.54	608.72	760.90	913.08	1065.26	1217.43
$\Phi 28$	190.74	381.48	572.22	762.96	953.70	1144.44	1335.18	1525.92
$\Phi 32$	249.33	498.66	747.99	997.32	1246.65	1495.98	1745.31	1994.64

3. 等面积代换

代换时应满足下列要求

$$A_{s2} \geqslant A_{s1} \tag{3-7}$$

或

$$n_2 d_2^2 \geqslant n_1 d_1^2$$

即

$$n_2 \geqslant \frac{n_1 d_1^2}{d_2^2} \tag{3-8}$$

式中　A_{s2}、A_{s1}——代换后和原设计钢筋总面积；
　　　　n_2、n_1——代换后和原设计钢筋根数；
　　　　d_2、d_1——代换后和原设计钢筋直径。

4. 代换注意事项

钢筋代换时，必须充分了解设计意图和代换材料性能，并严格遵守现行混凝土结构设计规范的各项规定；凡重要结构中的钢筋代换，应征得设计单位同意。

(1) 对某些重要构件，如吊车梁、薄腹梁、桁架下弦等，不宜用 HPB235 级光圆钢筋代替 HRB335 和 HRB400 级带肋钢筋。

(2) 钢筋代换后，应满足配筋构造规定，如钢筋的最小直径、间距、根数、锚固长度等。

(3) 同一截面内，可同时配有不同种类和直径的代换钢筋，但每根钢筋的拉力差不应过大（如同品种钢筋的直径差值不大于 5mm），以免构件受力不均。

(4) 梁的纵向受力钢筋与弯起钢筋应分别代换，以保证正截面与斜截面强度。

(5) 偏心受压构件或偏心受拉构件作钢筋代换时，不取整个截面配筋量计算，应按受力面（受压或受拉）分别代换。

(6) 当构件受裂缝宽度控制时，如以小直径钢筋代换大直径钢筋，强度等级低的钢筋代替强度等级高的钢筋，则可不作裂缝宽度验算。

第三节　混凝土工程

混凝土工程在混凝土结构工程中占有重要地位，混凝土工程质量的好坏直接影响到混凝土结构的承载力、耐久性与整体性。混凝土工程包括混凝土制备、运输、浇筑捣实和养护等施工过程，各个施工过程相互联系和影响，任一施工过程处理不当都会影响混凝土工程的最终质量。近年来随着混凝土外加剂技术的发展和应用的日益深化，特别是随着商品混凝土的蓬勃发展，在很大程度上影响了混凝土的性能和施工工艺。此外，自动化、机械化的发展和新的施工机械及施工工艺的应用，也大大改变了混凝土工程的施工面貌。

一、混凝土的制备

1. 混凝土试配强度

混凝土的施工配合比，应保证结构设计对混凝土强度等级及施工对混凝土和易性的要求，并应符合合理使用材料，节约水泥的原则，必要时还应符合与使用环境相适应的耐久性，如抗冻性、抗渗性等方面的要求。混凝土制备之前按式（3-9）确定混凝土的施工配制强度，以保证对混凝土设计强度等级具有 95％的保证率。

混凝土试配施工配置强度按下式计算

$$f_{cu,0} = f_{cu,k} + 1.645\sigma \tag{3-9}$$

式中　$f_{cu,0}$——混凝土的施工配制强度，MPa；

　　　　$f_{cu,k}$——设计的混凝土立方体抗压强度标准值，MPa；

　　　　σ——施工单位的混凝土强度标准差，MPa。

σ 的取值，如施工单位具有近期混凝土强度的统计资料时，可按下式求得

$$\sigma = \sqrt{\frac{\sum_{i=1}^{N} f_{cu,i}^2 - N u_{f_{cu}}^2}{N-1}} \tag{3-10}$$

式中　$f_{cu,i}$——统计周期内同一品种混凝土第 i 组试件强度值，MPa；

$u_{f_{cu}}^2$——统计周期内同一品种混凝土 N 组试件强度的平均值，MPa；

　　N——统计周期内同一品种混凝土试件的总组数，$N \geqslant 25$。

当混凝土强度等级为 C_{20} 或 C_{25} 时，如计算得到的 $\sigma < 2.5$MPa，取 $\sigma = 2.5$MPa；

当混凝土强度等级等于或高于 C_{30} 时，如计算得到的 $\sigma < 3.0$MPa，取 $\sigma = 3.0$MPa。

施工单位如无近期混凝土强度统计资料时，可按表 3-18 取值。

表 3-18　　　　σ　取　值　表

混凝土强度等级	$\leqslant$C15	C20~C35	>C35
σ（N/mm²）	4	5	6

2. 混凝土施工配料

施工配料必须加以严格控制，因为影响混凝土质量的因素主要有两方面：一是称量不准，二是未按砂石骨料实际含水率的变化，进行施工配合比的换算。这样必然会改变原理论配合比的水灰比、砂石比及浆骨比。当水灰比增大时，混凝土黏聚性、保水性差，而且硬化后多余的水分残留在混凝土中形成水泡，或水分蒸发留下气孔，使混凝土密实性差，强度低。若水灰比减少时，则混凝土流动性差，甚至影响成型后的密实，造成混凝土结构内部酥松，表面产生蜂窝、麻面现象。同样含砂率减少时，则砂浆量不足，不仅会降低混凝土流动性，更严重的是将影响黏聚性及保水性，产生粗骨料离析，水泥浆流失，甚至溃散等不良现象。因此，为了确保施工中混凝土的质量必须及时进行施工配合比的换算，并严格控制称量。

混凝土实验室配合比是根据完全干燥的砂、石骨料制定的，但实际使用的砂、石骨料一般都含有一些水分，而且含水量又会随气候条件发生变化。所以施工时应及时测定现场砂、石骨料的含水量，并将混凝土的实验室配合比换算成在实际含水量情况下的施工配合比。

设实验室配合比为水泥：砂子：石子 $= 1 : x : y$，水灰比为 $\dfrac{w}{C}$，并测得砂子的含水量为 w_x，石子的含水量为 w_y，则施工配合比为水泥：砂子：石子 $= 1 : x(1 + w_x) : y(1 + w_y)$。

按实验室配合比 $1\mathrm{m}^3$ 混凝土水泥用量为 C（kg），计算时确保混凝土水灰比 $\dfrac{w}{C}$ 不变（w 为用水量），则换算后材料用量为：

水泥　$C' = C$

砂子　$G'_{砂} = Cx(1 + w_x)$

石子　$G'_{石} = Cx(1 + w_y)$

水　　$w' = w - Cxw_x - Cyw_y$

二、混凝土的拌制

混凝土的拌制就是将水、水泥和粗细骨料进行均匀拌和及混合的过程，同时，通过搅拌还要使材料达到强化、塑化的作用。

混凝土制备是指各种组成材料拌制成质地均匀、颜色一致、具备一定流动性的混凝土拌和物。由于混凝土配合比是按照细骨料恰好填满粗骨料的间隙，而水泥浆又均匀地分布在粗细骨料表面的原理设计的，如混凝土制备不均匀就不能获得密实的混凝土，影响混凝土的质量，所以制备是混凝土施工工艺过程中很重要的一道工序。

混凝土的制备方法，除工程量很小且分散用人工拌制外，皆应采用机械搅拌。

（一）常用混凝土搅拌机分类

常用的混凝土搅拌机，按其搅拌原理主要分为自落式搅拌机和强制式搅拌机两类。

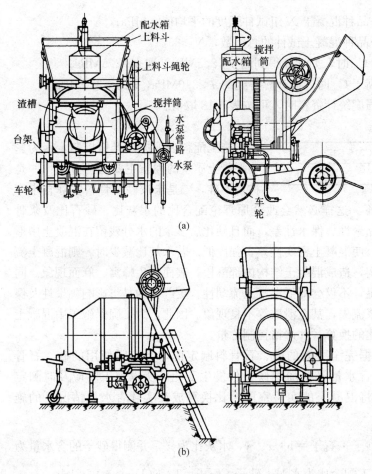

图 3-33　自落式搅拌机

(a)自落式搅拌机示意图；(b)自落式锥形反转出料搅拌机

（1）自落式搅拌机（图3-33）。这种搅拌机的搅拌鼓筒是垂直放置的。随着鼓筒的转动，混凝土拌和料在鼓筒内做自由落体式翻转搅拌，从而达到搅拌的目的，自落式搅拌机多用以搅拌塑性混凝土和低流动性混凝土，筒体和叶片磨损较小，易于清理，但动力消耗大，效率低。

（2）强制式搅拌机（图3-34）。强制式搅拌机的鼓筒内有若干组叶片，搅拌时叶片绕竖轴或卧轴旋转，将材料强行搅拌，直至搅拌均匀，这种搅拌机的搅拌作用强烈，适宜于搅拌干硬性混凝土和轻骨料混凝土，也可搅拌流动性混凝土，具有搅拌质量好、搅拌速度快、生产效率高、操作简便及安全等优点，但机件磨损严重。

（二）搅拌作业

为了获得均匀优质的混凝土拌和物，除合理选择搅拌机的型号外，还必须正确地确定搅拌时间、进料容量及投料顺序等。

1. 搅拌时间

搅拌时间应从全部材料投入搅拌筒起，到开始卸料为止所经历的时间。它与搅拌质量密切相关。搅拌时间过短，混凝土不均匀，强度及和易性将下降；搅拌时间过长，不但降低搅拌的生产效率，同时会使不坚硬的粗骨料在大容量搅拌机中因脱角、破碎等而影响混凝土的质量。对于加气混凝土也会因搅拌时间过长而使所含气泡减少。混凝土搅拌的最短时间可按表3-19采用。

2. 投料顺序

投料顺序应从提高搅拌质量，减少叶片、衬板的磨损，减少拌和物与搅拌筒的黏结，减少水泥飞扬，改善工作环境，提高混凝土强度，节约水泥等方面综合考虑确定。常用一次投

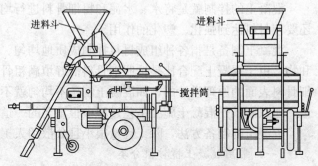

图 3-34　涡浆式强制式搅拌机

料法、二次投料法和水泥裹砂法。

表 3-19　　　　　　　　　　混凝土搅拌的最短时间　　　　　　　　　　s

混凝土坍落度（cm）	搅拌机机型	搅拌机容量（L）		
		<250	250~500	>500
≤3	自落式	90	120	150
	强制式	60	90	120
>3	自落式	90	90	120
	强制式	60	60	90

注　1. 掺有外加剂时，搅拌时间应适当延长。

2. 全轻混凝土宜采用强制式搅拌机搅拌，砂轻混凝土可用自落式搅拌机搅拌，但搅拌时间应延长 60~90s。

3. 轻骨料宜在搅拌前预湿，采用强制式搅拌机搅拌的加料顺序是先加粗细骨料和水泥搅拌 60s，再加水继续搅拌；采用自落式搅拌机加料顺序是先加 1/2 的用水量，然后加粗细骨料和水泥，均匀搅拌 60s，再加剩余用水量继续搅拌。

4. 当采用其他形式的搅拌设备时，搅拌的最短时间应按设备说明书的规定或经试验确定。

（1）一次投料法。这是目前最普遍采用的方法。它是将砂、石、水泥和水一起加入搅拌筒中进行搅拌。为了减少水泥的飞扬和水泥的粘罐现象，对自落式搅拌机常采用的投料顺序是将水泥夹在砂、石之间，最后加水搅拌。

（2）二次投料法。分为预拌水泥砂浆法和预拌水泥净浆法。

预拌水泥砂浆法是先将水泥、砂和水加入搅拌筒内进行充分搅拌，成为均匀的水泥砂浆后，再加入石子搅拌成均匀的混凝土。

预拌水泥净浆法是先将水泥和水充分搅拌成均匀的水泥净浆后，再加入砂和石搅拌成混凝土。

国内外的试验表明，二次投料法搅拌的混凝土与一次投料法相比，混凝土强度可提高约 15%。在强度等级相同的情况下，可节约水泥 15%~20%。

（3）水泥裹砂法，又称为 SEC 法，用这种方法拌制的混凝土称为造壳混凝土（又称 SEC 混凝土）。

这种混凝土是在砂子表面造成一层水泥浆壳。主要采取两项工艺措施：一是对砂子的表面湿度进行处理，控制在一定范围内；二是进行两次加水搅拌。第一次加水搅拌称为造壳搅拌，就是先将处理过的砂子、水泥和部分水搅拌，使砂子周围形成黏着性很高的水泥糊包裹层。加入第二次水及石子，经搅拌，部分水泥浆便均匀地分散在已经被造壳的砂子及石子周围。这种方法的关键在于控制砂子表面水率及第一次搅拌时的造壳用水量。国内外的试验结果表明砂子的表面水率控制在 4%~6%，第一次搅拌加水为总加水量的 20%~26% 时，造壳混凝土的增强效果最佳。此外，与造壳搅拌时间也有密切关系。时间过短，不能形成均匀的低水灰比的水泥浆，使之牢固地黏结在砂子表面，即形成水泥浆壳；时间过长，造壳效果并不十分明显，强度并无较大提高，而以 45~75s 为宜。

3. 进料容量

进料容量是将搅拌前各种材料的体积累积起来的容量，又称干料容量。进料容量为出料容的 1.4~1.8 倍（通常取 1.5 倍）。进料容量超过规定容量的 10% 以上，会使材料在搅拌筒内无空间进行掺和，影响混凝土拌和物的均匀性；反之，如装料过少，则又不能充分发挥搅拌机的效能。

三、混凝土的运输

1. 对混凝土运输的要求

混凝土自搅拌机中卸出后,应及时运至浇筑地点,为保证混凝土的质量,对混凝土运输的基本要求有以下几点:

(1) 混凝土运输过程中要能保持良好的均匀性,不离析、不漏浆;

(2) 保证混凝土具有设计配合比所规定的坍落度;

(3) 使混凝土在初凝前浇入模板并捣实完毕;

(4) 保证混凝土浇筑能连续进行。

2. 混凝土运输设备

(1) 水平运输设备。

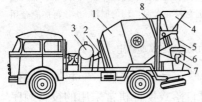

图 3-35　混凝土搅拌输送车

1—搅拌筒;2—轴承座;3—水箱;4—进料斗;5—卸料槽;6—引料槽;7—托轮;8—轮圈

1) 手推车。手推车是施工工地普遍使用的水平运输工具,手推车具有小巧、轻便等特点,不但适用于一般的地面水平运输,还能在脚手架、施工栈道上使用;也可与塔吊、井架等配合使用,解决垂直运输。

2) 机动翻斗车。机动翻斗车是用柴油机装配而成的翻斗车,具有轻便灵活、结构简单、转弯半径小、速度快、能自动卸料、操作维护简便等特点。适用于短距离水平运输混凝土以及砂、石等散装材料。

3) 混凝土搅拌输送车 (图 3-35)。混凝土搅拌输送车是一种用于长距离输送混凝土的高效能机械,它是将运送混凝土的搅拌筒安装在汽车底盘上,而以混凝土搅拌站生产的混凝土拌和物灌装入搅拌筒内,直接运至施工现场,供浇筑作业需要。在运输途中,混凝土搅拌筒始终在不停地慢速转动,从而使筒内的混凝土拌和物可连续得到搅动,以保证混凝土通过长途运输后,仍不致产生离析现象。在运输距离较长时,也可将混凝土干料装入筒内,在运输途中加水搅拌,这样能减少由于长途运输而引起的混凝土坍落度损失。

(2) 垂直运输设备 (如井架式起重升降机,如图 3-36 所示)。

1) 井架。主要用于高层建筑混凝土灌注时的垂直运输机械,由井架、台灵拔杆、卷扬机、吊盘、自动倾卸吊斗及钢丝缆风绳等组成,具有构造简单、装拆方便等优点。

2) 混凝土提升机。混凝土提升机是供快速输送大量混凝土的垂直提升设备。它由钢井架、混凝土提升斗、高速卷扬机等组成,其提升速度可达 50～100m/

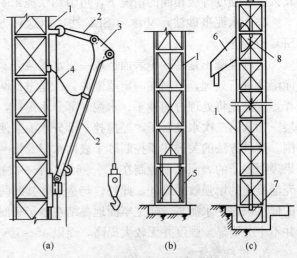

图 3-36　井架式起重升降机外形

(a) 拔杆式;(b) 吊盘式;(c) 吊斗式

1—井架;2—钢丝绳;3—拔杆;4—安全索;5—吊盘;6—卸料留槽;7—吊斗;8—吊斗卸料

min。当混凝土提升到施工楼层后，卸入楼面受料斗，再采用其他楼面水平运输工具（如手推车等）运送到施工部位浇筑。一般每台容量为 $0.5m^3 \times 2$ 的双斗提升机的提升速度为 $75m/min$，其最高高度达 $120m$，此时混凝土输送能力可达 $20m^3/h$。因此，对于混凝土浇筑量较大的工程，特别适合于高层建筑。

（3）混凝土泵设备。混凝土泵有活塞泵、气压泵和挤压泵等几种不同的构造和输送形式，目前应用较多的是活塞泵。活塞泵按其构造原理的不同，又可以分为机械式和液压式两种。

机械式混凝土泵的工作原理，见图 3-37，进入料斗的混凝土，经拌和器搅拌可避免分层。喂料器可帮助混凝土拌和料由料斗迅速通过吸入阀进入工作室。吸入时，活塞左移，吸入阀开，压出阀闭，混凝土吸入工作室；压出时，

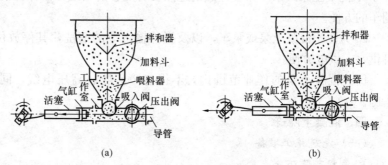

图 3-37　机械式混凝土泵的工作原理图
(a) 吸入冲程；(b) 压出冲程

活塞右移，吸入阀闭，压出阀开，工作室内的混凝土拌和料受活塞挤出，进入导管。

液压活塞泵是一种较为先进的混凝土泵，其工作原理见图 3-38。当混凝土泵工作时，搅拌好的混凝土拌和料装入料斗，吸入端片阀移开，排出端片阀关闭，活塞在液压作用下，带动活塞左移，混凝土混合料在自重及真空吸力作用下，进入混凝土缸内。然后，液压系统中压力油的进出方向相反，活塞右移，同时吸入端片阀关闭，压出端片阀移开，混凝土被压入管道，输送到浇筑地点。由于混凝土泵的出料是脉冲式的，所以一般混凝土泵都有两套缸体左右并列，交替出料，通过 Y 形导管，送入同一管道，使出料稳定。

1）混凝土泵的台数。根据混凝土浇筑的数量和混凝土泵单机的实际平均输出量及施工作业时间，按下式计算

$$N = \frac{Q}{Q_1} T_0 \qquad (3-11)$$

式中　N——混凝土泵数量，台；

　　　Q——混凝土浇筑数量，m^3；

　　　Q_1——每台混凝土泵的实际平均输出量，m^3/h；

　　　T_0——混凝土泵送施工作业时间，h。

重要工程的混凝土泵送施工，混凝土泵所需台数，除根据计算确定外，宜有一定的备用台数。

2）混凝土泵的布置要求。在泵送混凝土的施工中，混凝土泵和泵车的停放布置是一个关键，这不仅影响输送管的配置，同时也影响到泵送混凝土的施工能否按质按量地完成，必须着重考虑。

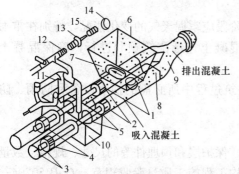

图 3-38　液压活塞式混凝土泵工作原理图
1—混凝土缸；2—推压混凝土的活塞；3—液压缸；4—液压活塞；5—活塞杆；6—料斗；7—吸入阀门；8—排出阀门；9—Y 形管；10—水箱；11—水洗装置换向阀；12—水洗用高压软管；13—水洗用法兰；14—海绵球；15—清洗活塞

因此，混凝土泵车的布置应考虑下列条件：

a. 混凝土泵设置处，场地应平整、坚实，具有重车行走条件。

b. 混凝土泵应尽可能靠近浇筑地点，在使用布料杆工作时，应使浇筑部位尽可能地在布料杆的工作范围内，尽量少移动泵车即能完成浇筑。

c. 多台混凝土泵或泵车同时浇筑时，选定的位置要使其各自承担的浇筑量接近，最好能同时浇筑完毕，避免留置施工缝。

d. 混凝土泵或泵车布置停放的地点要有足够的场地，以保证混凝土搅拌输送车的供料、调车的方便。

e. 为便于混凝土泵或泵车，以及搅拌输送车的清洗，其停放位置应接近排水设施，并且供水、供电方便。

f. 在混凝土泵的作业范围内，不得有障碍物、高压电线，同时要有防范高空坠物的措施。

四、混凝土浇筑

（一）浇筑施工准备

1. 制订施工方案

根据工程对象、结构特点，结合具体条件，制定混凝土浇筑的施工方案。

2. 机具准备及检查

搅拌机、运输车、料斗、串筒、振动器等机具设备按需要准备充足，并考虑发生故障时的修理时间。重要工程应有备用的搅拌机和振动器。特别是采用泵送混凝土，一定要有备用泵。所用的机具均应在浇筑前进行检查和试运转，同时配有专职技工，随时检修。浇筑前，必须核实一次浇筑完毕或浇筑至某施工缝前的工程材料，以免停工待料。

3. 保证水电及原材料的供应

在混凝土浇筑期间，要保证水、电、照明不中断。为了防备临时停水停电，事先应在浇筑地点储备一定数量的原材料（如砂、石、水泥、水等）和人工拌和捣固用的工具，以防出现意外的施工停歇缝。

4. 掌握天气季节变化情况

加强气象预测预报的联系工作。在混凝土施工阶段应掌握天气的变化情况，特别在雷雨台风季节和寒流突然袭击之际更应注意，以保证混凝土连续浇筑顺利进行，确保混凝土质量。

根据工程需要和季节施工特点，应准备好在浇筑过程中所必需的抽水设备和防雨、防暑、防寒等物资。

5. 检查模板、支架、钢筋和预埋件

在浇筑混凝土之前，应检查和控制模板、钢筋、保护层和预埋件等的尺寸、规格、数量和位置，其偏差值应符合现行国家标准《混凝土结构工程施工质量验收规范》（GB 50204—2002）的规定。此外，还应检查模板支撑的稳定性以及模板接缝的密合情况。

模板和隐蔽工程项目应分别进行预检和隐蔽验收。符合要求时，方可进行浇筑。检查时应注意以下几点：

（1）模板的标高、位置与构件的截面尺寸是否与设计符合，构件的预留拱度是否正确；

（2）所安装的支架是否稳定；支柱的支撑和模板的固定是否可靠；

（3）模板的紧密程度；

（4）钢筋与预埋件的规格、数量、安装位置及构件接点连接焊缝是否与设计符合。

在浇筑混凝土前，模板内的垃圾、木片、刨花、锯屑、泥土和钢筋上的油污等杂物，应清除干净。

木模板应浇水加以润湿，但不允许留有积水。湿润后，木模板中尚未胀密的缝隙应贴严，以防漏浆。

金属模板中的缝隙和孔洞也应予以封闭。

检查安全设施、劳动配备是否妥当，能否满足浇筑速度的要求。

（二）混凝土浇筑的一般规定

1. 混凝土的自由下落高度

浇筑混凝土时，为避免发生离析现象，混凝土自高处倾落的自由高度（自由下落高度）不应超过 2m。否则应采用溜槽或串筒，以防止混凝土产生离析。

2. 浇筑层厚度

为保证混凝土的整体性，浇筑混凝土原则上要求一次完成。但由于振捣机具性能、配筋影响等原因，需分层浇筑。混凝土浇筑层的厚度，应符合表 3-20 的规定。

表 3-20　　混凝土浇筑层厚度　　　　　　　　　　　　　　　　　mm

捣实混凝土的方法		浇筑层的厚度
插入式振捣		振捣器作用部分长度的 1.25 倍
表面振捣		200
人工振捣	在基础、无筋混凝土或配筋稀疏的结构中	250
	在梁、墙板、柱结构中	200
	在配筋密列的结构中	150
轻骨料混凝土	插入式振捣	300
	表面振捣（振动时需加荷）	200

3. 浇筑间歇时间

浇筑混凝土应连续进行。如必须间歇时，其间歇时间宜缩短，并应在前层混凝土凝结之前将次层混凝土浇筑完毕。

表 3-21　混凝土运输、浇筑和间歇的时间　　　　min

混凝土强度等级	气温（℃）	
	≤25	>25
≤C30	210	180
>C30	180	150

注 当混凝土中掺有促凝或缓凝型外加剂时，其允许时间应通过试验确定。

混凝土运输、浇筑和间歇的全部时间不得超过表 3-21 的规定，当超过规定时间时必须设置施工缝。

4. 浇筑质量要求

（1）在浇筑工序中，应控制混凝土的均匀性和密实性。混凝土拌和物运至浇筑地点后，应立即浇筑入模。在浇筑过程中，如发现混凝土拌和物的均匀性和稠度发生较大的变化，应及时处理。

（2）浇筑混凝土时，应注意防止混凝土的分层离析。混凝土由料斗、漏斗内卸出进行浇筑时，其自由倾落高度一般不宜超过 2m。在竖向结构中浇筑混凝土的高度不得超过 3m，否则应采用串筒、斜槽、溜管等下料。

（3）浇筑竖向结构混凝土前，底部应先填以 50～100mm 厚与混凝土成分相同的水泥砂浆。

（4）浇筑混凝土时，应经常观察模板、支架、钢筋、预埋件和预留孔洞的情况，当发现有变形、移位时，应立即停止浇筑，并应在已浇筑的混凝土凝结前修整完好。

（5）混凝土在浇筑及静置过程中，应采取措施防止产生裂缝。混凝土因沉降及干缩产生的非结构性的表面裂缝，应在混凝土终凝前予以修整。在浇筑与柱和墙连成整体的梁和板时，应在柱和墙浇筑完毕后停歇 1～1.5h，使混凝土获得初步沉实后再继续浇筑，以防止接缝处出现裂缝。

（6）梁和板应同时浇筑混凝土。较大尺寸的梁（梁的高度大于 1m）、拱和类似的结构可单独浇筑，但施工缝的设置应符合有关规定。

（三）泵送混凝土的浇筑

1. 泵送混凝土原材料

（1）水泥。配制泵送混凝土应采用硅酸盐水泥、普通硅酸盐水泥、矿渣硅酸盐水泥和粉煤灰硅酸盐水泥，不宜采用火山灰质硅酸盐水泥。

矿渣水泥保水性稍差，泌水性较大，但由于其水化热较低，多用于配制泵送的大体积混凝土，但宜适当降低坍落度、掺入适量粉煤灰和适当提高砂率。

（2）粗骨料。粗骨料的粒径、级配和形状对混凝土拌和物的可泵性有着十分重要的影响。粗骨料的最大粒径与输送管的管径大小有直接的关系，其比值应符合表 3-22 的规定。

（3）细骨料。细骨料对混凝土拌和物的可泵性也有很大影响。混凝土拌和物之所以能在输送管中顺利流动，主要是由于粗骨料被包裹在砂浆中，而由砂浆直接与管壁接触起到的润滑作用。因此，宜采用中砂，细度模数为 2.5～3.2，通过 0.315mm 筛孔的砂不少于 15%，应有良好的级配，泵送混凝土的砂率宜为 35%～45%。

表 3-22　粗骨料的最大粒径与输送管径之比

石子品种	泵送高度	粗骨料的最大粒径与输送管径之比
碎石	<50	≤1:3.0
	50～100	≤1:4.0
	>100	≤1:5.0
卵石	<50	≤1:2.5
	50～100	≤1:3.0
	>100	≤1:4.0

（4）掺和料。泵送混凝土中常用的掺和料为粉煤灰，掺入混凝土拌和物中，能使泵送混凝土的流动性显著增加，且能减少混凝土拌和物的泌水性和干缩性，大大改善混凝土的泵送性能。当泵送混凝土水泥用量较少或细骨料中通过 0.315mm 筛孔的颗粒小于 15% 时，掺加粉煤灰是很适宜的。对于大体积混凝土结构，掺加一定数量的粉煤灰还可以降低水泥的水化热，有利于控制温度裂缝的产生；泵送混凝土的水泥和矿物掺和料的总量不宜小于 300kg/m³。

（5）外加剂。泵送混凝土中的外加剂，主要有泵送剂、减水剂和引气剂，对于大体积混凝土结构，为防止产生收缩裂缝，还可掺入适宜的膨胀剂。

2. 泵送混凝土对模板和钢筋的要求

（1）对模板的要求。由于泵送混凝土的流动性和施工的冲击力都很大，因此在设计模板时，必须根据泵送混凝土对模板侧压力大的特点，确保模板和支撑有足够的强度、刚度和稳定性。

（2）对钢筋的要求。浇筑混凝土时注意保护钢筋，一旦钢筋发生变形或移位应及时纠正；钢筋骨架等重要节点应采取加固措施。

3. 泵送混凝土的浇筑

泵送混凝土的浇筑应根据工程结构特点、平面形状和几何尺寸、混凝土供应和泵送设备能力、劳动力和管理能力，以及周围场地大小等条件，预先划分好混凝土浇筑区域。

泵送混凝土浇筑顺序：

（1）当采用混凝土输送管输送混凝土时，应由远及近浇筑；

（2）在同一区域的混凝土，应按先竖向结构后水平结构的顺序，分层连续浇筑；

（3）当不允许留施工缝时，区域之间、上下层之间的混凝土浇筑间歇时间，不得超过混凝土初凝时间；

（4）当下层混凝土初凝后，浇筑上层混凝土时，应先按留施工缝的规定处理。

（四）混凝土施工缝

1. 施工缝设置原则

施工缝的位置应设置在结构受剪力较小且便于施工的位置；其留置位置应符合下列规定：

（1）柱留置在基础的顶面、梁或吊车梁牛腿的下面、吊车梁的上面、无梁楼板柱帽的下面（图 3-39）。

（2）和板连成整体的大断面梁，留置在板底面以下 20～30mm 处。当板下有梁托时，留在梁托下部。

（3）单向板留置在平行于板的短边任何位置。

（4）有主次梁的楼板，宜顺次梁方向浇筑，施工缝应留置在次梁跨中 1/3 范围内（图 3-40）。

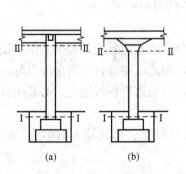

图 3-39　柱子施工缝位置
（a）梁板式结构；（b）无梁楼板结构

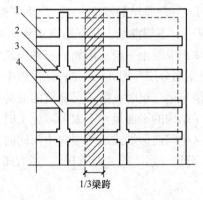

图 3-40　有主次梁楼盖的施工缝位置
1—板；2—柱；3—次梁；4—主梁

（5）墙留置在门洞口过梁跨中 1/3 范围内，也可留在纵横墙的交接处。

2. 施工缝的处理

在施工缝处继续浇筑混凝土时，已浇筑的混凝土抗压强度不应小于 $1.2N/mm^2$。对施工缝的处理有以下几点：

（1）在已硬化的混凝土表面上继续浇筑混凝土前，应清除垃圾、水泥薄膜、表面上松动砂石和软弱混凝土层，同时还应加以凿毛，用水冲洗干净并充分湿润，一般不宜少于 24h，不得留有积水。

（2）清除钢筋表面的油污、水泥砂浆、浮锈等杂质。

（3）在浇筑前，水平施工缝宜先铺 10～15mm 厚，配比与混凝土成分相同的水泥砂浆一层。

（五）大体积基础浇筑

（1）大体积混凝土基础的整体性要求高，往往不允许留施工缝，一般要求混凝土连续浇筑。施工工艺上应做到分层浇筑、分层捣实，但又必须保证上下层混凝土在初凝前结合好，不致形成施工缝。

（2）大体积混凝土结构浇筑后水泥的水化热量大，由于体积大，水化热聚集在内部不易散发，混凝土内部温度显著升高，而表面散热较快，这样形成较大的内外温差，内部产生压应力，而表面产生拉应力，如温差过大则易在混凝土表面产生裂缝。在混凝土内部逐渐散热冷却产生收缩时，由于受到基底或已浇筑混凝土的约束，接触处将产生较大的拉应力，当拉应力超过混凝土的极限抗拉强度时，与约束接触处会产生裂缝，甚至会贯穿整个混凝土块体，由此带来严重的危害。

（3）浇筑方案应根据整体性要求、结构大小、钢筋疏密、混凝土供应等具体情况设计。如要保证混凝土的整体性，则要保证使每一浇筑层在初凝前就被上一层混凝土覆盖并捣实成为整体。因此，要求混凝土按不小于下述的浇筑量进行浇筑

$$Q = \frac{FH}{T} \quad (\text{m}^3/\text{h}) \tag{3-12}$$

式中　Q——混凝土的最小浇筑量，m^3/h；

　　　F——混凝土浇筑区的面积，m^2；

　　　H——浇筑层的厚度，m，取决于混凝土的捣实方法；

　　　T——下层混凝土从开始浇筑到初凝为止所容许的时间间隔，h。

大体积混凝土一般选用如下三种浇筑方案：

1）全面分层 ［图 3-41 （a）］。在整个基础内全面分层浇筑混凝土，要做到第一层全面浇筑完毕浇筑第二层时，第一层浇筑的混凝土还未初凝，如此逐层进行，直至浇筑好。这种方案适用于结构的平面尺寸不太大，施工时从短边开始，沿长边进行较适宜。必要时亦可分为两段，从中间向两端或从两端向中间同时进行。

2）分段分层 ［图 3-41 （b）］。适宜于厚度不太大而面积或长度较大的结构。混凝土从

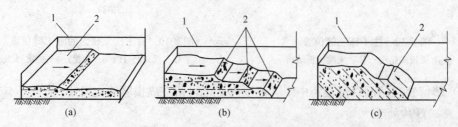

图 3-41　大体积混凝土工程施工方案类型

（a）全面分层；（b）分段分层；（c）斜面分层

1—模板；2—浇筑中混凝土

底层开始浇筑，进行一定距离后浇筑第二层，如此依次向前浇筑以上各分层。

3）斜面分层［图 3-41 (c)］。适用于结构的长度超过厚度的 3 倍，振捣工作应从浇筑层的下端开始，逐渐上移，以保证混凝土施工质量。

分层的厚度决定于振动器的棒长和振动力的大小，也要考虑混凝土的供应量大小和可能浇筑量的多少，一般为 20～30cm。

（4）浇筑混凝土所采用的方法，应使混凝土在浇筑时不发生离析现象。混凝土自高处自由倾落高度超过 2m 时，应采用串筒、溜槽、溜管等下落，以保证混凝土不致发生离析现象。串筒布置应适应浇筑面积、浇筑速度和摊平混凝土堆的能力，但其间距不得大于 3m，布置方式为交错式或行列式。

（5）浇筑大体积基础混凝土时，由于凝结过程中水泥会散发出大量的水化热，因而形成内外温度差较大，易使混凝土产生裂缝。因此，必须采取措施。具体措施有以下几种：

1）选用低水化热或中水化热的水泥品种配制混凝土，如矿渣硅酸盐水泥、火山灰质硅酸盐水泥、粉煤灰水泥、复合水泥等。

2）充分利用混凝土的后期强度，减少每立方米混凝土中水泥用量。根据试验每增减 10kg 水泥，其水化热将使混凝土的温度相应升降 1℃。

3）使用粗骨料，尽量选用粒径较大、级配良好的粗细骨料；控制砂石含泥量；掺加粉煤灰等掺和料或掺加相应的减水剂、缓凝剂，改善和易性、降低水灰比，以达到减少水泥用量、降低水化热的目的。

4）在基础内部预埋冷却水管，通入循环冷却水，强制降低混凝土水化热温度。

5）在厚大无筋或少筋的大体积混凝土中，掺加总量不超过 20% 的大石块，减少混凝土的用量。以达到节省水泥和降低水化热的目的。

6）在拌和混凝土时，还可掺入适量的微膨胀剂或膨胀水泥，使混凝土得到补偿收缩，减少混凝土的温度应力。

7）设置后浇缝。当大体积混凝土平面尺寸过大时，可以适当设置后浇缝，以减小外应力和温度应力；同时也有利于散热，降低混凝土的内部温度。

（六）框架浇筑

（1）多层框架按分层分段施工，水平方向按结构平面的伸缩缝分段，垂直方向按结构层次分层。在每层中先浇筑柱，再浇筑梁、板。

浇筑一排柱的顺序：应从两端对称同时开始，从中间推进，以免浇筑混凝土后由于模板吸水膨胀，断面增大而产生横向推力，最后使柱发生弯曲变形。

柱浇筑宜在梁板模板安装后，钢筋未绑扎前进行，以便利用梁板模板稳定柱模和作为浇筑柱混凝土操作平台之用。

（2）浇筑混凝土时应连续进行，如必须间歇时，应按表 3-21 的规定执行。

（3）浇筑混凝土时，浇筑层的厚度不得超过表 3-20 的数值。

（4）混凝土浇筑过程中，要分批做坍落度试验，如坍落度与原规定不符时，应调整配合比。

（5）混凝土浇筑过程中，要保证混凝土保护层厚度及钢筋位置的正确性。不得踩踏钢筋，不得移动预埋件和预留孔洞的原来位置，如发现偏差和位移，应及时校正。特别要重视竖向结构的保护层和板、雨篷结构负弯矩部分钢筋的位置。

（七）剪力墙浇筑

剪力墙浇筑应采取长条流水作业，分段浇筑，均匀上升。墙体浇筑混凝土前或新浇混凝土与下层混凝土接合处，应在底面上均匀浇筑 5cm 厚与墙体混凝土成分相同的水泥砂浆。浇筑墙体混凝土应连续进行，如必须间歇，其间歇时间应尽量缩短，并应在前层混凝土初凝前将次层混凝土浇筑完毕。墙体混凝土的施工缝一般宜设在门窗洞口上，接槎处混凝土应加强振捣，保证接槎严密。

洞口浇筑混凝土时，应使洞口两侧混凝土高度大体一致。振捣时，振捣棒应距洞边 30cm 以上，从两侧同时振捣，以防止洞口变形，大洞口下部模板应开口并补充振捣。

五、混凝土的振动

混凝土振捣机械按振动力传递方式分为内部振动器、表面振动器、外部振动器、振动台。

1. 内部振动器

内部振动器又称为插入式振动器（振动棒），多用于振捣现浇基础、柱、梁、墙等结构构件和厚大体积设备基础的混凝土捣实，如图 3-42 所示。

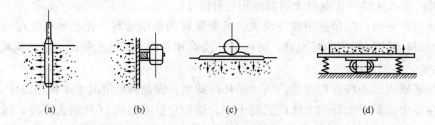

(a)　　　　　　(b)　　　　　　(c)　　　　　　(d)

图 3-42　混凝土振动器的振动传递方式

(a) 插入式内部振捣器；(b) 附着式外部振捣器；(c) 表面振动器；(d) 振动台

振动棒宜垂直插入混凝土中，为使上下层混凝土接合成整体，振动棒应插入下层混凝土 50mm。

振动器移动间距不宜大于作用半径的 1.5 倍。振动器与模板的距离，不应大于振动器作用半径的 1/2，并应避免碰撞钢筋、模板、芯管、吊环或预埋件。

2. 表面振动器

表面振动器又称平板式振动器，是将振动器安装在底板上，振捣时将振动器放在浇筑好的混凝土结构表面，振动力通过底板传给混凝土。使用时，振动器底板与混凝土接触，每一个位置振捣混凝土至不再下沉，表面返出水泥浆时为止，再移动到下一个位置。仅适用于表面积大而平整的结构物，如平板、地面、屋面等构件。

通常由两人拉扶，顺着振动器振动方向拖动，移动速度通常为 2～3m/min。

移动间距应保证振动器的平板能覆盖已振实部分的边缘。使用平板、梁式振动器的缺点是边角处振实效果差，应补用人工振捣。

3. 外部振动器

外部振动器又称附着式振动器。这种振动器通常是利用螺栓或钳形夹具固定在模板外侧，不与混凝土直接接触，借助模板或其他物体将振动力传递到混凝土。由于振动作用不能深远，仅适用于振捣钢筋较密、厚度较小以及不宜使用插入式振动器的结构构件。

待混凝土入模后方可开动振动器，混凝土浇筑高度要高于振动器安装部位。当钢筋较密和构件断面较深较窄时，亦可采取边浇筑边振动的方法。

每一振点的振捣延续时间，应使混凝土表面呈现浮浆和不再沉落。

4. 振动台

振动台由上部框架和下部支架、支撑弹簧、电动机、齿轮同步器、振动子等组成。上部框架是振动台的台面，固定放置模板，通过螺旋弹簧支撑在下部的支架上，振动台只能作上下方向的定向振动，适用于混凝土预制构件的振捣。

当浇筑的构件较厚时，要分层振实，每层厚度不超过 20cm。当振实干硬性混凝土和轻集料混凝土时，宜采用加压振动方法，压力为 $1\sim3kN/m^2$。

六、混凝土的养护

1. 自然养护

（1）覆盖浇水养护。利用平均气温高于 5℃ 的自然条件，用适当的材料对混凝土表面加以覆盖并浇水，使混凝土在一定的时间内保持水泥水化作用所需要的适当温度和湿度条件。

（2）覆盖浇水养护应符合下列规定：

1）覆盖浇水养护应在混凝土浇筑完毕后的 12h 内进行。

2）混凝土的浇水养护时间，对采用硅酸盐水泥、普通硅酸盐水泥或矿渣硅酸盐水泥拌制的混凝土，不得少于 7 天，对掺用缓凝型外加剂、矿物掺和料或有抗渗性要求的混凝土，不得少于 14 天。当采用其他品种水泥时，混凝土的养护应根据所采用水泥的技术性能确定。

3）浇水次数应根据能保持混凝土处于湿润的状态来决定。

4）混凝土的养护用水宜与拌制水相同。

5）当日平均气温低于 5℃ 时，不得浇水。

大面积结构如地坪、楼板、屋面等可采用蓄水养护。储水池一类工程可于拆除内模的混凝土达到一定强度后注水养护。

2. 加热养护

（1）蒸汽养护。蒸汽养护是缩短养护时间的方法之一，一般宜用 65℃ 左右的温度蒸养。混凝土在较高湿度和温度条件下，可迅速达到要求的强度。施工现场由于条件限制，现浇预制构件一般可采用临时性地面或地下的养护坑，上盖养护罩或用简易的帆布、油布覆盖。蒸汽养护分四个阶段：

1）静停阶段：指混凝土浇筑完毕至升温前在室温下先放置一段时间。这主要是为了增强混凝土对升温阶段结构破坏作用的抵抗能力，一般需 2~6h。

2）升温阶段：混凝土原始温度上升到恒温阶段。温度急速上升，会使混凝土表面因体积膨胀太快而产生裂缝。因而必须控制升温速度，一般为 10~25℃/h。

3）恒温阶段：混凝土强度增长最快的阶段。恒温的温度应随水泥品种不同而异，普通水泥的养护温度不得超过 80℃，矿渣水泥、火山灰水泥可提高到 85~90℃。恒温加热阶段应保持 90%~100% 的相对湿度。

4）降温阶段：在降温阶段内，混凝土已经硬化，如降温过快，混凝土会产生表面裂缝，因此降温速度应加以控制。一般情况下，构件厚度在 10cm 左右时，降温速度每小时不大于 20~30℃。为了避免由于蒸汽温度骤然升降而引起混凝土构件产生裂缝变形，必须严格控制升温和降温的速度。出槽的构件温度与室外温度相差不得大于40℃，当室外为负温度时，不得大于20℃。

（2）棚罩式养护。棚罩式养护是在混凝土构件上加盖养护棚罩。棚罩的材料有玻璃、透明玻璃钢、聚酯薄膜、聚乙烯薄膜等。

棚罩内的空间不宜过大，一般略大于混凝土构件即可。棚罩内的温度，夏季可达60～75℃，春季可达35～45℃，冬季约在20℃。

在已浇筑的混凝土强度达到 1.2N/mm² 以后，方准许在其上过人和安装模板及支架等。荷重超过时应通过计算，并采取相应措施。

七、混凝土冬季施工

（一）冬期施工的特点、原则和施工准备

1. 冬期施工的特点

在冬期施工中，对建筑物有影响的长时间的持续负低温、大的温差、强风、降雪和反复的冰冻，经常造成质量事故。冬期施工期是事故多发期。据资料分析，有 2/3 的质量事故发生在冬期，尤其是混凝土工程。

冬期发生事故往往不易觉察，到春天解冻时，一系列质量问题才暴露出来。这种事故的滞后性给处理质量事故带来很大的困难。

冬期施工的计划性和准备工作的时间性很强。常常由于仓促施工，发生质量事故。

2. 冬期施工的原则

为了保证冬期施工的质量，有关部门规定了严格的技术措施。在选择具体的施工方法时，必须遵循下列原则：确保工程质量；经济合理；所需的热源及技术措施材料有可靠的来源；工期能满足规定的要求。

3. 冬期施工的准备工作

抓好施工组织设计的编制，将不适宜冬期施工的分项工程安排在冬期前后完成。合理选择冬期施工方案。

掌握分析当地的气温情况，搜集有关气象资料作为选择冬期施工技术措施的依据。

复核施工图纸，查对其是否能适应冬期施工要求。

冬期施工的设备、工具、材料及劳动防护用品均应提前准备。

冬期施工前对配制外加剂的人员、测温保温人员、司炉工等，应专门组织技术培训，经考试合格后方准上岗工作。

（二）混凝土的冬期施工

根据当地多年的气温资料，室外日平均气温连续 5 天稳定低于5℃时，定为冬期施工阶段。

1. 混凝土冬期施工的起止日期

混凝土冬期施工必须采用特殊的技术措施。根据当地多年气象资料统计，当室外日平均气温连续 5 天稳定低于5℃的初日，作为冬期施工的起始日期。同样，当室外日平均气温回升时，连续 5 天日平均气温稳定高于5℃时解除冬季施工，作为冬季施工的终止日期。初日和末日之间的日期即为冬期施工期。

2. 混凝土和钢筋混凝土冬期施工的基本原理

新浇混凝土在养护初期遭受冻结，当气温恢复到正温后，即使正温养护到一定龄期，也

不能达到其设计强度，这就是混凝土的早期冻害。

混凝土能凝结硬化并获得强度，是由于水泥水化反应的结果。水和温度是水化反应得以进行的必要条件。水是水化反应能否进行的决定性因素之一；温度则影响水化反应的速度。当温度降到5℃时，水化反应速度缓慢。当温度降到0℃时，水化反应基本停止。当温度降到－4～－2℃时，混凝土内部的游离水开始结冰，游离水结冰后体积增大约9%，在混凝土内部产生冰胀应力，使强度尚低的混凝土内部产生微裂缝和孔隙，同时损害了混凝土和钢筋的黏结力，导致结构强度降低。

混凝土的早期冻害是由于混凝土内部的水结冰所致。试验证明，混凝土在浇筑后立即受冻，抗压强度损失约50%，抗拉强度损失约40%。受冻前混凝土养护时间越长，所达到的强度越高，水化物生成越多，能结冰的游离水就越少，强度损失就越低。试验还证明，混凝土遭受冻结带来的危害与遭冻的时间早晚、水灰比、水泥强度等级、养护温度等有关。

混凝土允许受冻而不致使其各项性能遭到损害的最低强度，称为混凝土受冻临界强度。

我国现行规范规定：冬期浇筑的混凝土抗压强度，在受冻前，硅酸盐水泥或普通硅酸盐水泥配制的混凝土不得低于其设计强度标准值的30%；矿渣硅酸盐水泥配制的混凝土不得低于其设计强度标准值的40%；C10及C10以下的混凝土不得低于5.0N/mm²。掺防冻剂的混凝土，温度降低到防冻剂规定温度以下时，混凝土的强度不得低于3.5 N/mm²。

3. 混凝土冬期施工的工艺要求

在一般情况下，混凝土冬期施工要求正温浇筑、正温养护。对原材料的加热，以及混凝土的搅拌、运输、浇筑和养护应进行热工计算，并据此进行施工。

(1) 对材料和材料加热的要求。冬期施工配制混凝土用的水泥，应优先选用活性高、水化热大的硅酸盐水泥和普通硅酸盐水泥，不宜用火山灰质硅酸盐水泥和粉煤灰硅酸盐水泥。蒸汽养护时用的水泥品种经试验确定。水泥的强度等级不应低于42.5MPa，最小水泥用量不宜少于300kg/m³。水灰比不应大于0.6。

水泥不得直接加热，使用前一至两天运入暖棚存放，暖棚温度宜在5℃以上。

因为水的比热是砂、石骨料的5倍左右，且加热方便，所以冬期拌制混凝土应优先采用加热水的方法，但加热温度不宜超过表3-23规定的数值。

表 3-23　　　　　　　　　　　拌和水及骨料的最高温度　　　　　　　　　　　℃

项　目	水泥强度等级	拌和水	骨料
1	强度等级小于52.5MPa的普通硅酸盐水泥、矿渣硅酸盐水泥	80	60
2	强度等级等于和大于52.5MPa的普通硅酸盐水泥、硅酸盐水泥	60	40

骨料要求提前清洗和储备，做到骨料清洁，无冻块和冰雪。冬期骨料所用的储备场地应选择地势较高不积水的地方。

冬期施工拌制混凝土的砂、石温度要符合热工计算需要的温度。骨料加热的方法有：将骨料放在铁板上面，底下燃烧直接加热；通过蒸汽管、电热线加热等。但不得用火焰直接加热骨料。

钢筋冷拉可在负温下进行，但温度不宜低于－20℃。如采用控制应力方法时，冷拉控制应力较常温下提高30N/mm²；采用冷拉率控制方法时，冷拉率与常温时相同，且应有防雪和防风措施。刚焊接的接头严禁立即碰到冰雪，避免造成冷脆现象。

（2）混凝土的搅拌、运输和浇筑。

1）混凝土的搅拌。混凝土不宜露天搅拌，应尽量搭设暖棚，优先选用大容量的搅拌机，以减少混凝土的热量损失。搅拌前，用热水或蒸汽冲洗搅拌机。混凝土的拌和时间比常温规定的时间延长50％。由于水泥和80℃左右的水拌和会发生假凝现象，所以材料的投料顺序是先将水和砂石投入拌和，后加入水泥。若能保证热水不和水泥直接接触，则水可以加热到100℃。

2）混凝土的运输。混凝土的运输时间和距离应保证混凝土不离析，不丧失塑性。采取的措施主要是减少运输时间，缩短运输距离；使用大容积的运输工具并加以适当保温。

3）混凝土的浇筑。混凝土在浇筑前，应清除模板和钢筋上的冰雪和污垢，尽量加快混凝土的浇筑速度，防止热量散失过多。混凝土拌和物的出机温度不宜低于10℃，入模温度不得低于5℃。采用加热养护时，混凝土养护前的温度不得低于2℃。

在施工操作上应加强混凝土的振捣，尽可能提高混凝土的密实度，振捣要采用机械振捣，振捣时间比常温应有所增加。

加热养护整体式结构时，施工缝的位置应设置在温度应力较小处。加热温度超过40℃时，由于温度高，势必在结构内部产生温度应力。因此，在施工前应征求设计单位的意见，确定跨内施工缝设置的位置。留施工缝处，在混凝土终凝土后立即用3～5kPa的气流吹除结合面上的水泥膜、污水和松动石子。继续浇筑时，为使新老混凝土牢固结合，不产生裂缝，要对旧混凝土表面进行加热，使其温度和新浇筑混凝土的入模温度相同。

为保证新浇筑的混凝土与钢筋的可靠黏结，当气温在−15℃以下时，直径大于25mm的钢筋与预埋件，可喷热风加热至5℃，并清除钢筋上的污土和锈渣。

冬期不得在强冻胀性地基上浇筑混凝土。这种土的冻胀变形大，如果地基土遭冻，必然引起混凝土的冻害及变形。在弱冻胀性地基上浇筑时，地基土应进行保温，以免遭冻。

4. 混凝土的拆模

混凝土达到规定强度后方可拆模。对加热法施工的构件模板和保温层，应在混凝土冷却到5℃后拆模。混凝土和外界温差大于20℃时，拆模后的混凝土应注意覆盖，使其缓慢冷却。

在拆模过程中，如发现混凝土有冻害现象，应暂停拆模，经处理后方可拆模。

第四章 预应力混凝土工程

【学习要点】 了解预应力筋的种类，理解预应力混凝土的特点，掌握预应力混凝土先张法和后张法、无黏结预应力的施工工艺；了解先张法、后张法、无黏结预应力的设备。

与钢筋混凝土比较，预应力混凝土具有构件截面小、自重轻、刚度大、抗裂度高、耐久性好、材料省等优点，但预应力混凝土施工，需要专门的材料与设备、特殊的工艺，且单价较高。在大开间、大跨度与重荷载的结构中，采用预应力混凝土结构可减少材料用量，扩大使用功能，综合经济效益好，在现代结构中具有广阔的发展前景。

预应力混凝土按预应力度大小可分为：全预应力混凝土和部分预应力混凝土。全预应力混凝土是在全部使用荷载下受拉边缘不允许出现拉应力的预应力混凝土，适用于要求混凝土不开裂的结构。

部分预应力混凝土是在全部使用荷载下受拉边缘允许出现一定的拉应力或裂缝的混凝土，其综合性能较好，费用较低，适用面广。

预应力混凝土按施工方式不同可分为：预制预应力混凝土、现浇预应力混凝土和叠合预应力混凝土等。按预加应力的方法不同可分为：先张法预应力混凝土和后张法预应力混凝土。先张法是在混凝土浇筑前张拉钢筋，预应力是靠钢筋与混凝土之间的黏结力传递给混凝土。后张法是在混凝土达到一定强度后张拉钢筋，预应力靠锚具传递给混凝土。在后张法中，按预应力筋黏结状态又可分为：有黏结预应力混凝土和无黏结预应力混凝土。前者在张拉后通过孔道灌浆使预应力筋与混凝土相互黏结，后者由于预应力筋涂有油脂，预应力只能永久地靠锚具传递给混凝土。

第一节 先张法预应力施工

先张法是在台座或钢模上先张拉预应力筋并用夹具临时固定，再浇筑混凝土，待混凝土强度达到强度标准值的75％以上，预应力筋与混凝土之间具有足够的黏结力之后，在端部放松预应力筋，使混凝土产生预压应力。该法适用于生产预制预应力混凝土构件；其详细的施工工艺流程，见图4-1。

先张法生产可采用台座法。采用台座法时，构件是在固定的台座上生产，预应力筋的张拉力由台座承受。预应力筋的张拉、锚固，混凝土的浇筑、养护和预应力筋的放张等均在台座上进行。台座法不需要复杂的机械设备，能适宜多种产品生产，可露天生产、自然养护，也可采用湿热养护，故应用较广。先张法施工如图4-2所示。

一、张拉设备和机具

（一）台座

台座是先张法生产的主要设备之一，它承受预应力筋的全部张拉力。因此，台座应有足

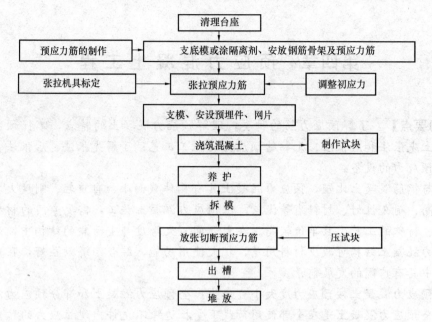

图 4-1 先张法预应力施工工艺流程

够的强度、刚度和稳定性，以免台座变形、倾覆、滑移而引起预应力值的损失。

台座按构造形式分为墩式和槽式两类。选用时根据构件种类、张拉吨位和施工条件确定。

1. 墩式台座

墩式台座由台墩、台面与横梁组成（图 4-3）。

（1）台墩。承力台墩，一般由现浇钢筋混凝土做成。台墩应有合适的外伸部分，以增大力臂而减少台墩自重，台墩应具有足够的强度、刚度和稳定性，稳定性验算一般包括抗倾覆验算与抗滑移验算。

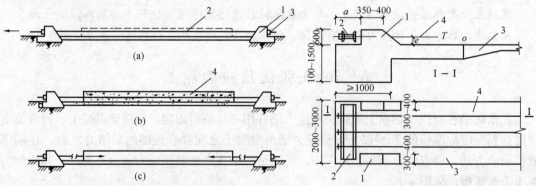

图 4-2 先张法施工顺序

（a）张拉预应力筋；（b）浇筑混凝土；（c）放松预应力筋

1—台座；2—预应力筋；3—夹具；4—构件

图 4-3 墩式台座

1—钢筋混凝土墩；2—钢横梁；3—混凝土台面；4—预应力筋

台墩的抗倾覆验算，可按下式进行（图 4-4），即

$$K = \frac{M_1}{M} = \frac{GL + E_p e_2}{N e_1} \geqslant 1.5 \tag{4-1}$$

式中　K——抗倾覆安全系数，一般不小于 1.50；

M——倾覆力矩，由预应力筋的张拉力产生；

N——预应力筋的张拉力；

e_1——张拉力合力作用点至倾覆点的力臂；

M_1——抗倾覆力矩，由台座自重力和土压力等产生；

G——台墩的自重力；

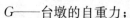

图 4-4　墩式台座的稳定性验算简图

L——台墩重心至倾覆点的力臂；

E_p——台墩后面的被动土压力合力，当台墩埋置深度较浅时，可忽略不计；

e_2——被动土压力合力至倾覆点的力臂。

台墩倾覆点的位置，对与台面共同工作的台墩，按理论计算倾覆点应在混凝土台面的表面处；但考虑到台墩的倾覆趋势使得台面端部顶点出现局部应力集中和混凝土面抹面层的施工质量，因此倾覆点的位置宜取在混凝土台面往下 4～5cm 处。

台墩的抗滑移验算，可按下式进行

$$K = \frac{N_1}{N} \geqslant 1.3 \qquad (4-2)$$

式中　K——抗滑移安全系数，一般不小于 1.30；

　　　N_1——抗滑移的力，对独立的台墩，由侧壁土压力和底部摩阻力等产生，对与台面共同工作的台墩，以往在抗滑移验算中考虑台面的水平力、侧壁土压力和底部摩阻力共同工作。经过分析认为混凝土的弹性模量（C20 混凝土 $E=2.6\times10^4$N/mm²）和土的压缩模量（$E=20$N/mm²）相差极大，两者不可能共同工作；而底部冷阻力也较小（约占 5%），可略去不计；实际上台墩的水平推力几乎全都传给台面，不存在滑移问题。因此，台墩与台面共同工作时，可不作抗滑移计算而应验算台面的承载力。

为了增加台墩的稳定性，减小台墩的自重，可采用锚杆式台墩。

台墩的牛腿和延伸部分，分别按钢筋混凝土结构的牛腿和偏心受压构件计算。

台墩横梁的挠度不应大于 2 mm 并不得产生翘曲，预应力筋的定位板必须安装准确，其挠度不大于 1mm。

（2）台面。台面一般是在夯实的碎石垫层上浇筑一层厚度为 6～10cm 的混凝土而成的。

2. 槽式台座

槽式台座由端柱、传力柱、柱垫、横梁和台面等组成，既可承受张拉力，又可作为蒸汽养护槽，适用于张拉吨位较高的大型构件。槽式台座构造见图 4-5。

（1）台座的长度一般不大于 76m，宽度随构件外形及制作方式而定，一般不小于 1m。

（2）槽式台座一般与地面相平，以便运送混凝土和蒸汽养护，但需考虑地下水位和排水

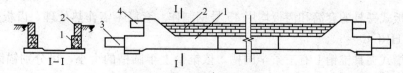

图 4-5　槽式台座构造示意图

1—钢筋混凝土压杆；2—砖墙；3—下横梁；4—上横梁

等问题。

（3）端柱、传力柱的端面必须平整，对接接头必须紧密；柱与柱垫连接必须牢靠。

（二）夹具

夹具是预应力筋进行张拉和临时固定的工具，要求夹具工作可靠，构造简单，施工方便，成本低。根据夹具的工作特点分为张拉夹具和锚固夹具。

1. 张拉夹具

张拉夹具是将预应力筋与张拉机械连接起来，进行预应力张拉的工具。常用的张拉夹具有两种。

（1）偏心式夹具。偏心式夹具由一对带齿的月牙形偏心块组成，见图4-6。

（2）楔形夹具。楔形夹具由锚板和楔块组成（图4-7）。

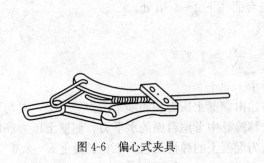

图 4-6 偏心式夹具

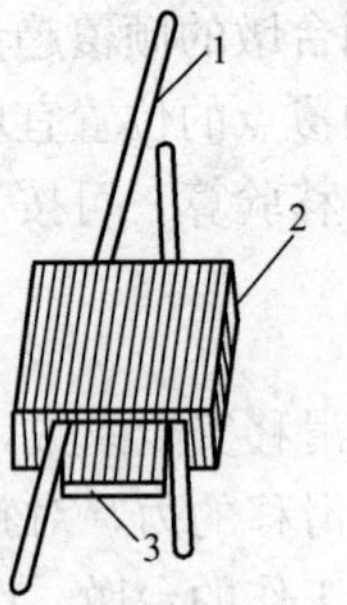

图 4-7 楔形夹具
1—钢丝；2—锚板；3—楔块

2. 锚固夹具

锚固夹具是将预应力筋临时固定在台座横梁上的工具。常用的锚固夹具有 4 种。

（1）锥形夹具。锥形夹具是用来锚固预应力钢丝的，由中间开有圆锥形孔的套筒和刻有细齿的锥形齿板或锥销组成。分别称为圆锥齿板式夹具和圆锥三槽式夹具，见图4-8、图4-9。

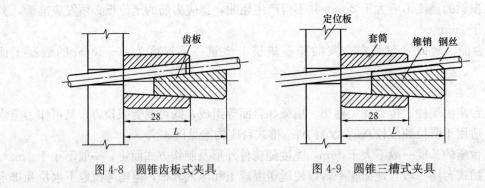

图 4-8 圆锥齿板式夹具

图 4-9 圆锥三槽式夹具

圆锥齿板式夹具的套筒和齿板均用 45 号钢制作。套筒不需作热处理，齿板热处理后的硬度应达到 HRC40～50。

圆锥三槽式夹具锥销上有三条半圆槽，依锥销上半圆槽的大小，可分别锚固一根Φ^b3、Φ^b4 或Φ^b5 钢丝。套筒和锥销均用 45 号钢制作，套筒不作热处理，锥销热处理后的硬度应达到 HRC40～45。

锥形夹具工作时依靠预应力钢丝的拉力就能够锚固住钢丝。锚固夹具本身牢固可靠地锚固住预应力筋的能力，称为自锚。

（2）圆套筒三片式夹具。圆套筒三片式夹具用于锚固预应力钢筋，由中间开有圆锥形孔的套筒和三片夹片组成，见图4-10。

圆套筒三片式夹具可以锚固 $\phi12$ 或 $\phi14$ 的单根冷拉Φ、Φ、Φ级钢筋。套筒和夹片用45号钢制作，套筒和夹片热处理后硬度应达到 HRC35～40 和 HRC40～45。

（3）方套筒两片式夹具。方套筒两片式夹具用于锚固单根热处理钢筋。该夹具的特点是操作非常简单，钢筋由套筒小直径一端插入，夹片后退，两夹片间距扩大，钢筋由两夹片之间通过，由套筒大直径一端穿出。夹片受弹簧的顶推前移，两夹片间距缩小，夹持钢筋，见图4-11。

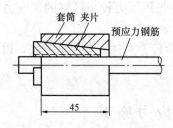
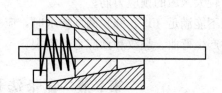

图 4-10　圆套筒三片式夹具　　　　图 4-11　方套筒两片式夹具

二、预应力筋铺设

预应力钢丝宜用牵引车铺设。如果钢丝需要接长，可借助于钢丝拼接器用20～22号铁丝密排绑扎。绑扎长度：对冷轧带肋钢筋不应小于 $45d$；对刻痕钢丝不应小于 $80d$。钢筋搭接长度应比绑扎长度大 $10d$（d 为钢丝直径）。

三、预应力筋张拉

1. 单根张拉

冷拔钢丝可在两横梁式长线台座上采用10kN电动螺杆张拉机或电动卷扬张拉机单根张拉，弹簧测力计测力，锥销式夹具锚固（图4-12）。

刻痕钢丝可采用20～30kN电动卷扬张拉机单根张拉，优质锥销式夹具锚固。

2. 整体张拉

在预制场以机组流水法或传送带法生产预应力多孔板时，还可在钢模上用墩头梳筋板夹具整体张拉。

3. 张拉程序

预应力张拉程序：$0 \to 1.05\sigma_{con} \to \sigma_{con}$ 锚固

或　　　　　　　　　$0 \to 1.03\sigma_{con}$ 锚固

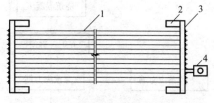

图 4-12　用电动卷扬张拉机张拉单根钢丝
1—冷拔钢丝；2—台墩；3—钢横梁；
4—电动卷扬张拉机

其中，1.03～1.05是考虑弹簧测力计的误差、温度影响、台座横梁或定位板刚度不足、台座长度不符合设计取值、人工操作影响等。

四、混凝土的浇筑与养护

混凝土的浇筑必须一次完成，不允许留设施工缝。混凝土的强度等级不得小于C30。为了减少混凝土的收缩和徐变引起的预应力损失，在确定混凝土的配合比时，应采用低水灰比，控制水泥的用量，对骨料采取良好的级配，预应力混凝土构件制作时，必须振捣密实，特别是构件的端部，以保证混凝土的强度和黏结力。

预应力混凝土构件叠层生产时，应待下层构件的混凝土达到 8～10N/mm 后，再进行上层混凝土构件的浇筑。

五、预应力筋放张

预应力筋放张时，混凝土的强度应符合设计要求；如设计无规定，则不应低于设计的混凝土强度标准值的 75%。过早放张预应力会引起较大的预应力损失或使预应力钢丝产生滑动。

预应力筋的放张顺序，如设计无规定，可按下列要求进行：

（1）轴心受预压的构件（如拉杆、桩等），所有预应力筋应同时放张；

（2）偏心受预压的构件（如梁等），应先同时放张预压力较小区域的预应力筋，再同时放张预压力较大区域的预应力筋；

（3）如不能满足（1）、（2）两项要求时，应分阶段、对称、交错地放张，以防止在放张过程中构件产生弯曲、裂纹和预应力筋断裂。

第二节　后张法预应力施工

后张法是先制作构件或结构，待混凝土达到一定强度后，在构件或结构上张拉预应力筋的方法。后张法预应力施工，不需要台座设备，灵活性大，广泛用于施工现场生产大型预制预应力混凝土构件和就地浇筑预应力混凝土结构。后张法预应力施工，又可分为有黏结预应力施工和无黏结预应力施工两类。

（1）有黏结预应力施工过程：混凝土构件或结构制作时，在预应力筋部位预先留设孔道，然后浇筑混凝土并进行养护；制作预应力筋并将其穿入孔道；待混凝土达到设计要求的强度后张拉预应力筋并用锚具锚固；最后进行孔道灌浆与封锚，其详细的施工工艺流程，见图 4-13。这种施工方法通过孔道灌浆，使预应力筋与混凝土相互黏结，减轻了锚具传递预应力作用，提高了锚固可靠性与耐久性，广泛用于主要承重构件或结构。

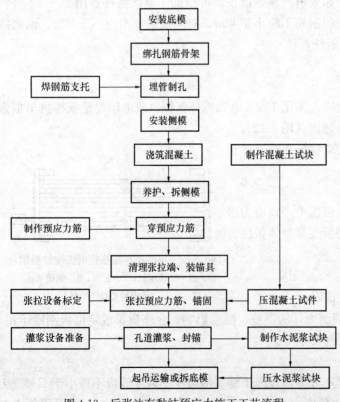

图 4-13　后张法有黏结预应力施工工艺流程

（2）无黏结预应力施工过程：混凝土构件或结构制作时，预先铺设无黏结预应力筋，然后浇筑混凝土并进行养护；待混凝土达到设计要求的强度后，张拉预应力筋并用锚具锚固，最后进行封锚。这种施工方法不需要留孔灌浆，施工方便，但预应力只能永久地靠锚具传递给混凝土。宜用于分散配置预应力筋的楼板与墙板、次梁及低预应力度的主梁等。

一、预留孔道

1. 预应力筋孔通道布置

预应力筋孔道形状有直线、曲线和折线三种类型。

孔道直径和间距。预留孔道的直径，应根据预应力筋根数、曲线孔道形状和长度、穿筋难易程度等因素确定。孔道内径应比预应力筋与连接器外径大 10～15mm，孔道面积宜为预应力筋净面积的 3～4 倍。

预应力筋孔道的间距与保护层应符合下列规定：

（1）对预制构件，孔道的水平净间距不宜小于 50mm。孔道至构件边缘的净间距不应小于 30mm，且不应小于孔道直径的一半。

（2）在框架梁中，预留孔道垂直方向净间距不应小于孔道外径，水平方向净间距不宜小于 1.5 倍孔道外径；从孔壁算起的混凝土最小保护层厚度，梁底为 50mm，梁侧为 40mm，板底为 30mm。

2. 预埋金属螺旋管留孔

金属螺旋管又称波纹管，是用冷轧钢带或镀锌钢带，在卷管机上压波后螺旋咬合而成的。按照相邻咬口之间的凸出部（即波纹）的数量分为单波纹和双波纹（图 4-14）；按照截面形状分为圆形和扁形；按照径向刚度分为标准型和增强型；按照钢带表面状况分为镀锌螺旋管和不镀锌螺旋管。

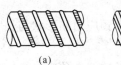

图 4-14 金属螺旋管

（a）圆形单波纹；（b）圆形双彼纹；（c）扁形

3. 抽拔芯管留孔

（1）钢管抽芯法，即制作后张法预应力混凝土构件时，在预应力筋位置预先埋设钢管，待混凝土初凝后再将钢管旋转抽出的留孔方法。为防止在浇筑混凝土时钢管产生位移，每隔 1m 用钢筋井字架固定牢靠。钢管接头处可用长度为 30～40cm 的铁皮套管连接。在混凝土浇筑后，每隔一定时间慢慢转动钢管，使之不与混凝土黏结；待混凝土初凝后、终凝前抽出钢管，即形成孔道。钢管抽芯法适用于留设直线孔道。

（2）胶管抽芯法，即制作后张法预应力混凝土构件时，在预应力筋的位置处预先埋设胶管，待混凝土结硬后再将胶管抽出的留孔方法，采用 5～7 层帆布胶管。为防止在浇筑混凝土时胶管产生位移，直线段每隔 60cm 用钢筋井字架固定牢靠，曲线段应适当加密。胶管两端应有密封装置。在浇筑混凝土前，胶管内充入压力为 0.6～0.8MPa 的压缩空气或压力水，管径增大约 3mm，待浇筑的混凝土初凝后，放出压缩空气或压力水，管径缩小，混凝土脱开，随即拔出胶管。胶管抽芯法适用于留设直线与曲线孔道。

4. 灌浆孔、排气孔和泌水管

在预应力筋孔道两端，应设置灌浆孔和排气孔，灌浆孔可设置在锚垫板上或利用灌浆管引至构件外，其间距对抽芯成型孔道不宜大于 12m，孔径应能保证浆液畅通，一般不宜小于 20mm。

二、预应力筋穿入孔道

预应力筋穿入孔道，简称穿束。穿束需要解决两个问题，即穿束时机与穿束方法。

1. 穿束时机

根据穿束与浇筑混凝土之间的先后关系，可分为先穿束和后穿束两种方法。

（1）先穿束法。先穿束法即在浇筑混凝土之前穿束，此法穿束省力；但穿束占用工期，束自重引起的波纹管摆动会增大摩擦损失，束端保护不当易生锈。按穿束与预埋波纹管之间的配合，又可分为以下三种情况：

1）先穿束后装管：即将预应力筋先穿入钢筋骨架内，然后将螺旋管逐节从两端套入并连接；

2）先装管后穿束：即将螺旋管先安装就位，然后将预应力筋穿入；

3）两者组装后放入：即在梁外侧的脚手架上将预应力筋与套管组装后，从钢筋骨架顶部放入就位，箍筋应先作成开口箍，再封闭。

（2）后穿束法。后穿束法即在浇筑混凝土之后穿束。此法可在混凝土养护期内进行，不占工期，便于用通孔器或高压水通孔，穿束后即行张拉，易于防锈，但穿束较为费力。

2. 穿束方法

根据一次穿入数量，可分为整束穿和单根穿。钢丝束应整束穿；钢绞线宜采用整束穿，也可用单根穿。穿束工作可由人工、卷扬机和穿束机进行。

三、预应力筋张拉

1. 预应力筋张拉方式

根据预应力混凝土结构特点、预应力筋形状与长度，以及施工方法的不同，预应力筋张拉方式有以下几种：

（1）一端张拉方式。张拉设备放置在预应力筋一端的张拉方式。适用于长度小于或等于 30m 的直线预应力筋与锚固损失影响长度 $L_f \geqslant L/2$（L 为预应力筋长度）的曲线预应力筋；如设计人员根据计算资料或实际条件认为可以放宽以上限制的话，也可采用一端张拉，但张拉端宜分别设置在构件的两端。

（2）两端张拉方式。张拉设备放置在预应力筋两端的张拉方式。适用于长度大于 30m 的直线预应力筋与锚固损失影响长度从 $L_f < L/2$ 的曲线预应力筋。当张拉设备不足或由于张拉顺序安排关系，也可先在一端张拉完成后，再移至另一端张拉，补足张拉力后锚固。

（3）分批张拉方式。对配有多束预应力筋的构件或结构分批进行张拉的方式。由于后批预应力筋张拉所产生的混凝土弹性压缩对先批张拉的预应力筋造成预应力损失，所以先批张拉的预应力筋张拉力应加上该弹性压缩损失值，或将弹性压缩损失平均值统一增加到每根预应力筋的张拉力内。

2. 张拉操作程序

预应力筋的张拉操作程序，主要根据构件类型、张拉锚固体系、松弛损失等因素确定。

（1）采用低松弛钢丝和钢绞线时，张拉操作程序为　$0 \rightarrow \sigma_{con}$ 锚固

（2）采用普通松弛预应力筋时，按下列超张拉程序进行操作：

对墩头锚具等可卸载锚具　$0 \rightarrow 1.05\sigma_{con} \rightarrow \sigma_{con}$ 锚固

对夹片锚具等不可卸载锚具　$0 \rightarrow 1.03\sigma_{con}$ 锚固

四、孔道灌浆

预应力筋张拉后，利用灌浆泵将水泥浆压灌到预应力筋孔道中去，其作用有：一是保护预应力筋，以免锈蚀；二是使预应力筋与构件混凝土有效的黏结，以控制超载时裂缝的间距与宽度，并减轻梁端锚具的负荷状况。因此，对孔道灌浆的质量。必须重视。

预应力筋张拉完成并经检验合格后，应尽早进行孔道灌浆。灌浆时应注意以下几点：

（1）灌浆前应全面检查构件孔道及灌浆孔、泌水孔、排气孔是否畅通。对抽拔管成孔，可采用压力水冲洗孔道；对预埋管成孔，必要时可采用压缩空气清孔。

（2）灌浆前应对锚具夹片空隙和其他可能产生的漏浆处，采用高强度水泥浆或结构胶等方法封堵。封堵材料的抗压强度大于 10MPa 时方可灌浆。

（3）灌浆顺序宜先灌下层孔道，后浇上层孔道。

（4）灌浆工作应缓慢均匀地进行，不得中断，并应排气通顺，在孔道两端冒出浓浆并封闭排气孔后，宜再继续加压至 $0.5\sim0.7\text{N/mm}^2$，稳压 2min，再封闭灌浆孔。

（5）当孔道直径较大且水泥浆不掺微膨胀剂或减水剂进行灌浆时，可采取下列措施：

1）二次压浆法，但二次压浆的间隙时间宜为 30～45min；

2）重力补浆法，在孔道最高处连续不断地补充水泥浆。

（6）如遇灌浆不畅通，更换灌浆孔，应将第一次灌入的水泥浆排出，以免两次灌浆之间有空气存在。

（7）室外温度低于−5℃时，孔道灌浆应采取抗冻保温措施，防止浆体冻胀使混凝土沿孔道产生裂缝。抗冻保温措施有：采用早强型普通硅酸盐水泥，掺入一定量的防冻剂；水泥浆用温水拌和；灌浆后将构件保温，宜采用木模，待水泥浆强度上升后，再拆除模板。

第三节　无黏结预应力混凝土施工

无黏结后张预应力起源于 20 世纪 50 年代的美国，我国 70 年代开始研究，80 年代初应用于实际工程中。无黏结后张预应力混凝土是在浇灌混凝土之前，把预先加工好的无黏结筋与普通钢筋直接放置在模板内，然后浇筑混凝土，待混凝土达到设计强度时，即可进行张拉。它与有黏结预应力混凝土不同之处就在于：不需在放置预应力钢筋的部位预先留设孔道和沿孔道穿筋；预应力钢筋张拉完后，不需进行孔道灌浆。

一、无黏结预应力钢筋的制作

无黏结筋（图 4-15）的制作是无黏结后张预应力混凝土施工中的主要工序。无黏结筋一般由钢丝、钢绞线等柔性较好的预应力钢材制作，当用电热法张拉时，亦可用冷拉钢筋制作。

无黏结筋的涂料层应由防腐材料制作，一般防腐材料可以用沥青、油脂、蜡、环氧树脂或塑料。涂料应具有良好的延性及韧性；在一定的温度范围内（至少在−20～70℃）不流淌、不变脆、不开裂；应具有化学稳定性，与

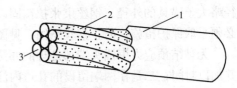

图 4-15　无黏结预应力筋

1—塑料外包层；2—防腐润滑脂；3—钢绞线（或碳素钢丝束）

钢、水泥以及护套材料均无化学反应,不透水、不吸湿,防腐性能好;油滑性能好,摩擦阻力小,如规范要求,防腐油脂涂料层无黏结筋的张拉摩擦系数不应大于 0.12,防腐沥青涂料则不应大于 0.25。

无黏结筋的护套材料可以用纸带、塑料带包缠或用注塑套管。护套材料应具有足够的抗拉强度及韧性,以免在工作现场因运输、储存、安装引起难以修复的损坏和磨损;同时,还要求其防水性及抗腐蚀性强;低温不脆化、高温化学稳定性高;对周围材料无侵蚀性。如用塑料作为外包材料时,还应具有抗老化的性能。高密度的聚乙烯和聚丙烯塑料就具有较好的韧性和耐久性;低温下不易发脆;高温下化学稳定性较好,并具有较高的抗磨损能力和抗蠕变能力。但这种塑料目前我国产量还较低,价格昂贵。我国目前用高压低密度的聚乙烯塑料通过专门的注塑设备挤压成型,将涂有防腐油脂层的预应力钢筋包裹上一层塑料。当用沥青防腐剂作涂料层时,可用塑料带密缠作外包层,塑料各圈之间的搭接宽度应不小于带宽的 1/4,缠绕层数不应小于两层(图 4-16)。

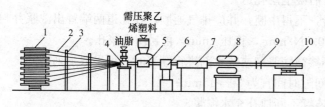

图 4-16　挤压涂层工艺流水线图

1—放线盘;2—钢丝;3—梳子板;4—给油装置;5—塑料挤压机机头;
6—风冷装置;7—水冷装置;8—牵引机;9—定位支架;10—收线盘

二、无黏结筋的铺放

无黏结筋的铺设工序通常在绑扎完底筋后进行。无黏结筋铺放的曲率,可用垫铁马凳,或其他构造措施控制。其放置间距不宜大于 2m,用铁丝与非预应力钢筋扎紧。铺设双向配筋的无黏结筋时,应先铺低的,再铺高的,尽量避免两个方向的无黏结筋相互穿插编结。绑扎无黏结筋时,应先在两端拉紧,同时从中间往两端绑扎定位。

浇筑混凝土前应对无黏结筋进行检查验收,如各控制点的矢高、塑料保护套有无脱落和歪斜、固定端镦头与锚板是否贴紧、无黏结筋涂层有无破损等。合格后方可浇筑混凝土。

三、无黏结筋的张拉

无黏结预应力束的张拉与有黏结预应力钢丝束的张拉相似。张拉程序一般采用 0→103σ_{con},然后进行锚固。由于无黏结预应力束为曲线配筋,故应采用两端同时张拉。

成束无黏结筋正式张拉前,宜先用千斤顶往复抽动几次,以降低张拉摩擦损失。实验表明,进行三次张拉时,第三次的摩阻损失值可比第一次降低 16.8%～49.1%。在张拉过程中,当有个别钢丝发生滑脱或断裂时,可相应降低张拉力,但滑脱或断裂的根数,不应超过结构同一截面钢丝总根数的 2%。

四、锚头端部的处理

无黏结预应力束通常采用镦头锚具,外径较大,钢丝束两端留有一定长度的孔道,其直径略大于锚具的外径。钢丝束张拉锚固以后,其端部便留下孔道,且该部分钢丝没有涂层,必须采取保护措施,防止钢丝锈蚀,见图 4-17。

无黏结预应力束锚头端部处理的办法,目前常用的有两种办法:一是在孔道中注入油脂并加以封闭;二是在两端留设的孔道内注入环氧树脂水泥砂浆,将端部孔道全部灌注密实,以防预应力钢筋发生局部锈蚀。灌注用环氧树脂水泥砂浆的强度不得低于 35MPa。灌浆同时将锚环内也用环氧树脂水泥砂浆封闭,既可防止钢丝锈蚀,又可起一定的锚固作用。最后浇筑混凝土或外包钢筋混凝土，或用环氧砂浆将锚具封闭。用混凝土做堵头封闭时，要防止产生收缩裂缝。当不能采用混凝土或环氧砂浆作封闭保护时，预应力钢筋锚具要全部涂刷抗锈漆或油脂，并加其他保护措施。

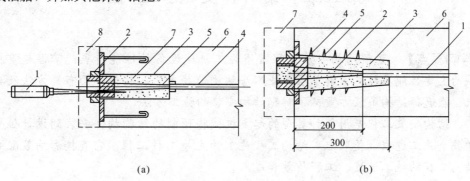

(a)　　　　　　　　　　　　(b)

图 4-17　锚头端部处理方法

（a）锚头端部处理方法之一

1—油枪；2—锚具；3—端部孔道；4—有涂层的无黏结预应力束；5—无涂层的端部钢丝；
6—构件；7—注入孔道的油脂；8—混凝土封闭

（b）锚头端部处理方法之二

1—无黏结预应力束；2—无涂层的端部钢丝；3—环氧树脂水泥砂浆；4—锚具；
5—端部加固螺旋钢筋；6—构件；7—混凝土封闭

第五章 结 构 安 装 工 程

【学习要点】 了解结构安装工程常用施工机械设备的性能特点；掌握起重机械的主要性能参数；理解单层工业厂房结构吊装工艺、构件平面布置方法及要求；能选择结构吊装方案；了解钢结构安装的施工方法。

结构安装工程是用各种类型的起重机械将预制的结构构件安装到设计位置的整个施工过程，是装配式结构工程施工的主导工种工程。它直接影响装配式结构工程的施工进度、工程质量和成本。

装配式结构工程的施工特点是结构构件生产工厂化、现场施工装配化，并具有设计标准化、构件定型化、安装机械化的特点。这种施工方法可以改善工人的劳动条件，提高劳动生产率，加快施工进度，降低工程成本。为了充分发挥装配化施工的优越性，在拟定结构安装工程施工方案时，要根据结构特点、机械设备条件及施工工期的要求，合理地选择安装机械，确定合理的构件安装工艺、结构安装方法、起重机开行路线和构件的平面布置，以达到缩短工期、保证工程质量、降低工程成本的目的。

第一节 起 重 机 械

结构安装工程常用的起重机械分为桅杆式起重机、自行杆式起重机和塔式起重机。常用的桅杆式起重机有独脚拔杆、悬臂拔杆、人字拔杆及牵缆式拔杆起重机。自行杆式起重机有履带式起重机、汽车式起重机、轮胎式起重机。塔式起重机可分为行走式塔式起重机、自升式塔式起重机。行走式塔式起重机有轨道行走式、轮胎行走式、履带行走式。自升式塔式起重机有爬升式塔式起重机、附着式塔式起重机。

一、桅杆式起重机

桅杆式起重机具有制作简单、装拆方便，起重量较大，可达100t以上，受地形限制小，能用于其他起重机不能安装的一些特殊结构和设备的安装，特别是在交通不便的地区进行结构安装施工时，因大型设备不能运入现场，桅杆式起重机的作用尤为显著。但其服务半径小，移动困难，需要拉设较多的缆风绳，故仅适用于安装工程量比较集中的工程。

桅杆式起重机可分为独脚拔杆、人字拔杆、悬臂拔杆和牵缆式拔杆起重机等。

1. 独脚拔杆

由拔杆、起重滑轮组、卷扬机、缆风绳和锚碇等组成（图5-1）。使用时，拔杆应保持不大于10°的倾角，以便吊装的构件不致碰撞拔杆，底部要设置

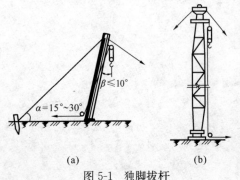

图5-1 独脚拔杆
(a) 木拔杆；(b) 格构式金属拔杆

拖子以便移动。拔杆的稳定主要依靠缆风绳，缆风绳数量一般为 6～12 根，缆风绳与地面的夹角一般取 30°～45°，角度过大则对拔杆产生较大的压力。拔杆的起重能力，应按实际情况加以验算，木独脚拔杆常用圆木制作，圆木梢径 20～32cm，起重高度为 15m 以内，起重量 10t 以下；钢管独脚拔杆，一般起重高度在 30m 以内，起重量可达 30t；格构式独脚拔杆起重高度可达 70～80m，起重量可达 100t 以上。

2. 人字拔杆

人字拔杆是由两根圆木或两根钢管或两根格构式截面的独脚拔杆，在顶部相交成 20°～30°夹角，以钢丝绳绑扎或铁件铰接而成（图 5-2）的，下悬起重滑轮组，底部设有拉杆或拉绳，以平衡拔杆本身的水平推力。拔杆下端两脚的距离为高度的 1/2～1/3。人字拔杆的优点是侧向稳定性好、缆风绳较少（一般不少于 5 根），缺点是构件起吊后活动范围小，一般仅用于安装重型构件或作为辅助设备以吊装厂房屋盖体系上的轻型构件。

3. 悬臂拔杆

在独脚拔杆的中部或 2/3 高度处装上一根起重臂，即成悬臂拔杆。起重杆可以回转和起伏，可以固定在某一部位，也可根据需要沿杆升降（图 5-3）。为了使起重臂铰接处的拔杆部分得到加强，可用撑杆和拉条（或钢丝绳）进行加固。其特点是有较大的起重高度和相应的起重半径。悬臂起重杆左右摆动角度大（120°～270°），使用方便。但因起重量较小，多用于轻型构件的吊装。

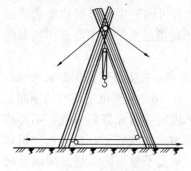 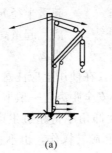 

(a) (b) (c)

图 5-3 悬臂拔杆

图 5-2 人字拔杆

(a) 一般形式；(b) 带加劲杆；(c) 起重臂杆可沿拔杆升降

4. 牵缆式拔杆起重机

牵缆式拔杆起重机是在独脚拔杆的下端装上一根可以回转和起伏的起重臂而成的（图 5-4）。

整个机身可作 360°回转，具有较大的起重半径和起重量，并且有较好的灵活性，可以在较大起重半径范围内，把构件吊到任何位置。该起重机的起重量一般为 15～60t，起重高度可达 80m，多用于构件多且集中的建筑物结构安装工程。其缺点是缆风绳用量较多。

二、自行杆式起重机

建筑工程中常用的自行杆式起重机有履带式起重机、汽车式起重机和轮胎式起重机三种。

1. 履带式起重机

履带式起重机是一种自行杆式全回转起重机，其工作装置经

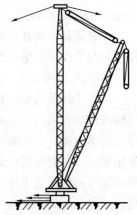

图 5-4 牵缆式拔杆起重机

改装后可成为挖土机也可成为打桩架，是一种多功能机械。

履带式起重机由行走机构、回转机构、机身及起重臂等部分组成（图 5-5）。行走机构为两条链式履带，回转机构为装在底盘上的转盘，使机身可回转 360°。机身内部有动力装置、卷扬机及操纵系统。起重臂是由角钢组成的格构式结构。下端铰接于机身上，随机身回转，顶端设有两套滑轮组（起重及变幅滑轮组），钢丝绳通过起重臂顶端滑轮组连接到机身的卷扬机上，起重臂可分节制作并接长。

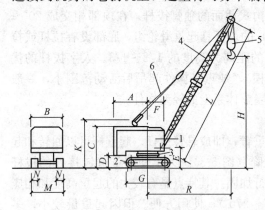

图 5-5　履带式起重机

1—机身；2—行走机构；3—回转机构；
4—起重臂；5—起重滑轮组；6—变幅滑轮组

履带式起重机操作灵活，使用方便，活动范围大，可在一般道路上行走，有较大的起重能力，在平整坚实的道路上还可负载行走。但履带式起重机行走速度慢，履带对路面破坏性较大，当进行长距离转移时，多用平板拖车或铁路平车运输。目前，履带式起重机是建筑结构安装工程中的主要起重机械，特别是在单层工业厂房结构安装工程中应用极为广泛。

通常履带式起重机主要技术性能包括三个主要参数：起重量 Q、起重半径 R、起重高度 H。起重量一般不包括吊钩、滑轮组的重量，起重半径 R 指起重机回转中心至吊钩的水平距离，起重高度 H 是指起重吊钩中心至停机面的距离。

为了保证履带式起重机安全工作，在使用上应注意以下要求：在安装时需保证起重吊心与臂架顶部定滑轮之间有一定的最小安全距离，一般取 2.5～3.5m。起重机工作时的地面允许最大坡角不应超过 3°，臂杆的最大仰角不得超过生产厂家规定，若无资料可查，不得超过 78°起重机一般不宜同时进行起重和旋转操作，也不宜边起重边改变臂架幅度。起重机如必须负载行驶，荷载不得超过允许起重量的 70%，且道路应坚实平整，施工场地应满足履带对地面的压强要求，当空车停止时为 80～100kPa，空车行驶时为 100～190kPa，起重时为 170～300kPa。若起重机在松软土壤上面工作，宜采用枕木或钢板焊成的路基箱垫好道路，以加快施工速度。起重机负载行走时重物应在起重机行走的正前方，重物离地不得超过50cm，并拴好拉绳。

履带式起重机在正常条件下工作，机身可以保持稳定。当起重机进行超载吊装或接长臂杆时，为了保证起重机在吊装过程中不发生倾覆事故，应对起重机进行整机稳定性验算。

2. 汽车式起重机

汽车式起重机是把机身和起重机构安装在普通或特制汽车底盘上的全回转起重机，起重机构所用动力由汽车发动机供给，行驶的驾驶室与起重操纵室分开设置（图 5-6），该机特点是转移迅速，对路面的损伤小，但吊重时需使用支腿，因而不能负载行驶，也不适合在松软或泥泞的地面上工作。汽车式起重机适用于构件运输、装卸作业和结构吊装作业。

我国生产的常用汽车式起重机有：QY 系

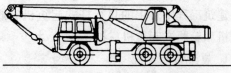

图 5-6　QY-16 型汽车式起重机

列、Q_2 系列等。国产的 QY-32 型汽车式起重机，臂长达 32m，最大起重量为 32t，起重臂分四节，外面的一节固定，里面三节可以伸缩，液压操纵，可用于一般工业厂房的结构安装。目前，国产汽车式起重机的最大起重量已达 65t。引进的大型汽车式起重机有日本的 NK 系列起重机，如 NK-800 型起重量可达 80t，能满足重型构件的吊装需要。

3. 轮胎式起重机

轮胎式起重机的构造与履带式起重机基本相似，但其行走装置采用轮胎。起重机构及机身装在特制的底盘上，能全回转。随着起重量的大小不同，底盘下装有若干根轮轴，配备有 4～10 个或更多个轮胎，并有可伸缩的支腿，如图 5-7 所示。起重时，利用支腿增加机身的稳定性，并保护轮胎。必要时，支腿下可加垫块，以扩大支撑面。

轮胎式起重机的特点与汽车式起重机相同，均用于一般工业厂房结构吊装。

图 5-7 QL3-16 型轮胎式起重机

三、塔式起重机

塔式起重机是一种塔身直立，起重臂安在塔身顶部且可作 360°回转的起重机。它具有较高的起重高度、工作幅度和起重能力，工作速度快、生产效率高，且机械运转安全可靠，使用和装拆方便等优点。目前，塔式起重机起重量可达 40t 左右，起重高度可达 70～80m。

因此，它广泛地应用于多层及高层民用建筑和多层工业厂房结构吊装施工。塔式起重机可按行走机构、变幅方式、回转机构位置及爬升方式的不同分成若干类型。

（一）轨道式塔式起重机

轨道式塔式起重机是应用最为广泛的一种起重机。它的特点是：能负荷行走，同时完成水平运输和垂直运输，且能在直线和曲线轨道上运行，使用安全，生产效率高，起重高度可按需要增减塔身互换节架。但因需要铺设轨道，装拆及转移耗费工时多，故台班费较高。

常用型号有 QT1-2、QT1-6、QT60/80 及 QT20 型等。

1. QT1-2 型塔式起重机

QT1-2 型塔式起重机由塔身、起重臂、底盘组成，回转机构位于塔身下部。该机塔身与起重臂可折叠，能整体运输 ［图 5-8 （a）］。起重量 1～2t，起重力矩 160kN·m。适用于 5 层以下民用建筑，其性能见表 5-1。

表 5-1 QT1-2 型塔式起重机起重性能

幅度（m）	起重量（t）	起重高度（m）	幅度（m）	起重量（t）	起重高度（m）
8	2	28.3	14	1.14	22.5
10	1.6	26.9	16	1	17.2
12	1.33	25.2			

2. QT1-6 型塔式起重机

QT1-6 型塔式起重机为上回转动臂变幅塔式起重机。由底盘、塔身、起重臂、塔顶及平衡重组成。因底部的轮廓尺寸较小，可附着在建筑物上，故应用较广。该机起重量为 2～6t，起重半径 8～20m，最大起重高度 40m，起重力矩 40kN·m。适用于构件较轻的多层框架或 8～10 层民用房屋的结构安装［图 5-8（b）］。

3. QT60/80 型塔式起重机

QT60/80 型塔式起重机是上回转动臂变幅式起重机。起重量 10t，起重力矩 600～800kN·m，起升高度可达 70m 左右，适用于 12 层以下的高层住宅建筑施工及多层房屋结构安装［图 5-8（c）］。

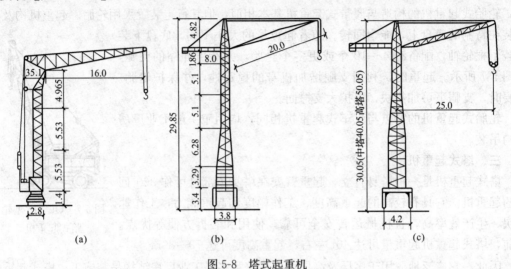

图 5-8　塔式起重机

(a) QT1-2 型；(b) QT1-6 型；(c) QT60/80 型

（二）爬升式塔式起重机

爬升式塔式起重机是安装在建筑物内部电梯井或特设开间的结构上，借助爬升机构随建筑物的升高而向上爬升的起重机械。一般每隔一到两层楼便爬升一次。其特点是塔身短，不需轨道和附着装置，不占施工场地，但全部荷载均由建筑物承受，拆卸时无需增加辅助起重设备。该机适用于施工现场狭窄的高层建筑工程（图 5-9）。

爬升式塔式起重机由底座、套架、塔身、塔顶、起重臂和平衡臂等组成。

塔式起重机的爬升过程如图 5-10 所示，先用起重钩将套架提升到上一个塔位处予以固定［图 5-10（b）］，松开塔身底座梁与建筑物骨架的联结螺栓，收回支腿，将塔身提至需要位置［图 5-10（c）］；最后旋出支腿，扭紧联结螺栓，即可再次进行安装作业［图 5-10（a）］。

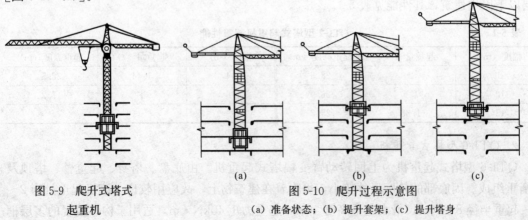

图 5-9　爬升式塔式
　　　　起重机

图 5-10　爬升过程示意图

(a) 准备状态；(b) 提升套架；(c) 提升塔身

（三）附着式塔式起重机

附着式塔式起重机是固定在建筑物近旁混凝土基础上的起重机械，它可借助顶升系统将塔身自行向上接高，从而满足施工进度的要求。为了减小塔身的计算长度，应每隔20m左右将塔身与建筑物用锚固装置相连（图5-11）。该塔式起重机多用于高层建筑施工。附着式塔式起重机还可安在建筑物内部作为爬升式塔式起重机使用，也可作轨道式塔式起重机使用。QT4-10型附着式塔式起重机起重量5～10t，起重半径3～30m，起重高度160m，最大起重力矩1600kN·m，每次接高2.5m。

QT4-10型附着式塔式起重机的自升系统包括顶升套架、长行程液压千斤顶、承座、顶升横梁及定位销等。液压千斤顶的缸体安装在塔顶底端的承座上。其顶升过程可分为五个步骤，如图5-12所示。

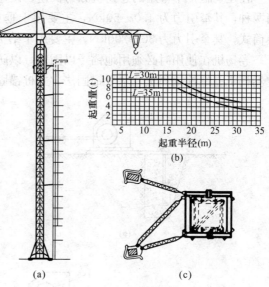

图 5-11 附着式塔式起重机

（1）将标准节吊到摆渡小车上，并将过渡节与塔身标准节相联结的螺栓松开，准备顶升，见图5-12（a）。

（2）开动液压千斤顶，将塔式起重机上部结构包括顶升套架，向上升到超过一个标准节的高度，然后用定位销将套架固定。这时，塔式起重机的重量便通过定位销传递到塔身，见图5-12（b）。

（3）将液压千斤顶回缩，形成引进空间，此时便将装有标准节的摆渡小车推入，见图5-12（c）。

（4）用千斤顶顶起接高的标准节，退出摆渡小车，将待接的标准节平稳地落到下面的塔身上，用螺栓拧紧，见图5-12（d）。

（5）拔出定位销，下降过渡节，使之与它接高的塔身联成整体，见图5-12（e）。

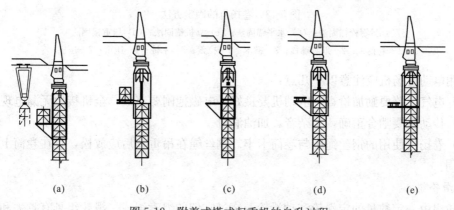

图 5-12 附着式塔式起重机的自升过程
(a) 准备状态；(b) 顶升塔顶；(c) 推入标准节；
(d) 安装标准节；(e) 塔顶与塔身联成整体

第二节 索 具 设 备

结构吊装工程施工中除了起重机外，还要使用许多辅助工具及设备。如卷扬机、钢丝绳、滑轮组、横吊梁等。

1. 卷扬机

在建筑施工中常用的卷扬机分为快速、慢速两种。快速卷扬机（JJK型）又有单筒和双筒两种，其牵引力为 4.0~50kN，主要用于垂直、水平运输和打桩作业；慢速卷扬机多为单筒式，其牵引力为 30~200kN，主要用于结构吊装、钢筋冷拉和预应力钢筋张拉作业。

卷扬机在使用时必须用地锚予以固定，以防止工作时产生滑移或倾覆。根据受力大小固定卷扬机有螺栓锚固法、水平锚固法、立桩锚固法和压重锚固法四种（图 5-13）。

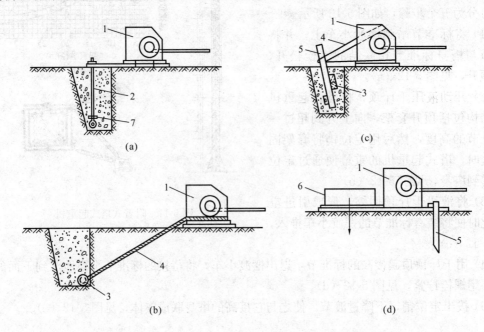

图 5-13　卷扬机的固定方法

(a) 螺栓锚固法；(b) 水平锚固法；(c) 立桩锚固法；(d) 压重锚固法

1—卷扬机；2—地脚螺栓；3—横木；4—拉索；5—木桩；6—压重；7—压板

使用电动卷扬机应注意以下几点：

（1）电气线路要勤加检查，电动机要良好，电磁抱闸要有效，全机接地无漏电现象。

（2）传动机要啮合正确，无杂音，加油润滑。

（3）卷扬机使用的钢丝绳应与卷筒卡牢。钢丝绳在吊重物后应放松，且在卷筒上最少应保留四周。

2. 滑轮组

滑轮组由一定数量的定滑轮和动滑轮及绕过它们的绳索组成。滑轮组具有省力和改变力的方向的功能，是起重机械的重要组成部分。滑轮组共同负担构件重量的绳索根数称为工作线数。

3. 钢丝绳

结构吊装中常用的钢丝绳是先由若干根钢丝捻成股，再由若干股围绕绳芯捻成绳，其规格有 6×19 和 6×37 两种（6 股，每股分别由 19、37 根钢丝捻成）。前者钢丝粗，较硬，不易弯曲，多用作缆风绳。后者钢丝细，较柔软，多用作起重吊索。

4. 横吊梁

横吊梁又称铁扁担，常用于柱和屋架等构件的吊装。用横吊梁吊柱能使柱身保持垂直，便于安装；用横吊梁吊屋架可以降低起吊高度及减少吊索的水平分力对屋架的压力。

横吊梁有滑轮横吊梁、钢板横吊梁和钢管横吊梁三种。

滑轮横吊梁由吊环、滑轮和轮轴等部分组成（图 5-14），一般用于吊装 8t 以内的柱。钢板横吊梁由 3 号钢板制成（图 5-15），一般用于 10t 以下柱的吊装。

钢管横吊梁的钢管长 6～12m（图 5-16），一般用于吊屋架。

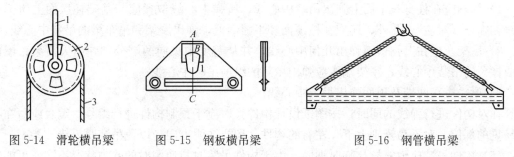

图 5-14　滑轮横吊梁　　　图 5-15　钢板横吊梁　　　图 5-16　钢管横吊梁

第三节　单层厂房的构件安装

一、结构安装前的准备工作

结构安装工程是装配式结构施工中的主导工程。为了开展有节奏的文明施工和提高企业的管理水平，保证能顺利地完成施工进度和优质吊装质量，就必须做好和重视结构吊装前的准备工作。结构吊装准备工作包括两大内容：一是室内技术准备工作（如熟悉图纸、图纸会审、计算工程量、编制施工组织设计、绘制工序图表等）；二是室外现场准备工作（如现场环境、临时道路、基础检查、构件准备、水电安全等）。现将现场准备工作简述如下：

（1）清理场地和修筑道路。起重机进场之前，按照现场施工平面图中标出的起重机开行路线位置，进行场地清理，平整压实和修筑临时道路，并做好排水措施。

（2）构件外观和强度检查。构件吊装前应检查构件的外形尺寸、埋件位置、吊环规格、表面平整度、表面孔洞、蜂窝麻面、露筋和裂缝等是否符合规范要求，以及混凝土强度是否达到 75％以上的设计强度等级。

（3）柱基础杯口弹线与杯底抄平。首先应在基础杯口面上弹出纵、横定位轴线，作为柱对位、校正的依据；其次为了保证柱牛腿标高准确，在吊装前要对杯底标高调整。调整前先测出杯底原有标高（小柱测中间一点，大柱测四个角点），再量测柱脚底面至牛腿面的实际长度，算出杯底标高调整值，并在杯底标出。然后用水泥砂浆或细石混凝土将杯底垫平至标志处（因在浇筑杯底混凝土时要较设计标高低 50mm，以作调整之用）。杯形基础准备工作完成后，应将杯口盖好，以防污物落入杯底；近基础的土面最好低于杯口，以免泥土及地面水流入杯内。

(4) 构件运输与堆放。构件运输时的混凝土强度应达到不低于设计强度等级的 75%; 装卸时的吊点位置要符合设计的规定要求,运输过程中要防止构件倾倒、碰撞而导致损坏。构件就位前应将堆放场地平整压实,并采取有效的排水措施;构件就位时应按设计的受力情况搁置在垫木或支架上;重叠的构件之间应垫上垫木,上下层垫木应垫在同一垂直线上;较薄的构件如薄腹梁、屋架等应两边撑牢;各堆构件之间应留有不小于 20mm 的间距,以免构件相互碰坏。叠放构件堆垛高度,应根据构件混凝土强度、地面耐压力、垫木的强度和堆垛的稳定性而定。一般梁可叠堆 2~3 层,屋面板 6~8 层。构件的吊环要向上,标志向外。还要考虑构件吊装顺序和施工进度要求,构件要按编号进行堆放。

(5) 构件弹线与编号。构件在吊装前应在表面弹出吊装中心线,作为构件对位、校正时的依据,对形状复杂的构件,还要标出它的重心及绑扎点位置。具体要求如下:

1) 柱。应在柱身三个面上弹出吊装中心线。所弹中心线位置应与基础杯口面上所弹中心线相吻合(对应)。此外,还应在柱顶面和牛腿面上,弹出屋架和吊车梁的吊装中心线。

2) 屋架。应在上弦顶面弹出几何中心线,并从跨度中央向两端分别弹出天窗架、屋面板或檩条的吊装中心线,屋架端头应弹出屋架的纵横吊装中心线。

3) 梁。应在两端及顶面弹出吊装中心线。

在对构件进行弹线的同时,按图纸设计构件号对应于预制构件进行编号,编号应写在明显易见的部位。对不易辨别上下、左右的构件,还要注明方向,以免吊装时搞错。

(6) 构件吊装应力复核与临时加固。由于构件吊装时与使用时的受力状况不同,可能导致构件吊装损坏。因此,在吊装前必须进行构件应力验算,并采取适当的临时加固措施。

(7) 水电与安全准备。构件吊装就位后,主要是通过电焊实现最后固定,必须事先落实电源的容量和考虑电焊机放置的位置。结构吊装高空和立体交叉作业多,要重视施工安全,必须对操作平台及脚手架等进行认真检查和加固,以确保吊装安全。

二、构件安装工艺

预制构件吊装过程,一般包括绑扎、起吊、就位、临时固定、校正和最后固定等工序。

1. 柱的吊装

(1) 柱的绑扎。柱身绑扎点和绑扎位置,要保证柱身在吊装过程中受力合理,不发生变形或裂断。一般中、小型柱绑扎一点;重型柱或配筋少而细长的柱绑扎两点甚至两点以上,以减少柱的吊装弯矩。必要时,需经吊装应力和裂缝控制计算后确定。一点绑扎时,绑扎位置在牛腿下面。

按柱吊起后柱身是否能保持垂直状态,分为斜吊法和直吊法,相应的绑扎方法有斜吊绑扎法 (图 5-17) 和直吊绑扎法 (图 5-18)。斜吊绑扎法用于柱的宽面抗弯能力满足吊装要求时,此法无需将预制柱翻身,但因起吊后柱身与杯底不垂直,对线就位较难;直吊绑扎法适用于柱宽面抗弯能力不足,必须将预制柱翻身后狭面向上,刚度增大,再绑扎起吊,此法因吊索需跨过柱顶,故需要较长的起重杆。

(2) 柱的起吊。柱的起吊方法,按柱在吊升过程中柱身运动的特点分为旋转法和滑行法;按采用起重机的数量,有单机起吊和双机抬吊两种方法。单机起吊的工艺如下:

1) 旋转法。起重机边起钩、边旋转,使柱身绕柱脚旋转而逐渐吊起的方法称为旋转法。其要点是保持柱脚位置不动,并使柱的吊点、柱脚中心和杯口中心三点共弧。其特点是柱吊升中所受振动较小，但对起重机的机动性要求高。一般采用自行式起重机（图 5-19）。

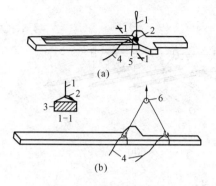

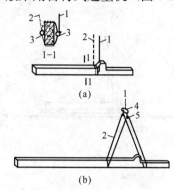

图 5-17　斜吊绑扎法

（a）一点绑扎；（b）两点绑扎

1—吊索；2—椭圆销卡环；3—柱子；4—棕绳；

5—铅丝；6—滑车

图 5-18　直吊绑扎法

（a）一点绑扎；（b）两点绑扎

1—第一支吊索；2—第二支吊索；3—活络卡环；

4—铁扁担；5—滑车

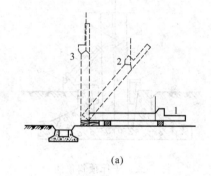

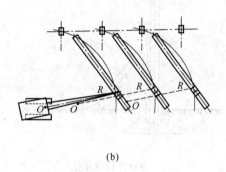

图 5-19　旋转法吊柱

（a）旋转过程；（b）平面布置

1—柱子平卧时；2—起吊中途；3—直立

2）滑行法。起吊时起重机不旋转，只起升吊钩，使柱脚在吊钩上升过程中沿地面逐渐向前滑行，直至柱身直立的方法称为滑行法。其要点是柱的吊点要布置在杯口旁，并与杯口中心两点共圆弧。其特点是起重机只需转动吊杆，即可将柱子吊装就位，较安全，但滑行过程中柱子受震动。故只在场地受限时才采用此法（图 5-20）。

（3）柱的对位和临时固定。柱脚插入杯口后，使柱的安装中心线对准杯口的安装中心线，然后将柱四周八只楔子打紧加以临时固定。吊装重型、细长柱时，除采用以上措施进行临时固定外，必要时增设缆风绳拉锚。

（4）柱的校正与最后固定。柱的校正包括平面定位轴线、标高和垂直度的校正。柱平面定位轴线在临时固定前，进行对位时已校正好。标高则在柱吊装前由调整基础杯底的标高，予以控制在施工验收规范允许的范围以内。而垂直度的校正可用经纬仪的观测和钢管校正器或螺旋千斤顶（柱较重时）进行校正，见图 5-21、图 5-22。

校正完毕即在柱底部四周与基础杯口的空隙之间，浇筑细石混凝土，捣固密实，使柱的底脚完全嵌固在基础内作为最后固定。浇筑工作分两次进行，第一次浇至楔块底面，待混凝土强度达到 25% 的设计强度后，拔去楔块再第二次灌注混凝土至杯口顶面。

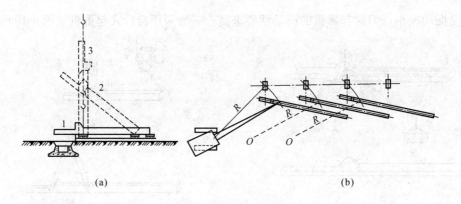

图 5-20 滑行法吊柱

(a) 滑行过程；(b) 平面布置

1—柱子平卧时；2—起吊中途；3—直立

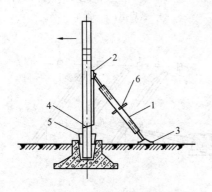

图 5-21 钢管撑杆校正法

1—钢管校正器；2—头部摩擦板；3—底板；

4—钢丝绳；5—楔块；6—转动手柄

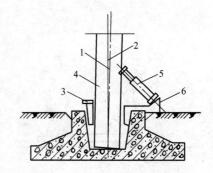

图 5-22 千斤顶斜顶法

1—柱中线；2—铅垂线；3—楔块；

4—柱；5—千斤顶；6—铁簸箕

2. 吊车梁的吊装

待柱子与杯口第二次浇筑的混凝土强度达到 75% 的设计强度等级后，即可进行吊车梁的吊装。

(1) 绑扎、吊升、对位与临时固定。吊车梁吊起后应基本保持水平。因此，采用两点绑扎，其绑扎点应对称地设在梁的两端，吊钩应对准梁的重心（图 5-23）。在梁的两端应绑扎溜绳，以控制梁的左右转动，避免悬空时碰撞柱子。

吊车梁对位时应缓慢降钩，使吊车梁端与柱牛腿面的横轴线对准。在吊车梁安装过程中，应用经纬仪或线锤校正柱子的垂直度，若产生了竖向偏移，应将吊车梁吊起重新进行对位，以消除柱的竖向偏移。

吊车梁本身的稳定性较好，一般对位后，无需采取临时固定措施，起重机即可松钩移走。当梁高与底宽之比大于 4 时，可用 8 号铁丝将梁捆在柱上，以防倾倒。

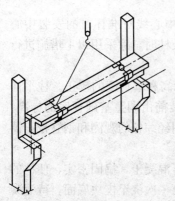

图 5-23 吊车梁的吊装

(2) 校正与最后固定。吊车梁吊装后，需校正标高、平面位置和垂直度。吊车梁的标高在进行杯形基础杯底抄平时，已对牛腿面至柱脚的高度作过测量和调整，因此误差不会太大，如存在少许误差，也可待安装轨道时，在吊车梁面上抹一层砂浆找平层加以调整。吊车梁的平面位置和垂直度可在屋盖吊装前校正，也可在屋盖吊装后校正。但较重的吊车梁，由于摘钩后校正困难，则可边吊边校。平面位置的校正，主要是检查吊车梁的纵轴线以及两列吊车梁之间的跨距是否符合要求。施工规范规定吊车梁吊装中心线对定位轴线的偏差不得大于 5mm。在屋盖吊装前校正时，跨距不得有正偏差，以防屋盖吊装后柱顶向外偏移，使跨距的偏差过大。

检查吊车梁吊装中心线偏差的常用方法有以下两种：

1) 通线法。根据柱的定位轴线，在车间两端地面定出吊车梁定位轴线的位置，打下木桩，并设置经纬仪。用经纬仪将车间两端的四根吊车梁位置校正准确，并检查两列吊车梁之间的跨

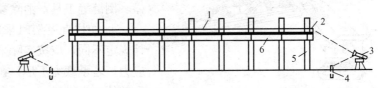

图 5-24　通线法校正吊车梁示意图

1—通线；2—支架；3—经纬仪；4—木桩；5—柱；6—吊车梁

距是否符合要求。然后在四根已校正的吊车梁端部设置支架（或垫块），约高 200mm，并根据吊车梁的定位轴线拉钢丝通线。最后根据通线来逐根拨正（用撬棍）吊车梁的吊装中心线（图 5-24）。

2) 平移轴线法。在柱列边设置经纬仪，逐根将杯口上柱的吊装中心线投影到吊车梁顶面处的柱身上，并作出标志。若柱安装中心线到定位轴线的距离为 a，则标志距吊车梁定位轴线应为 $\lambda - a$（λ 为柱定位轴线到吊车梁定位轴线之间的距离，一般 $\lambda = 750mm$）。可据此来逐根拨正吊车梁的吊装中心线，并检查两列吊车梁之间的跨距是否符合要求。

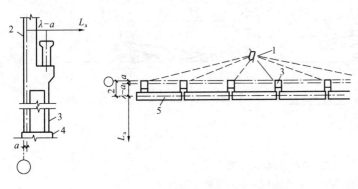

图 5-25　平移轴线法校正吊车梁

1—经纬仪；2—标志；3—柱；4—柱基础；5—吊车梁

在检查及拨正吊车梁中心线的同时，可用靠尺线垂球检查吊车梁的垂直度。若发现有偏差，可在吊车梁两端的支座面上加斜垫铁纠正，每端叠加垫铁不得超过三块。

吊车梁校正之后，立即按设计图纸用电焊作最后固定，并在吊车梁与柱的空隙处，浇筑细石混凝土（图 5-25）。

3. 屋架的吊装

中小型单层工业厂房屋架的跨度为 12～24m，重量为 30～100kN。钢筋混凝土屋架一般在施工现场平卧叠浇预制，在屋架吊装前，先要将屋架扶直（或称翻身、起扳），然后将屋架吊运到预定地点就位（排放）。

(1) 扶直与就位。钢筋混凝土屋架的侧向刚度较差，扶直时由于自重影响，改变了杆件的受力性质，特别是上弦杆极易扭曲，造成屋架损伤。因此，在屋架扶直时必须采取一定措施，严格遵守操作要求，才能保证安全施工。

　　1) 屋架扶直时，应注意的问题有以下几点：

　　a. 扶直屋架时，起重机的吊钩应对准屋架中心。吊索应左右对称，吊索与水平面的夹角不小于 45°。为使各吊索受力均匀，吊索可用滑轮串通。在屋架接近扶直时，吊钩应对准下弦中点，防止屋架摆动。

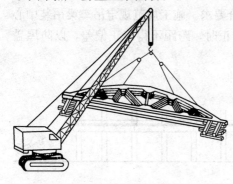

图 5-26　屋架的正向扶直

　　b. 当屋架数榀在一起叠浇时，为防止屋架在扶直过程中突然下滑造成损伤，应在屋架两端搭设枕木垛，其高度与被扶直屋架的底面齐平（图 5-26）。

　　c. 叠浇的屋架之间若黏结严重时，应采用凿、撬棒、倒链等工具，消除黏结后再扶直。

　　d. 如扶直屋架时采用的绑扎点或绑扎方法与设计规定不同，应按实际采用的绑扎方法验算屋架扶直应力。若承载力不足，在浇筑屋架时应补加钢筋或采取其他加强措施。

　　2) 屋架扶直方法。屋架扶直时，由于起重机与屋架的相对位置不同，可分为正向扶直和反向扶直。

　　a. 正向扶直。起重机位于屋架下弦一边，首先以吊钩对准屋架中心，收紧吊钩。然后略起臂使屋架脱模。接着起重机升钩并起臂，使屋架以下弦为轴，缓缓转为直立状态［图5-27 (a)］。

　　b. 反向扶直。起重机位于屋架上弦一边，首先以吊钩对准屋架中心，收紧吊钩。接着起重机升钩并降臂，使屋架以下弦为轴缓缓转为直立状态［图 5-27 (b)］。

　　正向扶直与反向扶直最主要的不同点，是在扶直过程中，一为升臂，一为降臂。升臂比降臂易于操作且较安全，故应尽可能采用正向扶直。

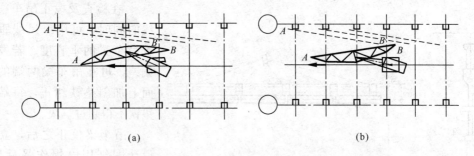

图 5-27　屋架的扶直
(a) 正向扶直；(b) 反向扶直（虚线表示屋架就位的位置）

　　屋架扶直后，立即进行就位。屋架就位的位置与屋架安装方法、起重机械性能有关。其原则是应少占场地，便于吊装，且应考虑到屋架的安装顺序，两端朝向等问题。一般靠柱边斜放或以 3～5 榀为一组，平行柱边就位。

　　屋架就位后，应用 8 号铁丝、支撑等与已安装的柱或已就位的屋架相互拉牢撑紧，以保持稳定。

　　(2) 绑扎。屋架的绑扎点应选在上弦节点处或附近 500mm 区域内，左右对称，并高于屋架重心，使屋架起吊后基本保持水平，不晃动，不倾翻。在屋架两端应加绳，以控制屋架转动。屋架吊点的数目及位置，与屋架的型式和跨度有关，一般由设计确定。绑扎时吊索与水平线的夹角不宜小于 45°，以免屋架承受过大的横向压力。当夹角小于 45°时，为了减少屋架的起吊高度及所受的横向力，可采用横吊梁。横吊梁的选用应经过计算确定，以确保施工安全。一般来说，屋架跨度小于或等于 18m 时绑扎两点；当跨度大于 18m 时需绑扎 4 点；当跨度大于 30m 时，应考虑采用横吊梁，以减小绑扎高度。对三角组合屋架等刚性较差屋架，下弦不能承受压力，故绑扎时也应采用横吊梁（图 5-28）。

（3）吊升、对位和临时固定。屋架吊升是先将屋架吊离地面约 300mm，并将屋架转运至吊装位置下方，然后再起钩，将屋架提升超过柱顶约 300mm。最后利用屋架端头的溜绳，将屋架调整对准柱头，并缓缓降至柱头，用撬棍配合进行对位。

屋架对位应以建筑物的定位轴线为准。因此，在屋架吊装前，应当用经纬仪或其他工具，在柱顶放出建筑物的定位轴线。如柱顶截面中线与定位轴线偏差过大时，可逐间调整纠正。

屋架对位后，立即进行临时固定。临时固定稳妥后，起重机才可摘钩离去。

第一榀屋架的临时固定必须十分可靠，因为这时它只是单片结构，而且第二榀屋架的临时固定，还要以第一榀屋架作支撑。第一榀屋架的临时固定方法，通常是用 4 根缆风绳，从两边将屋架拉牢，也可将屋架与抗风柱连接作为临时固定。第二榀屋架的临时固定，是用工具式支撑撑牢在第一榀屋架上（图 5-29）。以后各榀屋架的临时固定，也都是用工具式支撑撑牢在前一榀屋架上。

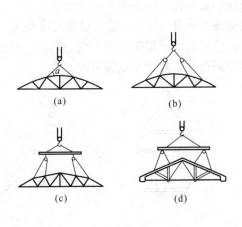

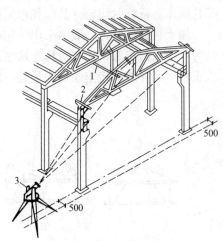

图 5-28 屋架的绑扎
（a）屋架跨度小于或等于 18m 时；（b）屋架跨度大于 18m 时；
（c）屋架跨度大于 30m 时；（d）三角组合屋架

图 5-29 屋架的临时固定与校正
1—工具式支撑；2—卡尺；3—经纬仪

工具式支撑（图 5-30）用 φ50 钢管制成，两端各装有两只撑脚，其上有可调节松紧的螺栓，供使用时调紧螺栓，即可将屋架可靠地固定。撑脚上的这对螺栓，既可夹紧屋架上弦杆件，又可使屋架平移位置，故也是校正机具。每榀屋架至少要用两个工具式支撑，才能使屋架撑稳。当屋架经校正，最后固定并安装了若干块大型面板以后，将支撑放下。

（4）校正与最后固定。屋架的竖向偏差可用垂球或经纬仪检查。

用经纬仪检查竖向偏差的方法，是在屋架上安装三个卡尺，一个安装在上弦中点附近，

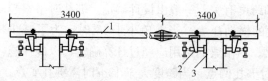

图 5-30 工具式支撑的构造
1—钢管；2—撑脚；3—屋架上弦

另两个分别安装在屋架的两端，自屋架几何中线向外量出一定距离（一般可取 500mm），在卡尺上作出标志。然后在距屋架中线同样距离（500mm）处设置经纬仪，观测三个卡尺上的标志是否在同一垂面上。用经纬仪检查屋架竖向偏差，虽然减少了高空作业，但经纬仪设置比较麻烦，所以工地上仍广泛采用垂球检查屋架竖向偏差。

用垂球检查屋架竖向偏差法，与上述经纬仪检查法的步骤基本相同，但标志至屋架几何中线的距离可短些（一般可取 300mm），在两端头卡尺的标志间连一通线，自屋架顶卡尺的标志处向下挂垂线球，检查三个卡尺标志是否在同一垂面上。若发现卡尺上的标志不在同一垂面上，即表示屋架存在竖向偏差，可通过转动工具式支撑撑脚上的螺栓加以调整，并在屋架两端的柱顶垫入斜垫铁校正。

屋架校至垂直后，立即用电焊固定。焊接时，先焊接屋架两端成对角线的两侧边，再焊另外两边，避免两端同侧焊接影响屋架的垂直度。

4. 天窗架与屋面板的吊装

天窗架可与屋架组合拼装后，整体绑扎吊装或单独吊装。前者高空作业少，但对起重机要求较高，后者为常用方式，吊装时需待天窗架两侧屋面板安装后进行，并用工具式夹具或绑扎圆木进行临时固定。其绑扎可采用两点或四点绑扎（图 5-31）。

屋面板的吊装，一般多采用一钩多块迭吊或平吊法（图 5-32），以提高起重机效率。吊装时，应由两边檐口左右对称逐块吊向屋脊，这样有利于屋架稳定，受力均匀。屋面板就位校正后，应立即焊接牢固，除最后一块只能焊两点外，每块屋面板可焊三点。

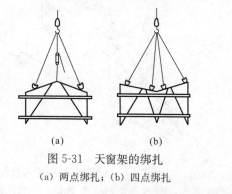

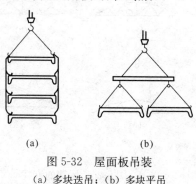

图 5-31 天窗架的绑扎
(a) 两点绑扎；(b) 四点绑扎

图 5-32 屋面板吊装
(a) 多块迭吊；(b) 多块平吊

第四节 结构吊装方案

单层工业厂房结构吊装方案的主要内容是：起重机的选择，结构吊装方法，起重机开行路线及停机点的确定、构件平面布置等。

一、起重机的选择

起重机的选择直接影响到构件吊装方法、起重机开行路线与停机点位置、构件平面布置等问题，故在吊装工程中占有重要地位。首先应根据厂房跨度、构件重量、吊装高度、施工现场条件及施工单位机械设备供应等情况确定起重机的类型。对一般中小厂房，由于平面尺寸不大，构件重量轻，起重高度较小，可选用自行杆式起重机；对于大跨度重型工业厂房，则可选用自行杆式起重机、牵缆式起重机、重型塔式起重机等。

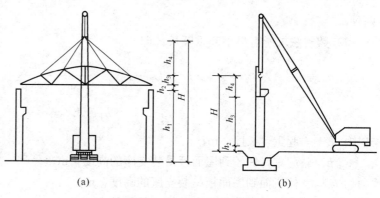

图 5-33 起重机参数选择

确定起重机的类型以后，应根据构件尺寸、重量及安装高度确定起重机的型号。所选定的起重机的三个工作参数（图 5-33）：起重量 Q、起重高度 H 和起重半径 R 均应满足结构吊装的要求。

1. 起重量

起重机的起重量必须满足下式要求

$$Q \geqslant Q_1 + Q_2 \tag{5-1}$$

式中 Q——起重机的起重量，t；

$\quad Q_1$——构件质量，t；

$\quad Q_2$——索具质量，t。

2. 起重高度

起重机的起重高度必须满足所吊构件的高度要求（图 5-33），即

$$H \geqslant h_1 + h_2 + h_3 + h_4 \tag{5-2}$$

式中 H——起重机的高度，m，从停机面至吊钩的垂直距离；

$\quad h_1$——安装支座表面高度，m，从停机面算起；

$\quad h_2$——安装间隙，不小于 0.3m；

$\quad h_3$——绑扎点至构件底面的距离，m；

$\quad h_4$——索具高度，自绑扎点至吊钩中心的距离，根据具体情况而定，一般不小于 1m。

3. 起重半径

起重机起重半径的确定可按以下三种情况考虑：

（1）当起重机可以不受限制地开到构件吊装位置附近吊装时，对起重半径没有要求，在计算起重量及起重高度后，便可查阅起重机起重性能表或性能曲线来选择起重机型号及起重臂长度，并可查得在此起重量和起重高度下相应的起重半径，作为确定起重机开行路线及停机位置时的参考。

（2）当起重机不能直接开到构件吊装位置附近去吊装构件时，需根据起重量、起重高度和起重半径三个参数，查起重机起重性能表或曲线来选择起重机型号及起重臂长。

（3）当起重机的起重臂需要跨过已安装好的结构去吊装构件时（如跨过屋架或天窗架吊屋面板），为了避免起重臂与已安装结构相碰，或当所吊构件宽度较大，为使构件不碰起重臂，均需要求出起重机吊该构件的最小臂长及相应起重半径。其方法有数解法和图解法

两种。

1) 数解法求所需最小起重臂长，即

$$L \geqslant L_1 + L_2 = \frac{h}{\sin \alpha} + \frac{f+g}{\cos \alpha} \qquad (5\text{-}3)$$

$$h = h_1 - E \qquad (5\text{-}4)$$

式中　L——起重臂长度，m；

　　　h——起重臂底铰到屋面板吊装支座的高度，m；

　　　h_1——停机面到屋面板吊装支座的高度，m；

　　　f——起重钩需跨过已安装好构件的距离，m；

　　　g——起重臂轴线与已安装好结构间的水平距离，至少取 1m；

　　　α——起重臂的仰角；

　　　E——起重臂铰到停机面的距离，m。

为求得最小起重臂长，可对式（5-3）进行微分，并令 $\mathrm{d}L/\mathrm{d}\alpha = 0$，即

$$\frac{\mathrm{d}L}{\mathrm{d}\alpha} = \frac{-h\cos \alpha}{\sin^2 \alpha} + \frac{(f+g)\sin \alpha}{\cos^2 \alpha} \qquad (5\text{-}5)$$

得
$$\alpha = \arctan\sqrt[3]{\frac{h}{f+g}} \qquad (5\text{-}6)$$

将 α 值代入式（5-3），即可求得所需起重臂的最小长度。据此，可选适当的起重臂长，然后由实际采用的 L 及 α 值，计算起重半径 R，即

$$R = F + L\cos \alpha \qquad (5\text{-}7)$$

根据 R 和 L，查起重机性能表或性能曲线，复核起重机起重量及起重高度，即可根据 R 值确定起重机吊装屋面板时的停机位置（图 5-34）。

2) 图解法。

a. 按一定比例（不小于 1∶200）绘出厂房一个节间的纵剖面图，并画出起重机吊装屋面板吊钩位置处的垂线 Y-Y（图 5-35），画出平行于停机面的水平线 H-H，该线距停机面的距离为 E（E 为起重臂下铰点到停机面的距离）。

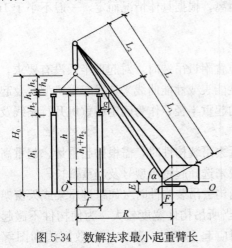

图 5-34　数解法求最小起重臂长

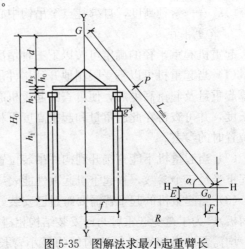

图 5-35　图解法求最小起重臂长

b. 自屋架顶面向起重机方向作水平距离 $g=1\mathrm{m}$，定出 P 点。

c. 在垂线 Y-Y 上定出起重臂上定滑轮中心点 G（G 点到停机面的距离为 H_0），根据 $H_0 \geqslant h_1+h_2+h_3+h_0+d$（$d$ 为吊钩中心到起重臂顶端滑轮中心的最小高度，一般可取 2.5m）。

d. 连接 GP，并延长使之与 H-H 线相交于 G_0，即为起重臂底铰中心，GG_0 则为起重机的最小臂长 $L_{\min}$，α 角为吊装时起重臂的仰角。起重臂的水平投影加上起重底铰到起重机回转中心的距离 F，即为起重半径 R。

二、结构吊装方法

单层工业厂房的结构吊装方法，有分件吊装法和综合吊装法两种。

1. 分件吊装法

分件吊装法是起重机每开行一次，仅吊装一种或两种构件。通常起重机分三次开行，吊完单层工业厂房的全部构件。

第一次开行，吊装完全部柱，并对柱进行校正和最后固定；

第二次开行，吊装全部吊车梁、连系梁及柱间支撑等；

第三次开行，按节间吊装屋架、天窗架、屋面板及屋面支撑等。

分件吊装的优点是：每次吊装同类型构件，索具不需经常更换，且操作程序相同，吊装速度快，构件分批进场，供应单一，吊装现场平面布置较简单，构件校正、固定工作有充足的时间。其缺点是起重机开行路线长，不能为后续工序及早提供工作面。

2. 综合吊装法

综合吊装法是起重机在车间内一次开行中，分节间吊装完所有各种类型构件，即先吊装 4~6 根柱子，立即校正固定后，随即吊装吊车梁、连系梁、屋面板等构件，待吊装完一个节间的全部构件后，起重机再移至下一节间进行吊装。

综合吊装的优点是：起重机开行路线较短，停机点位置较少，可使后续工序提早进行，使各工种进行交叉平行流水作业，有利于加快工程进度。其缺点是：要同时吊装各种类型构件，不能充分发挥起重机的工作效率，且构件供应紧张，平面布置复杂，校正困难。故此法目前很少采用。只有在某些结构（如门式结构）必须采用综合吊装时，或当采用移动比较困难的桅杆式起重机械进行吊装时，才采用综合吊装。

三、起重机的开行路线及停机位置

起重机的开行路线与停机位置和起重机的性能、构件尺寸及重量、构件平面位置、构件的供应方式、吊装方法等有关。

（1）吊装柱时，根据厂房跨度、柱的尺寸及重量、起重机性能等情况，可沿跨中开行或跨边开行（图 5-36）。

1）若柱布置在跨内，起重机在跨内开行，每个停机位置可吊 1~4 根柱。

当起重半径 $R \geqslant \dfrac{L}{2}$ 时，起重机沿跨中开行，每个停机位置可吊装两根柱 [图 5-36（a）]；

当起重半径 $R \geqslant \sqrt{\left(\dfrac{L}{2}\right)^2+\left(\dfrac{b}{2}\right)^2}$ 时，可吊装四根柱 [图 5-36（b）]；

当起重半径 $R \leqslant \dfrac{L}{2}$ 时，起重机沿跨边开行，每个停机位置吊装一根柱 [图 5-36（c）]；

当 $R \geqslant \sqrt{a^2+\left(\dfrac{b}{2}\right)^2}$ 时，起重机沿跨边开行，每个停机位置可吊装两根柱 [图 5-36

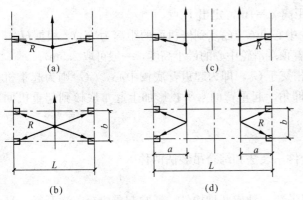

图 5-36　起重机吊装柱时的开行路线及停机位置

(d)]。

式中　R——起重机的起重半径，m；

　　　　L——厂房跨度，m；

　　　　b——柱的间距，m；

　　　　a——起重机开行路线到跨边的距离，m。

2）若柱布置在跨外，起重机沿跨外开行，停机位置与沿跨内靠边开行相似。

（2）屋架扶直就位及屋盖系统吊装时，起重机在跨内开行。

图 5-37 所示为一单跨车间采用分件吊装法时，起重机的开行路线及停机位置图。起重机从Ⓐ轴线进场，沿跨外开行吊装 A 列柱，再沿Ⓑ轴线跨内开行吊装 B 列柱，然后再转到Ⓐ轴线一侧扶直屋架及将其就位，再转到Ⓑ轴线吊装 B 列连系梁、吊车梁等，随后再转到Ⓐ轴线吊装 A 列连系梁、吊车梁等构件，最后再转到跨中吊装屋盖系统。

当单层工业厂房面积大或具有多跨结构时，为加快工作进度，可将建筑划分为若干施工段，选用多台起重机同时进行施工。每台起重机可以独立作业，并负责完成一个区段的全部吊装工作，也可选用不同性能起重机协同作业，分别吊装柱和屋盖结构，组织大流水施工。

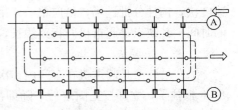

图 5-37　起重机开行路线及停机位置

当建筑物为多跨并列且具有纵横跨时，可先吊装各纵向跨，以保证起重机在各纵向跨吊装时，运输道路畅通。若有高低跨，则应先吊高跨，后吊低跨并向两边逐步开展吊装作业。

四、构件平面布置与吊装前构件的就位、堆放

1. 构件平面布置

构件平面布置与吊装方法、起重机性能、构件制作方法等有关，故应在确定起重机型号和结构吊装方案后结合施工现场实际情况来确定。

构件平面布置应注意以下问题：

（1）各跨构件宜布置在本跨内，如有困难可考虑布置在跨外且便于吊装的地方；

（2）构件布置方式应满足吊装工艺要求，尽可能布置在起重机的起重半径内，以减少起重机负荷行走的距离及起重臂起伏的次数；

（3）构件的布置应便于支模和浇筑混凝土，对重型构件应优先考虑，若为预应力构件尚应考虑抽管、穿筋的操作场所；

（4）各种构件的布置应力求占地最小，保证起重机、运输车辆运行道路畅通。当起重机回转时不致与建筑物或构件相碰；

（5）构件的布置应注意安装时的朝向，避免空中调头，影响施工进度和安全；

（6）构件均应布置在坚实的地基上，在新填土上布置构件时，必须采取措施（如夯实、垫通长木板等）防止地基下沉，以免影响构件质量。

构件的平面布置可分为预制阶段的平面布置和吊装阶段的平面布置两种。

单层工业厂房需要在现场预制的构件主要是柱和屋架，吊车梁有时也在现场制作。其他构件则在构件厂或预制场外制作，运到现场就位吊装。

（1）柱的布置。柱的布置按吊装方法不同，有斜向布置和纵向布置两种。

1）柱的斜向布置。若以旋转法起吊，按三点共弧布置（图5-38），其步骤如下：

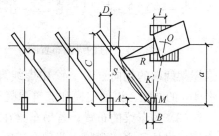

a. 确定起重机开行路线至柱基中心的距离 a。a 的最大值不超过起重机吊装该柱时的最大起重半径 R，也不能小于起重机的最小起重半径 R，以免起重机太靠近基坑而失稳。此外，应注意起重机回转时，其尾部不与周围构件或建筑物相碰。综合考虑上述条件，即可画出起重机的开行路线。

图5-38 柱斜向布置方式（一）

b. 确定起重机的停机位置。以柱基中心 M 为圆心，吊装该柱的起重半径 R 为半径画弧。与起重机开行路线相交于 O 点，O 点即为吊装该柱的起重机停机位置。以停机位置 O 为圆心，OM 为半径画弧，在靠近柱基的弧上选点 K 作为柱脚中心位置，再以 K 为圆心，以柱脚到吊点的距离为半径画弧，与 OM 为半径所画弧相交于 S，连接 KS 得柱的中心线。并画出预制位置图。标出柱顶、柱脚与柱到纵横轴线的距离（A、B、C、D），作为支模依据。

布置柱时尚应注意牛腿朝向，当柱布置在跨内，牛腿应朝向起重机；当柱布置在跨外，牛腿则应背向起重机。

由于受场地或柱尺寸的限制，有时难于做到三点共弧，则可按两点共弧布置，这里有两种布置方法：一种是将柱脚与柱基安装在起重半径 R 的圆弧上，而将吊点置于起重半径 R 之外（图5-39）。吊装时先用较大的起重半径 R' 起吊，并升起起重臂，当起重半径变为 R 后，停升起重臂，再按旋转法吊装柱。另一种是将吊点与柱基安排在起重半径 R 的同一圆弧上，而柱脚斜向任意方向（图5-40）。吊装时，柱可按旋转法吊装，也可用滑行法吊升。

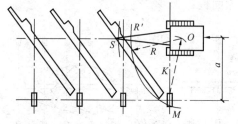

图5-39 柱斜向布置方式（二）
（柱脚、柱基两点共弧）

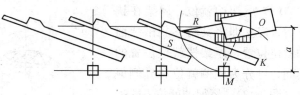

图5-40 柱斜向布置方式（三）（吊点、柱基两弧）

2）柱的纵向布置。当采用滑行法吊装柱时，可以纵向布置，预制柱与厂房纵轴线平行（图5-41）。若柱长小于12m，为节约模板及场地，两柱可以叠浇并排成两行。柱叠浇时应刷隔离剂以防黏结，浇筑上层柱混凝土时，需待下层柱混凝土强度达到 5.0N/mm^2 后方可进行。

（2）屋架的布置。屋架一般在跨内平卧叠浇预制，每叠3～4榀，其布置方式有三种：

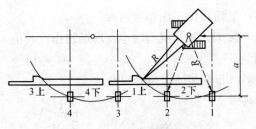

图 5-41 柱的纵向布置图

斜向布置、正反斜向布置和正反纵向布置（图 5-42）。由于斜向布置便于屋架扶直就位，故优先选用该布置方式。若场地受限，则可选用其他两种布置方式。

确定屋架的预制位置，还要考虑屋架的扶直、堆放要求及扶直的先后顺序，先扶直者应放在上层。屋架跨度大，转动不易，在布置时应注意屋架两端的朝向。图 5-42 中虚线表示预应力屋架抽管及穿筋所需场地，每两榀屋架间留有 1m 的空隙，以便支模和浇筑混凝土。

（3）吊车梁的布置。若吊车梁在现场预制，可靠近柱子基础顺着轴线或略作倾斜布置，也可插在柱子之间预制。若具有运输条件，可另行在场外集中预制。

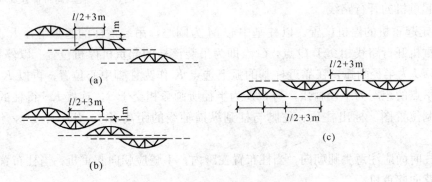

图 5-42 屋架预制时布置方式

（a）斜向布置；（b）正反斜向布置；（c）正反纵向布置

2. 吊装前构件的就位和堆放

为配合吊装工艺要求，各种构件在起吊前应按一定要求进行就位和堆放。由于柱在预制阶段已按吊装阶段的堆放要求进行布置，当柱的混凝土强度达到吊装要求后，先吊装柱，以便有更多的场地来堆放其他构件，如屋架、吊车梁、屋面板等。

（1）屋架的就位。屋架在扶直后，应立即将其转移到吊装前的就位位置，屋架按就位位置的不同，可分为同侧就位和异侧就位（图 5-43）。屋架的就位方式一般有两种：一种是斜向就位，另一种是成组纵向就位。

1）屋架的斜向就位。屋架的斜向就位（图 5-44），可按下述方法确定：

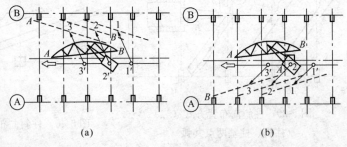

图 5-43 屋架就位示意图

（a）同侧就位；（b）异侧就位

吊装屋架时，起重机沿跨中开行并在图上画出起重机的开行路线。停机位置的确定是以欲吊装的某轴线与起重机开行路线的交点为圆心，以所选吊装屋架的起吊半径 R 为半径画弧，与开行路线相交于 Q_1、Q_2、Q_3、…，如图 5-44 所示。

屋架靠柱边就位，但距柱边净距不小于 200mm，并可利用柱作为屋架的临时支撑。这样可定出屋架就位的外边线 P-P；另外，起重机在吊装屋架和屋面板时，机身需要回转，若起重机尾部至回转中心的距离为 A，则在距离起重机开行路线 A+0.5m 的范围内不宜布置屋架及其他构

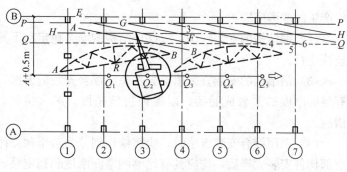

图 5-44　屋架斜向就位示意图

件，据此，可画出内边线 Q-Q，在 P-P 和 Q-Q 两线间即为屋架扶直就位的控制位置。而屋架就位宽度不一定需要这么大，可根据实际情况缩小。

在确定屋架范围后，画出 P-P、Q-Q 的中心线 H-H，屋架就位后，其中点均在 H-H 线上。

这里以吊②轴线屋架为例：以停机点 Q_2 为圆心，R 为半径画弧交 H-H 于 G 点，G 点即为②轴线屋架就位后的中点，再以 G 为圆心，以屋架跨度的 1/2 为半径，画弧交 P-P、Q-Q 两线于 E、F 两点，连接 E、F 即为②轴线屋架的就位位置。其他屋架的就位位置均平行于此屋架，相邻两屋架的中点间距为此两屋架轴线间的距离。只有①轴线屋架若已安装抗风柱，需退到②轴线屋架的附近就位。

2）屋架的纵向就位。屋架的纵向就位，一般以 4～5 榀为一组，靠柱边顺纵轴线排列。屋架与柱之间、屋架与屋架之间的净距均不小于 200mm，相互间用铁丝及支撑拉紧撑牢。每组屋架间应留 3m 左右的间距作为横向通道。每组屋架的就位中心线，应大致安排在该组屋架倒数第二榀的吊装轴线之后 2m 处，这样可避免在已吊装好的屋架下面绑扎吊装屋架及屋架起吊后不与已安装的屋架相碰。

（2）吊车梁、连系梁和屋面板的堆放。构件运到施工现场应在施工平面图规定的位置，按编号及构件吊装顺序进行就位或集中堆放。吊车梁、连系梁就位位置，一般在其安装位置的柱列附近，跨内跨外均可，有时也可直接从运输车辆上起吊。梁式构件叠放常为 2～3 层。屋面板的就位位置，可布置在跨内或跨外。根据起重机吊屋面板时所需要的起重半径，当屋面板跨内就位时，退 3～4 个节间沿柱边堆放，当跨外就位时，则应退 1～2 个节间靠柱边堆放。屋面板的叠放，为 6～8 层。

以上介绍的是单层厂房构件平面布置的一般原则和方法，但其平面布置，往往会受众多因素的影响。制定方案时，必须充分考虑现场实际，确定出切实可行的构件平面布置图。在实际工作中可将构件按比例用硬纸片剪成模型，然后在同样比例的平面图上试排，以加快构件的布置和制图工作。

第五节　钢 结 构 安 装

一、钢结构构件的安装

1. 安装一般规定

（1）钢结构构件安装前应对基础、预埋件进行复查，对构件进行复核验收，运输、堆放

中产生的变形应矫正。

（2）钢结构的安装顺序，应保证结构的安全稳定和不导致永久变形，并且能有条不紊地较快进行。

（3）钢结构的安装宜采用扩大拼装和综合安装的方法。拼装时应根据情况设置必要的具有足够刚度的平台或胎架，以保证拼装精度。扩大拼装时，对易变形的构件应采取加固措施。

（4）采用综合安装方法时，应将结构划分为若干独立体系或单元，每一体系（单元）的全部构件安装完毕后，均应具有足够的空间刚度和稳定性。

（5）对主要构件安装就位后，松开吊钩前，应作初步校正和临时固定，使其稳定并牢靠。

2. 安装工艺方法

（1）各层框架构件的安装，每完成一个层间柱后立即校正，并将支撑系统安上后，方可继续安装上一个层间，同时应考虑下一层间安装的偏差。

（2）柱子等校正时，应考虑风力、温差和日照的影响而出现的自然变形，采取措施加以消除。吊车梁和天车轨道的校正应在主要构件固定后进行。

（3）设计要求支撑面刨光顶紧的节点，相接触的两个平面必须保证有 70% 紧贴，用 0.3mm 的塞尺检查，插入深度的面积不得大于总面积的 30%，边缘最大间隙不得大于 0.8mm。

（4）各种构件的连接接头必须经过校正，检查合格后，方可紧固和焊接。

二、(多) 高层建筑施工

钢结构高层建筑体系有框架体系、框架剪力墙体系、框筒体系、组合筒体系、交错钢桁架体系等多种，应用较多的是前两种，主要由框架柱、主梁、次梁及剪力板等组成。钢结构用于高层建筑，具有强度高、结构轻、层高大、抗震性能好、布置灵活、节约空间、建造周期短、施工速度快等优点。但用钢量大，防火要求高，工程造价较高。

（一）钢结构吊装前的准备工作

高层钢结构安装皆用塔式起重机，要求塔式起重机的臂杆长度具有足够的覆盖面；要有足够的起重能力；钢丝绳要满足起吊高度要求；起吊速度要满足安装需要；多机作业时，臂杆要有足够的高差，且能不碰撞地安全运转。

吊装多采用综合吊装法，其吊装顺序一般是：平面内从中间的一个节间开始，以一个节间的柱网为一个吊装单元，先吊装柱，后吊装梁，然后往四周扩展，如图 5-45 所示，垂直方向自下而上，组成稳定结构后，分层次安装次要构件，一节间一节间的安装钢框架，一层楼一层楼的安装完成（图 5-46）。这样有利于消除安装误差的累积和焊接变形，使误差降低到最少。

（二）钢结构吊装与校正

1. 钢柱的吊装与校正

钢结构高层建筑的柱子，多为 3～4 层一节，节与节之间用坡口焊连接。在吊装第一节钢柱时，应在预埋的地脚螺栓上加设保护套，以免钢柱就位时碰坏地脚螺栓的丝牙。钢柱吊装前，应预先在地面上把操作挂篮、爬梯等固定在施工需要的柱子部位上。钢柱的吊点在吊耳处，根据钢柱的重量和起重机的起重量，钢柱的吊装可用双机抬吊或单机吊装，如图

5-47 所示。单机吊装时,需在柱根部垫以垫木,用旋转法起吊,防止柱根部拖地和碰撞地脚螺栓,损坏丝扣;双机抬吊时,多用递送法使钢柱在吊离地面后在空中进行回直。

钢柱就位后,立即对垂直度、轴线、牛腿面标高进行初校,安设临时螺栓,然后卸去吊索。钢柱上下接触面间间隙一般不得大于 1.5mm。如间隙在 1.6~6.0mm 之间,可用低碳钢的垫片垫实间隙。柱间间距偏差可用液压千斤顶与钢楔、倒链与钢丝绳、单柱缆风绳或群柱缆风绳进行校正,如图 5-48 所示。

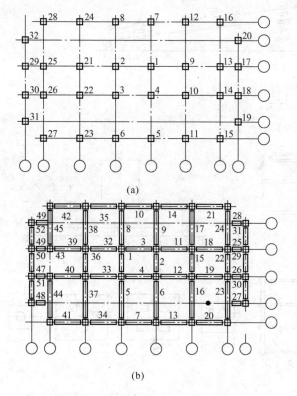

图 5-45　钢结构安装平面流水图
(a) 柱子安装顺序图;(b) 主梁安装顺序图

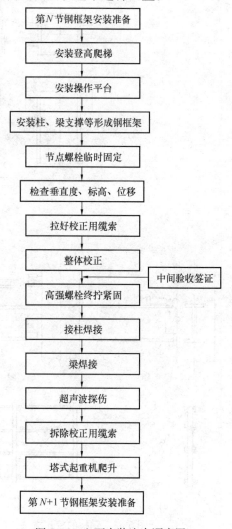

图 5-46　立面安装流水顺序图

在第一节框架安装、校正、螺栓紧固后,即应进行底层钢柱柱底灌浆,如图 5-49 所示。先在柱脚四周立模板,将基础上表面清除干净,清除积水,然后用高强度聚合砂浆从一侧自由灌入至密实,灌浆后用湿草袋或麻袋护盖养护。

2. 钢梁的吊装与校正

钢梁在吊装前,应于柱子牛腿处检查标高和柱子间距。主梁吊装前,应在梁上装好扶手杆和扶手绳,待主梁吊装就位后,将扶手绳与钢柱系牢,以保证施工人员的安全。

一般在钢梁上翼缘处开孔,作为吊点。吊点位置取决于钢梁的跨度。为加快吊装速度,对重量较小的次梁和其他小梁,多利用多头吊索一次吊装数根。

有时将梁、柱在地面组装成排架进行整体吊装,就是欲组装成 4~5 层的排架进行整体吊装,减少了高空作业,保证了质量,并加快了吊装进度。

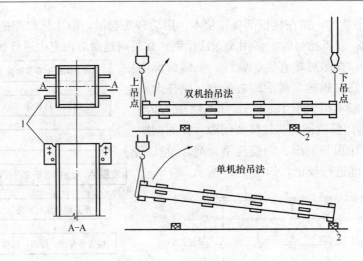

图 5-47　钢柱吊装
1—吊耳；2—垫木

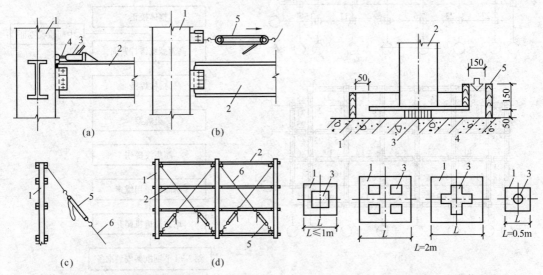

(a)　　　　　　　　(b)

(c)　　　　　　　　(d)

图 5-48　钢柱的校正方法

(a) 千斤顶与钢楔校正法；(b) 倒链与钢丝绳校正法；

(c) 单柱缆风绳校正法；(d) 群柱缆风绳校正法

1—钢柱；2—钢梁；3—10t液压千斤顶；4—钢楔；

5—2t倒链；6—钢丝绳

图 5-49　钢柱底脚二次灌浆方法

1—柱基；2—钢柱；3—无收缩水泥砂浆标高块；

4—12mm 钢板；5—模板

　　当一节钢框架吊装完毕，即需对已吊装的柱、梁进行误差检查和校正。对于控制柱网的基准线用线坠或激光仪观测，其他柱根据基准柱用钢卷尺量测，校正方法同单层工业厂房钢柱、梁的校正。

　　梁校正完毕，用高强螺栓临时固定，再进行柱校正，紧固连接高强螺栓，焊接柱节点和梁节点，进行超声波检验。

　　（三）构件之间的连接施工

　　钢柱之间常用坡口电焊连接。主梁与钢柱的连接，一般上下翼缘用坡口电焊连接，而腹板用高强螺栓连接。次梁与主梁的连接基本上是在腹板处用高强螺栓连接，少量再在上下翼缘处用坡口电焊连接，如图 5-50 所示。柱与梁的焊接顺序为：先焊接顶部柱、梁节点，再焊接底部柱、梁节点，最后焊接中间部分的柱、梁节点。

坡口电焊连接应先做好准备（包括焊条烘焙、坡口检查、设电弧引入、引出板和钢垫板，并点焊固定，清除焊接坡口、周边的防锈漆和杂物，焊接口预热）。柱与柱的对接焊接，采用二人同时对称焊接，柱与梁的焊接亦应在柱的两侧对称同时焊接，以减少焊接变形和残余应力。

对于厚板的坡口焊，打底层多用直径 4mm 焊条焊接，中间层可用 5mm 或 6mm 焊条，盖面层多用直径 5mm 焊条。三层应连续施焊，每一层焊完后应及时清理。盖面层焊缝搭坡口两边各 2mm，焊缝余高不超过对接焊体中较薄钢板厚的 1/10，但也不应大于 3.2mm。焊后，当气温低于 0℃时，用石棉布保温使焊缝缓慢冷却。

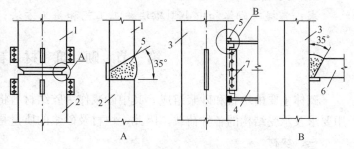

图 5-50 上柱与下柱、柱与梁连接构造示意图
1—上节钢柱；2—下节钢柱；3—柱；4—主梁；
5—焊缝；6—主梁翼板；7—高强螺栓

高强螺栓连接两个连接构件的紧固顺序是：先主要构件，后次要构件。工字形构件的紧固顺序是：上翼缘→下翼缘→腹板。同一节柱上各梁柱节点的紧固顺序是：柱上部的梁柱节点→柱下部的梁柱节点→柱中部梁柱节点。每一节点安设紧固高强螺栓的顺序是：摩擦面处理→检查安装连接板（对孔、扩孔）→临时螺栓连接→高强螺栓紧固→初拧→终拧。

为保证质量，对紧固高强螺栓的电动扳手要定期检查，对终拧用电动扳手紧固的高强螺栓，以螺栓尾部是否拧掉作为验收标准。对用测力扳手紧固的高强螺栓，仍用测力扳手检查其是否紧固到规定的终拧扭矩值。抽查率为每节点处高强螺栓量的 10%，但不少于 1 处，有问题应及时返工处理。

第六章 砌筑与脚手架工程

【学习要点】 熟悉脚手架的类型;掌握脚手架的构造;掌握脚手架的搭设要求;掌握砖砌体和中小型砌块施工工艺和施工方法;熟悉砌筑材料。

第一节 砌 筑 材 料

砌体主要由块材和砂浆组成,其中砂浆作为胶结材料将块材结合成整体,以满足正常使用要求及承受结构的各种荷载。因此,块材及砂浆的质量是影响砌体质量的首要因素。

一、块材

块材分为砖、石及砌块三大类。

1. 砖

砌筑用砖分为实心砖和空心砖两种。根据使用材料和制作方法的不同,实心砖又分为烧结普通砖、蒸压灰砂砖、粉煤灰砖和炉渣砖等。实心砖的规格为 240mm×115mm×53mm(长×宽×高)。空心砖的规格为 190mm×190mm×90mm、240mm×115mm×90mm、240mm×180mm×115mm 等几种。

烧结普通砖的强度等级有 MU30、MU25、MU20、MU15、MU10、MU7.5,空心砖的强度等级有 MU20、MU15、MU10、MU7.5。砖的强度等级由其抗压强度决定,相应的指标要求请参见有关资料。

施工中,当砖的品种变动时,应征得设计人员同意,并办理材料代用手续。

砖在砌筑前应提前 1~2 天浇水湿润,以使砂浆和砖能很好地黏结。严禁砌筑前临时浇水,以免因砖表面存有水膜而影响砌体质量。烧结普通砖和多孔砖的含水率宜为 10%~15%;灰砂砖和粉煤灰砖的含水率宜为 5%~8%。检查含水率的最简易方法是现场断砖,砖截面周围融水深度 15~20mm 视为符合要求。

2. 石

砌筑用石分为毛石、料石两类。毛石又分为乱毛石和平毛石。乱毛石指形状不规则的石块;平毛石指形状不规则但有两个平面大致平行的石块。毛石的中部厚度不应小于 150mm。料石按其加工面的平整程度分为细毛石、半细毛石、粗毛石和毛料石四种。

石材的强度等级划分为 MU100、MU80、MU60、MU50、MU40、MU30、MU20、MU15 和 MU10。

3. 砌块

砌块按用途分为承重砌块与非承重砌块(包括隔墙砌块和保温砌块);按有无孔洞分为实心砌块和空心砌块(包括单排孔砌块和多排孔砌块);按使用原材料分为普通混凝土砌块、粉煤灰砌块、煤矸石混凝土砌块、加气混凝土砌块、浮石混凝土砌块、超轻陶粒混凝土空心砌块、炉渣混凝土空心砌块和火山灰混凝土砌块等;按大小分为小型砌块和中型砌块。目前常用的小型砌块主规格为 190mm×190mm×390mm。中型砌块的规格有 880mm×190mm×

380mm、580mm×190mm×380mm 等。在使用时需辅助其他规格使用。

空心砌块可以有贯通的孔洞、半封顶及封顶的孔洞，后两种空心砌块便于铺设砂浆，半封顶的孔洞类型还有利于抓拿。当采用竖向配筋时，需要将封顶的薄板凿去。

砌块的强度等级有 MU20、MU15、MU10、MU7.5 和 MU5。

砌块生产单位供应砌块时，必须提供产品出厂合格证，写明砌块的强度等级和质量指标等。施工单位应按规定的质量标准及出厂合格证进行验收，必要时可在施工现场取样检验。

二、砂浆

砂浆是使单块砖按一定要求铺砌成砖砌体的必不可少的胶凝材料。砂浆既与砖产生一定的黏结强度，共同参与工作，使砌体受力均匀，又减少砌体的透气性，增加密实性。砂浆由水泥、砂、石灰膏、黏土等掺和而成。按组成材料的不同，砂浆分为：仅由水泥和砂掺和成的纯水泥砂浆；在水泥砂浆中掺入一定数量的石灰膏或黏土膏的水泥混合砂浆，即石灰、石膏、黏土砂浆。

1. 原材料要求

砌筑砂浆使用的水泥品种及强度等级，应根据砌体部位和所处环境来选择。水泥应保持干燥，如遇水泥强度等级不明或出厂日期超过三个月等情况，应经试验鉴定后方可使用。不同品种的水泥不得混合使用。

砂浆宜采用中砂并过筛，不得含有草根等杂物。强度等级等于或大于 M5 的水泥混合砂浆，砂的含泥量不应超过 5%；强度等级小于 M5 的水泥混合砂浆，砂的含泥量不应超过 10%。

用块状生石灰熟化成石灰膏时，其熟化时间不得少于 7 天。

为增强砂浆的和易性，可掺加适量微沫剂和塑化剂。

2. 砂浆强度

砌筑砂浆的强度等级是用边长 70.7mm 的立方体试块，经（20±5）℃及正常湿度条件下的室内不通风处，养护 28 天的平均抗压极限强度确定的。砂浆强度等级有 M15、M10、M7.5、M5 和 M2.5。

3. 砂浆的制备与使用

砂浆配料应采用质量比，配料要准确。水泥、微沫剂的配料精确度应控制在±2%以内；砂、石灰膏、黏土膏、电石膏、粉煤灰和生石灰粉的配料精确度，应控制在±5%以内。

砂浆应采用机械拌和，自投料完算起，水泥砂浆和水泥混合砂浆的拌和时间不得少于2min；水泥粉煤灰砂浆和掺用外加剂的砂浆不得少于 3min。砂浆的稠度控制在 70～90mm。砂浆应随拌随用。水泥砂浆和水泥混合砂浆必须在拌成后 3h 和 4h 内使用完毕；如施工期间最高气温超过 30℃时，必须在拌成后 2h 和 3h 使用完毕。

无砂浆搅拌机时，可采用人工拌和，应先将水泥与砂干拌均匀，再加入其他材料拌和。

第二节 砌 筑 施 工

一、毛石基础砌筑

砌筑用的毛石应质地坚硬，无风化现象和裂纹。尺寸在 200～400mm，中部厚度不宜小于 150mm。每块毛石重 20～30kg，小石块尺寸在 50～70mm，数量不得超过毛石数量的 20%。

毛石基础砌筑时，若地下水位较高，应采用水泥砂浆，若地下水位较低，考虑到可塑性的利用，宜采用混合砂浆。灰缝厚度一般为 20～30mm，砂浆应饱满，石块间较大空隙时，应填塞砂浆后再用碎石块嵌实，不得采用先摆碎石块后塞砂浆或干填碎石块的方法。砌筑基础前，必须用钢尺校核毛石基础的放线尺寸，偏差不应超过《砌体工程施工质量验收规范》(GB 50203—2002) 规定。

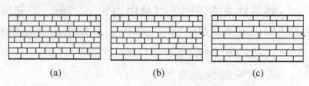

毛石基础应分皮卧砌，上下错缝，内外搭砌。上下皮毛石搭接不小于8cm，且不得有通缝。第一皮石块应坐浆砌筑，且大面向下。毛石基础台阶部分应搭接，上级阶梯石块至少应压砌下级阶梯的 1/2，每阶至少砌两皮毛石，见图 6-1。

图 6-1 毛石基础

每日砌筑的毛石基础高度不应超过 1.2m。基础交接处应留踏步，将石块错缝砌成台阶形，便于交错咬合。砌筑时将石块大、小搭配使用，以免将大石块都砌到一侧，而另一侧全用小块，造成不均匀现象。同时为了增强毛石墙体的整体性、稳定性，除了要做到内外搭接、上下错缝外，还应设置拉结石。拉结石是长方形石块，长度应等于墙厚。若墙厚过大，可用两块拉结石内外搭接，搭接长度不应小于 150mm，且其中一块长度不应小于墙厚的 2/3。

二、砖墙砌筑

一块砖有三个两两相等的面，最大的面称为大面；长的一面称为条面；短的一面叫丁面。砖砌入墙体后，条面朝向操作者的叫顺砖，丁面朝向操作者的叫丁砖。

1. 砖墙砌筑的组砌形式

普通砖墙厚度有半砖、一砖、一砖半和二砖等。用普通砖砌筑的砖墙，依其墙面组砌形式不同，有一顺一丁、三顺一丁、梅花丁、全顺式、全丁式等（图 6-2）。

（1）一顺一丁砌法。这是最常见的一种组砌形式，也称满丁满条组砌法。由一皮顺砖、一皮丁砖组砌而成，上下皮之间竖向灰缝相互错开 1/4 砖长。

（2）三顺一丁砌法。三顺一丁砌法是采用三皮顺砖间隔一皮丁砖的组砌方法。上下皮顺砖搭接半砖长，丁砖与顺砖搭接 1/4 砖长，同时，要求山墙与檐墙的丁砖层不在同一皮砖上，以利于错缝搭接。

(a)   (b)   (c)

图 6-2 砖墙砌体的组砌形式
(a) 一顺一丁式；(b) 三顺一丁式；(c) 梅花丁式

（3）梅花丁砌法。梅花丁又称沙包式，这种砌法是在同一皮砖上采用两块顺砖夹一块丁砖的砌法，上下两皮砖的竖向灰缝错开 1/4 砖长。

（4）全顺砌法。全部采用顺砖砌筑，每皮砖搭接 1/2 砖长，适用于半砖墙的砌筑。

（5）全丁砌法。全部采用丁砖砌筑，每皮砖上下搭接 1/4 砖长，适于圆形烟囱与窨井的砌筑。

（6）两平一侧砌法。当设计要求 180mm 或 300mm 厚砖墙时，可采用此砌法，即连砌两皮顺砖或丁砖，然后贴一层侧砖（条面朝下）。丁砖层上下皮搭接 1/4 砖长，顺砖层上下皮搭接 1/2 砖长。每砌两皮砖以后，将平砌砖和侧砖里外互换，即可组成两平一侧砌体。

2. 砖墙的砌筑工艺

（1）找平、弹线。砌筑前，在基础防潮层或楼面上先用水泥砂浆找平，然后在龙门板上以定位钉为标志，弹出墙的轴线、边线，定出门窗洞口位置（图6-3）。

（2）摆砖样。摆砖样也称摆底，是在弹好线的基面上按组砌方式先用砖试摆，以核对所弹出的墨线在门窗洞口、墙垛等处是否符合模数，以便借助灰缝调整，使砖的排列和砖缝宽度均匀合理。摆砖时，要求山墙摆成丁砖，檐墙摆成顺砖，又称"山丁檐跑"。

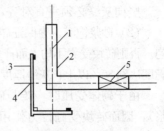

图6-3　墙身放线

1—墙轴线；2—墙边线；3—龙门板；4—墙轴线标志；5—门洞位置标志

摆砖结束后，用砂浆把干摆的砖砌好，砌筑时注意其平面位置不得移动。

（3）立皮数杆。在皮数杆上划有每皮砖和灰缝的厚度，以及门窗洞口、过梁、楼板等的标高，用来控制墙体竖向尺寸及各部件标高的木质标志杆。一般设在墙体转角处及纵横墙交接处。

（4）砌筑、勾缝。砌筑时，为了保证灰缝平直，要挂线砌筑。一般在砌一砖、一砖半墙可单面挂线，二砖墙以上则应双面挂线。

砌筑方法有：

1）"三·一"砌筑法。即一铲灰、一块砖、一挤揉。这种方法的优点是：灰缝易饱满，黏结力好，保证质量，墙面整洁。

2）挤浆法。用灰勺、大铲或铺灰器在墙顶面上铺一段砂浆，然后双手拿砖或单手拿砖，将砖挤入砂浆中一定深度；铺浆的长度不得超过750mm，施工期间气温超过30℃时，铺浆长度不得超过500mm。

勾缝是清水砖墙的最后一道工序，具有保护墙面和增加墙面美观的作用。内墙面可采用砌筑砂浆随砌随勾缝，称为原浆勾缝；外墙面应采用加浆勾缝，即在砌筑几皮砖以后，先在灰缝处划出1cm深的灰槽。待砌完整个墙体以后，再用细砂拌制1∶1.5水泥砂浆勾缝。勾缝完后，应清扫墙面。

（5）楼层轴线引测。为保证各层墙身轴线重合和施工的方便，在弹墙身线时，应根据龙门板上标注的轴线位置将轴线引测到房屋的外墙基上，两层以上各层墙的轴线，可用经纬仪或锤球引测到楼层上去，同时还须根据图上轴线尺寸用钢尺进行校核。

（6）各层标高的控制。各层标高除立皮数杆控制外，还可弹出室内水平线进行控制。底层砌到一定高度后，在各层的里墙角，用水准仪根据龙门板上的±0.000标高，引出统一标高的测量点（一般比室内地坪高出200～500mm），然后在墙角两点弹出水平线，依次控制底层过梁、圈梁和楼板板底标高。当第二层墙身砌到一定高度后，先从底层水平线用钢尺往上量第二层水平线的第一个标志，然后以此标志为准，用水准仪定出各墙面的水平线，以此控制第二层标高。

3. 砌筑的质量要求

砌体质量的好坏取决于组成砌体的原材料质量和砌筑方法，故砌筑应掌握正确的操作方法，应做到横平竖直、灰浆饱满、错缝搭砌、接槎可靠，以保证墙体有足够的强度与稳定性。

（1）横平竖直。砖砌体抗压性能好，而抗剪抗拉性能差。为使砌体均匀受压，不产生剪切水平推力，砌体灰缝应保证横平竖直。否则，在竖向荷载作用下，沿砂浆与砖块结合面会产生剪应力。当剪应力超过抗剪强度时，灰缝受剪破坏，随之对相邻砖块形成推力或挤压作用，致使砌体结构受力情况恶化。

竖向灰缝必须垂直对齐，对不齐而错位，称游丁走缝，影响墙体外观质量。

(2) 砂浆饱满。为保证砖块均匀受力和使块体紧密结合，要求水平灰缝砂浆饱满，厚薄均匀。否则砖块受力不均，而产生弯曲、剪切破坏作用。砂浆饱满程度以砂浆饱满度表示，要求饱满度达到 80% 以上；灰缝厚度应控制在 10mm 左右，不宜小于 8mm，也不宜大于 12mm。

由于砌体受压时，砖与砂浆产生横向变形，而二者变形能力不同（砖变形能力小于砂浆），因而砖块受到拉力作用，而过厚灰缝使此拉力加大，故不应随意加厚砂浆灰缝厚度。竖向灰缝砂浆应饱满，可避免透风漏水，改善保温性能。

(3) 错缝搭砌。为了提高砌体的整体性、稳定性和承载能力，砖块排列应遵守上下错缝、内外搭砌的原则，避免出现连续的垂直通缝。错缝或搭砌长度一般不小于 60mm，同时还应考虑砌筑方便、砍砖少的要求。各层承重墙的最上一皮砖应用丁砖砌筑，梁垫下面、挑檐腰线等也应用丁砖砌筑。

(4) 接槎可靠。砖墙转角处和交接处应同时砌筑。对不能同时砌筑而又必须留置的临时间断处，应砌成斜槎。斜槎水平投影长度不应小于高度的 2/3。操作斜槎简便，砂浆饱满度易于保证。对于留斜槎确有困难时，除转角外，也可留直槎，但必须做成阳槎并设拉结筋。拉结筋的数量为每 12cm 墙厚放置 1 根直径 6mm 的钢筋；间距沿墙高不得超过 50cm，埋入长度从墙的留槎处

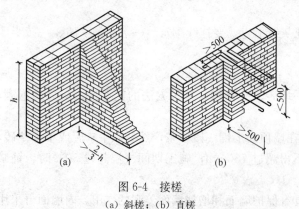

图 6-4　接槎
(a) 斜槎；(b) 直槎

算起，每边均不应小于 50cm，末端应有 90°弯钩（图 6-4）。

(5) 减少不均匀沉降。沉降不均匀将导致墙体开裂，对结构危害很大，砌筑施工中要严加注意。若房屋相邻部分高差较大时，应先建高层部分；分段施工时，砌体相邻施工段的高差，不得超过一层楼，也不得大于 4m；柱或墙上严禁施加大的集中荷载，如架设起重机；为减少灰缝变形而导致砌体沉降，一般每日砌筑高度不宜超过 1.8m，雨天施工，不宜超过 1.2m。

第三节　砌块建筑的墙体构造

砌块建筑与黏土砖建筑有类似的结构构造，但是也有它自己的特点。实践证明，砌块的错缝搭接、内外墙交错搭接、钢筋网片的铺设、设置圈梁等措施，对砌块建筑的整体刚度有较大的影响。不仅设计部门应对此重视，施工人员也应在施工中保证结构构造的施工质量，以保证砌块建筑的整体刚度。

一、砌块的错缝搭接

良好的错缝和搭接是保证砌块建筑整体性的重要措施。

1. 砌体上下皮错缝搭接

每层按多皮分法的砌块建筑，在墙面中砌块排列的搭接长度需要予以保证，上下皮要有

一定的错缝长度，一般应为砌块长度的 1/2，最少不能小于砌块高度的 1/3。如果不能满足搭接长度，可采用两根长度为 600mm、直径为 4mm 的钢筋和三根 $\phi4$ 的短钢筋点焊成的钢筋网片搭接补强。

2. 纵横墙交错搭接

墙角处及纵横墙交接处均需相互搭接，以保证相互拉结牢固，如图 6-5、图 6-6 所示。纵横墙如不能采用刚性砌合时，它们之间的柔性拉结条可采用 $\phi6$ 以下的钢筋制成的点焊网片补强，每两皮砌块拉一道，如图 6-7 所示。

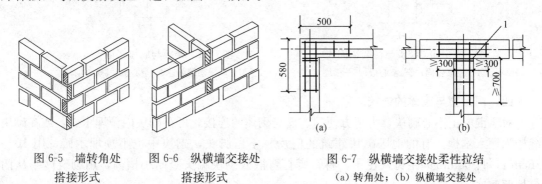

图 6-5 墙转角处   图 6-6 纵横墙交接处   图 6-7 纵横墙交接处柔性拉结
      搭接形式   搭接形式   （a）转角处；（b）纵横墙交接处

对于空心砌块的砌筑，应注意使其孔洞在转角处和纵横墙交界处上下对准贯通，在竖孔内灌注混凝土成为构造小柱（图 6-8），也可在竖孔内插入 $\phi8\sim\phi12$ 的钢筋，增强建筑物整体刚度，有利于抗震。

二、圈梁的设置

在砌块建筑中，由于砌块比较大，砂浆灰缝应力集中，抗剪和抗拉强度比砖砌体低，裂缝出现更集中于灰缝内，其宽度比砖砌体大。因此，在设计中，对地基不均匀沉降或钢筋混凝土平屋面在温度影响下的变形要予以重视。设置圈梁可以克服由于地基不均匀沉降和温度变形所导致的墙体裂缝，同时也加强了整体刚度，有利于抗震。

除钢筋混凝土圈梁整体现浇外，亦可采用预制圈梁伸出钢筋现浇整体接头的方法（图6-9）以提高装配化施工程度。

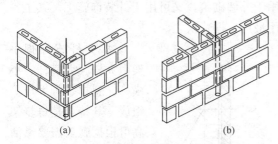

图 6-8 空心砌块纵横墙交接处的处理
（a）转角处；（b）纵横墙交接处

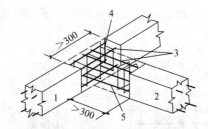

图 6-9 预制圈梁现浇整体接头
1—纵墙预制圈梁；2—横墙预制圈梁；3—伸出钢筋；
4—绑扎时附加钢箍；5—C20 细石混凝土现浇接头

三、加强楼板与砌体的锚固

为了加强楼板和墙体的结合，当楼板搁置在横墙上时，可用直径不小于 6mm 的钢筋配置在预制楼板的板缝中，搁置在横墙上，用强度等级不低于 5MPa 的水泥砂浆灌注密实，使楼板与横墙锚固（图 6-10）。为了加强与纵墙的锚固，可采用图 6-11 所示的构造。

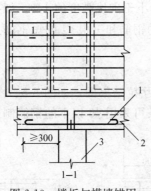

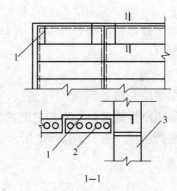

图 6-10 楼板与横墙锚固
1—钢筋锚固；2—空心板；3—横墙

图 6-11 楼板与纵墙锚固
1—与纵墙锚固钢筋；2—空心板；3—外墙

四、门、窗与砌体的连接

对于混凝土空心砌块，为了方便门、窗与砌体的连接，可在砌块内预埋木砖，或在砌块缝槽内镶入木榫，有的地区砌块建筑的门窗樘不留脚头，砌块中也不预埋木砖，用 10～16cm 钉每 300mm 间距钉入樘子，将钉脚打弯嵌入砌块端头竖向小槽内，用砌筑砂浆从门窗樘两侧嵌入。

第四节 脚手架施工

砌筑用脚手架是砌筑过程中堆放材料和工人进行操作的临时性设施。按其搭设位置分为外脚手架和里脚手架两大类；按其所用材料分为木脚手架、竹脚手架与金属脚手架；按其构造形式分为多立杆式、框式、桥式、吊式、挂式、升降式以及用于楼层间操作的工具式脚手架等。对脚手架的基本要求是：其宽度应满足工人操作、材料堆置和运输的需要，坚固稳定，装拆简便，能多次周转使用。脚手架的宽度一般为 1.2～1.5m；砌筑用脚手架的每步架高度一般为 1.2～1.4m，外脚手架考虑砌筑、装饰两用，其步架高一般为 1.6～1.8m。

一、外脚手架

外脚手架沿建筑物外围从地面搭起，既可用于外墙砌筑，又可用于外装饰施工。其主要形式有多立杆式、框式、桥式等。多立杆式应用最广，框式次之。

多立杆式外脚手架由立杆、大横杆、小横杆、斜撑、脚手板等组成。其特点是每步架高可根据施工需要灵活布置，取材方便，钢、竹、木等均可应用（图6-12）。

多立杆式钢管外脚手架有扣件式和碗扣式两种。钢管扣件式多立

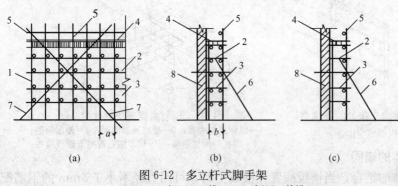

图 6-12 多立杆式脚手架
(a) 立面；(b) 侧面（双排）；(c) 侧面（单排）
1—立柱；2—大横杆；3—小横杆；4—脚手板；5—栏杆；
6—抛撑；7—斜撑；8—墙体

管脚手架由钢管（$\phi48\times3.5$）和扣件（图6-13）组成，接点采用扣件既牢固又便于装拆，可以重复周转使用，这种脚手架应用广泛。

钢管扣件式脚手架为空间结构，纵向刚度远远大于横向刚度。在构造上应加设斜撑或连墙杆，限制各个方向管件的变形。

脚手架立杆受轴压作用，失稳是脚手架的主要危险。立杆在轴压力作用下的弯曲，受到连接扣件的约束，其约束能力取决于大、小横杆的线刚度，约束情况介于"两端固定"与"两端铰支"之间，因此计算长度系数在0.5～1.0之间。

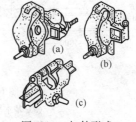

图6-13　扣件形式

（a）回转扣件；（b）直角扣件；

（c）对接扣件

钢管扣件式脚手架设计规定的施工均布荷载标准值：砌筑脚手架为$3.0kN/m^2$；装饰脚手架为$2.0kN/m^2$。由于脚手架搭设不如建筑结构那样严格，且使用荷载的变动性很大，因此需有足够的安全储备。

钢管扣件式脚手架设计中应注意以下事项：

（1）满足作业要求；

（2）不超过杆件承载能力的允许限度；

（3）立杆纵距a通常为1.4～2.0m，横距b为0.8～1.6m，视施工荷载而定；

（4）允许搭设高度应根据立杆纵距、立杆形式（单立杆或双立杆）、步架高度、铺设脚手板层数、作业层数及荷载偏心状况等确定。

钢管扣件式脚手架搭设中应注意地基平整坚实，设置底座和垫板，并有可靠的排水措施，防止积水浸泡地基。杆件应按设计方案进行搭设，并注意搭设顺序，扣件拧紧程度应适度（扭力矩控制在40～50kN·m为宜，最大不得超过60kN·m）。应随时校正杆件的垂直和水平偏差。

碗扣式钢管脚手架杆件接点处采用碗扣连接，由于碗扣是固定在钢管上的，因此其连接可靠，组成的脚手架整体性好，也不存在扣件丢失问题。

碗扣式接头由上下碗扣及横杆接头、限位销等组成，图6-14所示为碗扣接头示意图。

碗扣式接头可以同时连接四根横杆，横杆可相互垂直亦可组成其他角度，因而可以搭设各种形式，如曲线形的脚手架。碗扣式立杆纵距a为1.2～2.4m，可根据脚手架荷载选用，立杆横距b为1.2m。搭设时将上碗扣提起并对准限位销，然后横杆接头插入下碗扣，再放下上碗扣并旋转扣紧，并用小锤轻击，即完成接点的连接。

框式脚手架（图6-15）也称门式脚手架，是当今国际上应用最普遍的脚手架之一。它不仅可作为外脚手架，也可作为内脚手架或满堂脚手架。

框式脚手架由门式框架、剪刀撑、

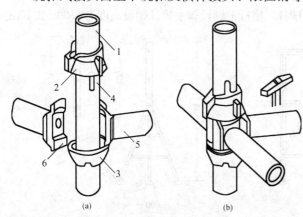

（a）　　　　　　　　（b）

图6-14　碗扣接头示意图

（a）连接前；（b）连接后

1—立杆；2—上碗扣；3—下碗扣；

4—限位销；5—横杆；6—撑杆接头

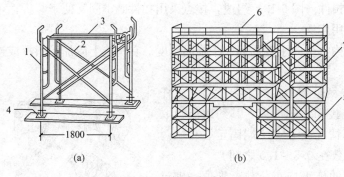

图 6-15 框式脚手架

(a) 基本单元；(b) 框式外脚手架

1—门式框架；2—剪刀撑；3—水平梁架；4—螺旋基脚；

5—梯子；6—栏杆；7—脚手板

水平梁架、螺旋基脚组成基本单元，将基本单元相互连接并增加梯子、栏杆及脚手板等即形成脚手架。

框式脚手架是由工厂生产、现场搭设的脚手架，一般只要根据产品目录所列的使用荷载和搭设规定进行施工，不必再进行验算。如实际使用情况与规定有出入，应采取相应加固措施或进行验算。通常框式脚手架搭设高度限制在 45m 以内，采取一定措施后可达到 80m 左右。施工荷载一般为：均布荷载 1.8kN/m² 或作用于脚手架板跨中的集中荷载 2kN。

框式脚手架的地基应有足够的承载力。地基必须夯实找平，并严格控制第一步门式框架顶面的标高（竖向误差不大于 5mm）。逐片校正门式框架的垂直度和水平度，确保整体刚度，门式框架之间必须设置剪刀撑和水平梁架（或脚手板）。

二、里脚手架

里脚手架搭设于建筑物内部，每砌完一层墙后，即将其转移到上一层楼面，进行新的一层墙体砌筑。里脚手架也可用于室内装饰施工。

里脚手架装拆较频繁，因而要求轻便灵活，装拆方便。通常将其做成工具式的，结构型式有折叠式、支柱式和门架式。

图 6-16 所示为角钢折叠式里脚手架，其架设间距，砌墙时不超过 2m，粉刷时不超过 2.5m。可以搭设两步脚手，第一步高约 1m，第二步高约 1.65m。

图 6-17 所示为套管式支柱，它是支柱式里脚手架的一种，将插管插入立管中，以销孔间距调节高度，在插管顶端的凹形支托内搁置方木横杆，横杆上铺设脚手板。架设高度为 1.50～2.10m。

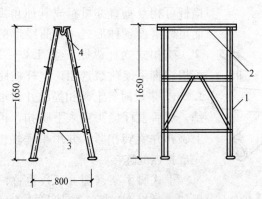

图 6-16 角钢折叠式里脚手架

1—立柱；2—横楞；3—挂钩；4—铰链

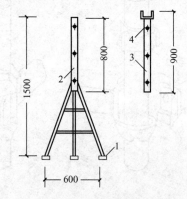

图 6-17 套管式支柱

1—支脚；2—立管；3—插管；4—销孔

门架式里脚手架由两片 A 形支架与门架组成（图 6-18），其架设高度为 1.5～2.4m，两片 A 形支架间距为 2.2～2.5m。

三、其他形式的脚手架

除上述几种以及里脚手架外，还有挑脚手架（图 6-19）、挂脚手架（图 6-20）、自升降脚手架（图 6-21）等，这些脚手架都具有施工方便的特点，它们又能有效地节省脚手架材料，因此应用日益广泛。

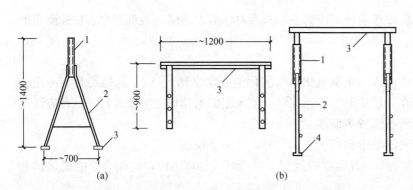

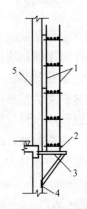

图 6-18　门架式里脚手架

（a）A 形支架与门架；（b）安装示意

1—立管；2—支脚；3—门架；4—垫板

图 6-19　挑脚手架

1—钢管脚手架；2—型钢横梁；

3—三角支撑架；4—预埋件；

5—钢筋混凝土柱（墙）

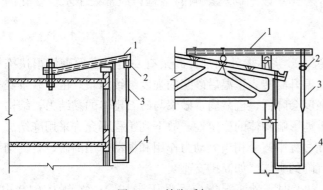

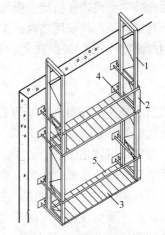

图 6-20　挂脚手架

1—挑梁；2—吊环；

3—吊索；4—吊篮

图 6-21　自升降脚手架

1—内套架；2—外套架；3—脚

手板；4—附墙装置；5—栏杆

第五节　砌体工程冬季施工

当室外日平均气温连续 5 天低于 5℃时，砌体工程的施工，应按照冬期施工技术规定施工。日最低温度低于－20℃时，砌体工程不宜施工。

冬期施工所用的材料，应符合下列要求：

（1）砖、石、砌体在砌筑前，应清除冰霜。

（2）砂浆宜用普通硅酸盐水泥拌制，因为这种水泥的早期强度发展较其他水泥快，有利于砌体在冻结前具有一定的强度。

（3）石灰膏、黏土膏和电石膏等应防止受冻。如遭冻结，应经融化后方可使用。

（4）拌制砂浆所用的砂，不得含有冰块和直径大于 100mm 的冻结块。

（5）拌和砂浆时，水的温度不得超过 80℃，以免遇水泥发生假凝现象；砂的温度不得超过 40℃。

砖石工程冬期施工中应以掺盐砂浆法为主，只有对保温、绝缘、装饰方面有特殊要求的工程，才可用冻结法施工。

一、掺盐砂浆法

掺盐砂浆法是在砂浆中掺入一定量氯化物（氯化钠或氯化钙），由于此盐类具有一定的抗冻早强作用，可使砂浆在一定负温下不致冻结，使水泥的水化作用继续进行。这种方法成本较低，使用方便，故在砖石工程冬期施工中应用广泛。

氯化钠的掺量为：当气温等于和高于 -10℃时，为用水量的 3%。$-15 \sim -11$℃时，为 5%，$-20 \sim -16$℃时，为 7%，当温度较低时（如低于 -20℃时），应用 7% 的氯化钠和 3% 的氯化钙。

如设计无要求，当日最低气温低于 -15℃时，对砌筑承重砌体的砂浆应按常温施工提高 1 级，以弥补砂浆冻结后其后期强度降低的影响。

掺盐砂浆使用时的温度不应低于 5℃。

掺盐砂浆会使砌体析盐、吸湿，并对钢筋有锈蚀作用，故这时应再加亚硝酸钠以阻锈。但对下列工程不容许采用掺盐砂浆：发电站、变电站等工程；装饰艺术要求较高的工程；房屋使用时湿度大于 60% 的工程；经常受 40℃ 以上高温影响的工程；经常处于水位变化的工程。

二、冻结法

冻结法是在室外用热砂浆进行砌筑，砂浆不掺外加剂，砂浆有一定强度后砌体很快冻结，融化后的砂浆强度接近于零，当气温升高转入正温后砂浆的强度继续增长。由于砂浆经冻结、融化、再硬化的三个阶段，其强度会降低，也减弱了砂浆与砖石砌体的黏结力，结构在砂浆融化阶段的变形也较大，会严重地影响砌体的稳定性。故下列工程不允许采用冻结法施工：毛石砌体或乱毛石砌体；在解冻过程中遭受相当大动力作用和振动作用的砖、石、砌块结构；空斗墙；在解冻期间不允许沉降的砌体（如筒拱支座）。

冻结施工，当室外温度为 -10℃ 以上时，砂浆温度应不低于 $+10$℃；气温为 $-20 \sim -10$℃ 时，砂浆温度应不低于 15℃；气温为 -20℃ 以下时，砂浆温度应不低于 20℃ 且强度提高 2 级；当气温为 -20℃ 以上时，砂浆强度提高 1 级。上述要求，用以弥补冻结对砌体的影响。

冻结法施工时应用三顺一丁法组砌，对于外墙转角和内外墙交接处灰缝必须饱满，并用一顺一丁法组砌。一般应连续砌完一个施工层高度，不得间断。每天砌筑高度和临时间断处的高差不得超过 1.2m。间断处砌体应留踏步槎，每八皮砖间距应设置 $\phi 6$ 的拉结钢筋。在施工期间和解冻期内必须对结构进行加固，以增强其稳定性。

第七章　防　水　工　程

【学习要点】　了解地下工程防水方案，掌握卷材防水层及水泥砂浆防水层的构造、性能和做法；掌握防水混凝土的配制及施工要点；了解建筑防水的分类和等级，防水材料的基本性能，能正确选择防水方案；掌握卷材防水屋面、涂膜防水屋面和刚性防水屋面的施工要点及质量标准。

第一节　地下结构防水工程

地下工程的防水方案，大致可分为以下三类。

1. 防水混凝土结构

利用提高混凝土结构本身的密实性和抗渗性来进行防水。它既是防水层，又是承重、围护结构，具有施工简便、成本较低、工期较短、防水可靠等优点，是解决地下工程防水的有效途径，因而应用广泛。

2. 附加防水层

即在地下结构物的表面另加防水层，使地下水与结构隔离，以达到防水的目的。常用的防水层有水泥砂浆，卷材、沥青胶结材料和金属防水层等。可根据不同的工程对象、防水要求及施工条件选用。

3. 防排结合防水

即"以防为主，防排结合"。通常利用盲沟、渗排水层等方法将地下水排走，以达到防水的目的。此法多用于重要的、面积较大的地下防水工程。

一、卷材防水层

地下卷材防水层是一种柔性防水层，是用沥青胶将几层卷材粘贴在地下结构基层的表面上而形成的多层防水层，它防水性较好，具有良好的韧性，能适应结构振动和微小变形，并能抵抗酸、碱、盐溶液的侵蚀，但卷材吸水率大，机械强度低，耐久性差，发生渗漏后难以修补。因此，卷材防水层只适用于形式简单的整体钢筋混凝土结构基层和以水泥砂浆、沥青砂浆或沥青混凝土为找平层的基层。

（一）卷材及胶结材料的选择

地下卷材防水层宜采用耐腐蚀的卷材和玛碲脂，如焦油沥青卷材、沥青玻璃布卷材、再生胶卷材等。耐酸玛碲脂应采用角闪石棉、辉绿岩粉、石英粉或其他耐酸的矿物粉为填充料；耐碱玛碲脂应采用滑石粉、温石棉、石灰石粉、白云石粉或其他耐碱的矿物粉为填充料。铺贴石油沥青卷材必须用石油沥青胶结材料，铺贴焦油沥青卷材必须用焦油沥青胶结材料。防水层所用沥青的软化点应较基层及防水层周围介质可能达到的最高温度高出 $20\sim25℃$，且不低于 $40℃$。

（二）卷材的铺贴方案

将卷材防水层铺贴在地下需防水结构的外表面时，称为外防水。此种施工方法，可以借助土压力压紧，并可与承重结构一起抵抗有压地下水的渗透和侵蚀作用，防水效果好。外防水的卷材防水层铺贴方式，按其与防水结构施工的先后顺序，可分为外防外贴法和外防内贴法两种。

1. 外防外贴法

外防外贴法是在垫层上铺贴好底板卷材防水层后，进行地下需防水结构的混凝土底板与墙体施工，待墙体侧模拆除后，再将卷材防水层直接铺贴在墙面上，然后砌筑保护墙（图7-1）。外防外贴法的施工顺序是先在混凝土底板垫层上做1：3的水泥砂浆找平层，待其干燥后，再铺贴底板卷材防水层，并在四周伸出与墙身卷材防水层搭接。保护墙分为两部分，下部为永久性保护墙，高度不小于 $B+200$ mm（B 为底板厚度），上部为临时保护墙，高度一般为 $450 \sim 600$ mm，用石灰砂浆砌筑，以便拆除。保护墙砌筑完毕后，再将伸出的卷材搭接接头临时贴在保护墙上，然后进行混凝土底板与墙身施工。墙体拆模后，在墙面上抹水泥砂浆找平层并刷冷底子油，再将临时保护墙拆除，找出各层卷材搭接接头，并将其表面清理干净。此处卷材应用错槎接缝（图7-2），依次逐层铺贴，最后砌筑永久性保护墙。

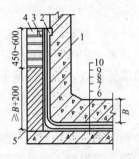

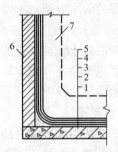

图 7-1 外防外贴法（单位：mm）

1—需防水结构墙体；2—永久性木条；3—临时性木条；4—临时性保护墙；5—永久性保护墙；6—垫层；7—找平层；8—卷材防水层；9—保护层；10—底板

图 7-2 防水错槎接缝

1—垫层；2—找平层；3—卷材防水层；4—保护层；5—底板；6—保护墙；7—需防水结构墙体

2. 外防内贴法

外防内贴法是在垫层四周先砌筑保护墙，然后将卷材防水层铺贴在垫层与保护墙上，最后再进行地下需防水结构的混凝土底板与墙体施工（图7-3）。

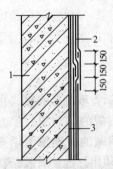

外防内贴法的施工顺序是先在混凝土底板垫层四周砌筑永久性保护墙，在垫层表面上及保护墙内表面上抹1：3水泥砂浆找平层，待其基本干燥并满涂冷底子油后，沿保护墙与底层铺贴防水卷材。铺贴完毕后，在立面上，应在涂刷防水层最后一层沥青胶时，趁热粘上干净的热砂或散麻丝，待冷却后，立即抹一层 $10 \sim 20$ mm 厚的1：3水泥砂浆保护层；在平面上铺设一层 $30 \sim 50$ mm 厚的1：3水泥砂浆或细石混凝土保护层，最后再进行需防水结构的混凝土底板和墙体施工。

图 7-3 外防内贴法
（单位：mm）

1—需防水结构；2—防水层；3—找平层

内贴法与外贴法相比，其优点是：卷材防水层施工较简便，底板与墙体防水层可一次铺贴完，不必留接槎，施工占地面积较小。但也存在着结构不均匀沉降，对防水层影响大，易出现渗漏水现象；竣工后出现渗漏水时，修补较难等缺点。工程上只有当施工条件受限时，才采用内贴法施工。

（三）卷材防水层的施工

铺贴卷材的基层必须牢固，无松动现象，基层表面应平整洁净，阴阳角处均应做成圆弧形或钝角。铺贴卷材前，宜使基层表面干燥，在平面上铺贴卷材，基层表面干燥有困难时，第一层卷材可用沥青胶结材料铺贴在潮湿的基层上，但应使卷材与基层贴紧。必要时卷材层数应比设计增加一层。在立面上铺贴卷材时，为提高卷材与基层的黏结，基层表面应满涂冷底子油，待冷底子油干燥后再铺贴。铺贴卷材时，每层沥青胶涂刷应均匀，其厚度一般为1.5～2.5mm。外贴法铺贴卷材应先铺平面，后铺立面，平立面交接处交叉搭接；内贴法宜先铺立面，后铺平面。铺贴立面卷材时，应先铺转角，后铺大面。卷材的搭接长度，要求长边不应小于100mm，短边不应小于150mm。上下两层和相邻两幅卷材的接缝，应相互错开1/3幅宽，并不得相互垂直铺贴。在立面与平面的转角处，卷材的接缝应留在平面上距离立面不小于600mm处。所有转角处均应铺贴附加层，附加层可采用两层同样的卷材或一层抗拉强度较高的卷材。附加层应按加固处的形状仔细粘贴紧密。卷材与基层和各层卷材间必须黏结紧密，多余的沥青胶结材料应挤出，搭接缝必须用沥青胶仔细封严。最后一层卷材铺贴好后，应在其表面上均匀涂刷一层厚为1～1.5mm的热沥青胶结材料。

二、水泥砂浆防水层

水泥砂浆防水层是一种刚性防水层，即在构筑物的底面和侧面分层涂抹一定厚度的水泥砂浆，利用砂浆本身的憎水性和密实性来达到抗渗防水效果。但这种防水层抵抗变形能力差，故不适用于受振动荷载影响的工程或结构上易产生不均匀沉陷的工程，亦不适用于受腐蚀、高温及反复冻融的砖砌体工程。

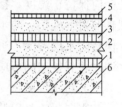

图 7-4　五层交叉
抹面作法

1、3—素灰层；2、4—砂
浆层；5—水泥浆层；
6—结构基层

常采用的水泥砂浆防水层主要有刚性多层防水层、掺外加剂的防水砂浆防水层、膨胀水泥或无收缩性水泥砂浆防水层等三种类型。

（一）刚性多层防水层

刚性多层防水层是利用素灰（即稠度较小的水泥浆）和水泥砂浆分层交替抹压均匀密实，构成一个多层的整体防水层。这种防水层做在迎水面时，宜采用五层交叉抹面（图7-4），做在背水面时，宜采用四层交叉抹面做法，即将第四层表面抹平压光即可。

采用五层交叉抹面的具体做法是：第1、3层为素灰层，水灰比为0.37～0.4，稠度为70mm的水泥浆，其厚度为2mm，分两次抹压密实，主要起防水作用。第2、4层为水泥砂浆层，配合比为1：2.5（水泥：砂），水灰比为0.6～0.65，稠度为70～80mm，每层厚度4～5mm。水泥砂浆层主要起着对素灰层的保护、养护和加固作用，同时也起一定的防水作用。第5层为水泥浆层，厚度1mm，水灰比为0.55～0.6，在第4层水泥砂浆抹压两遍后，用毛刷均匀涂刷水泥浆一道并随第4层一道压光。

由于素灰层与水泥砂浆层相互交替施工，刚性多层防水层各层黏结紧密，密实性好，当外界温度变化时，每一层的收缩变形均受到其他层的牵制，不易发生裂缝；同时各层配合比、厚度及施工时间均不相同，毛细孔形成也不一致，后一层施工时能对前一层的毛细孔起堵塞作用，所以具有较高的抗渗能力，能达到良好的防水效果。防水层施工每层连续进行，不留施工缝。若必须留施工缝，则应留成阶梯坡形槎（图7-5），接槎要依照层次顺序操作，层层搭接紧密。接槎一般宜留在地面上，亦可留在墙面上，但均需离开阴阳角处200mm。

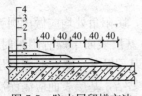

图 7-5　防水层留槎方法
（单位：mm）
1、3—素灰层；2、4—砂浆层；
5—结构基层

（二）掺外加剂的防水砂浆防水层

防水砂浆是在普通水泥砂浆中掺入一定量的防水剂。由于防水剂与水泥水化作用形成不溶性物质或憎水性薄膜，可填充、堵塞或封闭水泥砂浆中的毛细管道，从而获得较高的密实性，提高其抗渗能力。

防水剂的品种繁多，常用的有防水浆、避水浆、防水粉、氯化铁防水剂、硅酸钠防水剂等。

（三）膨胀水泥或无收缩性水泥砂浆防水层

这种防水层主要是利用水泥膨胀和无收缩的特性来提高砂浆的密实性和抗渗性，其砂浆配合比为 1：2.5（水泥：砂），水灰比为 0.4～0.5。涂抹方法与防水砂浆相同，但由于砂浆凝结快，故在常温下配制的砂浆必须在 1h 内使用完。

在配制上述几种防水砂浆时，宜采用普通硅酸盐水泥或膨胀水泥，也可采用矿渣硅酸盐水泥。砂宜采用中砂或粗砂。基层表面应坚实、粗糙、平整、洁净，涂抹前基层应洒水湿润，以增强基层与防水层的黏结力。各种水泥砂浆防水层的阴阳角，均应做成圆弧形或钝角。圆弧半径一般为：阳角 10mm，阴角 50mm。水泥砂浆防水层无论迎水面或背水面，其高度均应超出室外地坪不小于 150mm，水泥砂浆防水层施工时，气温不应低于 5℃，且基层表面应保持正温度，掺用氯化物金属盐类防水剂及膨胀剂的防水砂浆，不应在 35℃ 以上或烈日照射下施工。防水层做完后，应立即进行浇水养护，养护时的环境温度不宜低于 5℃，并保持防水层湿润，当使用普通硅酸盐水泥时，养护时间不应少于 7 昼夜，使用矿渣硅酸盐水泥时，养护时间不应少于 14 昼夜，在此期间不得受静水压作用。

三、防水混凝土

防水混凝土是以调整混凝土配合比或掺外加剂等方法，来提高混凝土本身的密实性和抗渗性，使其具有一定防水能力的特殊混凝土。防水混凝土具有取材容易、施工简便、工期较短、耐久性好、工程造价低等优点。因此，在地下工程中防水混凝土得到了广泛的应用。

目前，常用的防水混凝土，主要有普通防水混凝土、外加剂防水混凝土等。

（一）防水混凝土的性能及配制方法

1. 普通防水混凝土

普通防水混凝土是在普通混凝土骨料级配的基础上，通过调整和控制配合比的方法，提高自身密实度和抗渗性的一种混凝土。它不仅要满足结构所需强度要求，而且还应满足结构所需抗渗要求。

（1）对原材料的要求。水泥在不受侵蚀性介质和冻融作用时，宜采用普通硅酸盐水泥、火山灰质硅酸盐水泥和粉煤灰硅酸盐水泥。如掺外加剂，也可采用矿渣硅酸盐水泥。在受冻融作用时，宜选用普通硅酸盐水泥。在受硫酸盐侵蚀介质作用时，可采用火山灰质硅酸盐水泥、粉煤灰硅酸盐水泥。普通防水混凝土的骨料级配要好，一般可采用碎石、卵石或碎矿渣，石子含泥量不大于 1%，针状、片状颗粒不大于 15%，最大粒径不宜大于 40mm，吸水率不大于 1.5%。砂宜用含泥量不大于 3% 的中粗砂，平均粒径为 0.4mm 左右。普通防水混凝土所用水应为不含有害物质的洁净水。

（2）普通防水混凝土的配制方法。配制普通防水混凝土通常是以控制水灰比，适当增加砂率和水泥用量的方法，来提高混凝土的密实性和抗渗性。水灰比一般不大于 0.6，每立方米混凝土水泥用量不少于 320kg，砂率以 35%～40% 为宜，灰砂比为 1：2～1：2.5，普通防水混凝土的坍落度以 3～5cm 为宜，当采用泵送工艺时，混凝土坍落度不受此限制。在防水混凝土的成分配合中，砂石级配、含砂率、灰砂比、水泥用量与水灰比之间存在着相互制约关系，防水混凝土配制的最优方案，应根据这些相互制约因素确定。除此之外，还应考虑设计对抗渗的要求，通过初步配合比计算，试配和调整，最后确定出施工配合比，该配合比既要满足地下防水工程抗渗等级等各项技术要求，又要符合经济原则。普通防水混凝土配合比设计，一般可采用绝对体积法进行。但必须注意，在实验室试配时，考虑实验室条件与实际施工条件的差别，应将设计的抗渗水压值提高 0.2MPa 来选定配合比。实验室固然可以配制出满足各种抗渗等级的防水混凝土，但在实际工程中由于各种因素的制约往往难以做到，所以更多地采用掺外加剂的方法来满足防水的要求。

　　2. 外加剂防水混凝土

　　外加剂防水混凝土是在混凝土中加入一定量的有机或无机物，以改善混凝土的性能和结构组成，提高其密实性和抗渗性，达到防水要求。外加剂防水混凝土的种类很多，下面仅对常用的加气剂防水混凝土、减水剂防水混凝土和三乙醇胺防水混凝土作简单介绍。

　　(1) 加气剂防水混凝土。加气剂防水混凝土是在普通混凝土中掺入微量的加气剂配制而成的。目前常用的加气剂有松香酸钠、松香热聚物、烷基磺酸钠和烷基苯磺酸钠等。在混凝土中加入加气剂后，会产生大量微小而均匀的气泡，使其黏滞性增大，不易松散离析，显著地改善了混凝土的和易性，同时抑制了沉降离析和泌水作用，减少混凝土的结构缺陷。由于大量气泡存在，使毛细管性质改变，提高了混凝土的抗渗性。我国对加气混凝土含气量要求控制在 3%～5% 范围；松香酸钠掺量为水泥质量的 0.03%，松香热聚物掺量为水泥质量的 0.005%～0.015%；水灰比宜控制在 0.5～0.6 之间；水泥用量为 250～300kg/m³，砂率为 28%～35%。砂石级配、坍落度要求同普通防水混凝土。

　　(2) 减水剂防水混凝土。减水剂防水混凝土是在混凝土中掺入适量的减水剂配制而成的。减水剂的种类很多，目前常用的有木质素磺酸钙、MF（次甲基萘磺酸钠）、NNO（亚甲基二萘磺酸钠）、糖蜜等。减水剂具有强烈的分散作用，能使水泥成为细小的单个粒子，均匀分散于水中。同时，还能使水泥微粒表面形成一层稳定的水膜，借助于水的润滑作用，水泥微粒之间，只要有少量的水即可将其拌和均匀而使混凝土的和易性显著增加。因此，混凝土掺入减水剂后，在满足一定施工和易性的条件下，可大大降低拌和用水量，使硬化混凝土中毛细孔数量相应减少，从而提高了混凝土的抗渗性。采用木质素磺酸钙，其掺量为水泥质量的 0.15%～0.3%；采用 MF、NNO，其掺量为水泥质量的 0.5%～1.0%；采用糖蜜，其掺量为水泥质量的 0.2%～0.35%。减水剂防水混凝土，在保持混凝土和易性不变的情况下，可使混凝土用水量减少 10%～20%，混凝土强度提高 10%～30%，抗渗性可提高一倍以上。减水剂防水混凝土适用于一般防水工程及对施工工艺有特殊要求的防水工程。

　　(3) 三乙醇胺防水混凝土。三乙醇胺防水混凝土是在混凝土中随拌和水掺入定量的三乙醇胺防水剂配制而成的。三乙醇胺加入混凝土后，能加强水泥颗粒的吸附分散与化学分散作用，加速水泥的水化，水化生成物增多，水泥石结晶变细，结构密实，因此提高了混凝土的抗渗性。三乙醇胺防水混凝土，在冬季施工时，除了掺入占水泥质量 0.05% 的三乙醇胺以外，再加入 0.5% 的氯化钠及 1% 的亚硝酸钠，其防水效果更好。三乙醇胺防水混凝土，抗渗性能好、质量稳定、施工简便，特别适合工期紧、要求早强及抗渗的地下防水工程。

（二）防水混凝土工程施工

防水混凝土工程质量的优劣，除了取决于设计、材料及配合成分等因素以外，还取决于施工质量。通过大量的地下工程渗漏水事故分析，可知施工质量差是造成防水工程渗漏水的主要原因之一。因此，对施工中的各主要环节，如混凝土的搅拌、运输、浇筑、振捣、养护等，均应严格遵循施工及验收规范和操作规程的规定进行施工，以保证防水混凝土工程质量。

1. 施工要点

防水混凝土工程的模板应平整且拼缝严密不漏浆，模板构造应牢固稳定，通常固定模板的螺栓或铁丝不宜穿过防水混凝土结构，以免水沿缝隙渗入，当墙较高需要对拉螺栓固定模板时，应在预埋套管或螺栓上加焊止水环，阻止渗水通路。

绑扎钢筋时，应按设计要求留足保护层，不得有负误差。留设保护层应以相同配合比的细石混凝土或水泥砂浆制成垫块，严禁钢筋垫钢筋或将钢筋用铁钉、铅丝直接固定在模板上，以防止水沿钢筋浸入。

防水混凝土应采用机械搅拌，搅拌时间不应少于 2min。对掺外加剂的混凝土，应根据外加剂的技术要求确定搅拌时间，如加气剂防水混凝土搅拌时间约为 2～3min。

防水混凝土应分层浇筑，每层厚度不宜超过 30～40cm，相邻两层浇筑时间间隔不应超过 2h，夏季可适当缩短。浇筑混凝土的自由下落高度不得超过 1.5m，否则应使用串筒、溜槽等工具进行浇筑。防水混凝土应采用机械振捣，严格控制振捣时间（以 10～30s 为宜），并不得漏振、欠振和超振。当掺有加气剂或减水剂时，应采用高频插入式振捣器振捣，以保证混凝土的抗渗性。

防水混凝土的养护对其抗渗性能影响极大。因此，必须加强养护，一般混凝土进入终凝（浇筑后 4～6h）即应覆盖，浇水湿润养护不少于 14 天。防水混凝土不宜采用电热养护和蒸汽养护。

2. 施工缝

施工缝是防水薄弱部位之一，施工中应尽量不留或少留。施工缝分为水平施工缝和垂直施工缝两种。工程中多用水平施工缝，垂直施工缝尽量利用变形缝。留施工缝必须征求设计人员的同意，且在弯矩最小、剪力也最小的位置。

水平施工缝：

（1）水平施工缝的位置。

1）地下室墙体与底板之间的施工缝，留在高出底板表面 300mm 的墙体上，距穿墙孔洞边缘不少于 300mm。

2）地下室顶板、拱板与墙体的施工缝，留在拱板、顶板与墙交接处之下 15～30cm 处。

（2）水平施工缝的防水构造。水平施工缝皆为墙体施工缝，因有双排立筋和连接箍筋的影响，表面不可能平整光滑，凹凸较大，所以地下防水工程不采用企口状和台阶状，只用平面的交接施工缝。

施工缝后浇混凝土之前，清理前期混凝土表面是非常重要的，因两次浇捣相差时间较长，在表面存留很多杂物和尘土细砂，清理不干净就成为隔离层，成为渗水通道。清理时必须用水冲洗干净，再铺 30～50mm 厚的 1∶1 水泥砂浆或者刷涂界面剂，然后及时浇筑混凝土。

使用遇水膨胀止水条要特别注意防水，由于先留沟槽，受钢筋影响，操作不方便，很难填实，如果后浇混凝土未浇之前逢雨就会膨胀，这样将失去止水的作用。另外清理施工缝表面杂物时，冲水之后应立即浇捣混凝土，不能留有膨胀的时间。

中埋止水带宜用一字形，但要求墙体厚度不小于 300mm，它的止水作用，不如外贴式止水好，外贴式止水带拒水于墙外，使水不能进入施工缝。中埋止水带，水已进入施工缝，可以绕过止水带进入室内。为此建议多用外贴止水带。

底板的混凝土应连续浇筑，墙体不得留垂直施工缝。施工缝的断面形式有以下几种，见图 7-6。在施工缝上继续浇筑混凝土时，应将施工缝处的混凝土表面凿毛，清除浮粒并用水冲洗干净，保持湿润。先铺净浆，再铺厚 30～50mm 的 1：1 水泥砂浆或界面处理机，并及时浇灌混凝土。

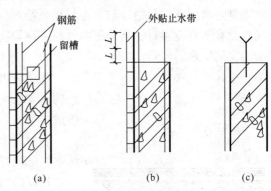

图 7-6 施工缝构造
(a) 施工缝中设置遇水膨胀水泥；
(b) 外贴止水带；(c) 中埋止水带

第二节 屋 面 防 水 施 工

根据建筑物的性质、重要程度、使用功能要求以及防水层耐用年限等有关技术规范将屋面防水分为四个等级，并规定了不同等级的设防要求，见表 7-1。

表 7-1　　　　　　　　　　　　　屋面防水等级和设防要求

项　　目	屋面防水等级			
	I	II	III	IV
建筑物类别	特别重要的民用建筑和对防水有特殊要求的工业建筑	重要建筑、高层建筑	一般的工业与民用建筑	非永久性的建筑
防水层耐用年限	25 年	15 年	10 年	5 年
防水层选用材料	宜选用合成高分子防水卷材、高聚物改性沥青防水卷材、合成高分子防水涂料细石防水混凝土等材料	宜选用高聚物改性沥青防水卷材、合成高分子防水卷材、合成高分子防水涂料高聚物改性沥青防水涂料、细石防水混凝土、平瓦等材料	应选用三毡四油沥青防水卷材、高聚物改性沥青防水卷材合成高分子防水卷材、高聚物改性沥青防水涂料、合成高分子防水涂料、沥青基防水涂料、刚性防水层、平瓦、油毡瓦等材料	可选用二毡三油沥青防水卷材、高聚物改性沥青防水涂料沥青基防水涂料、波形瓦等材料
设防要求	三道或三道以上防水设防。其中应有一道合成高分子防水卷材，且只能有一道厚度不小于 2mm 合成高分子防水涂膜	二道防水设防，其中应有一道卷材。也可采用压型钢板进行一道设防	一道防水设防或两种防水材料复合使用	一道防水设防

一、卷材防水屋面

卷材防水屋面,是指以防水卷材和黏结剂分层粘贴而构成防水层的屋面。卷材防水屋面所用卷材有沥青类卷材、高分子类卷材、高聚物改性沥青类卷材等。适用于防水等级为Ⅰ～Ⅳ级的屋面防水。

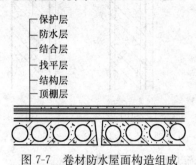

图 7-7　卷材防水屋面构造组成

保护层
防水层
结合层
找平层
结构层
顶棚层

卷材防水屋面由多层材料叠合而成,其基本构造层次按构造要求由结构层、找平层、结合层、防水层和保护层组成(见图7-7)。

卷材防水屋面属柔性防水屋面,其优点是:重量轻、防水性能较好,尤其是防水层具有良好的柔韧性,能适应一定程度的结构振动和胀缩变形。缺点是:造价高,特别是沥青卷材易起鼓、老化、耐久性差,施工工序多,工效低,维修工作量大,产生渗漏水时修补找漏困难等。

(一)沥青卷材防水屋面的施工

1. 基层处理

基层处理的好坏,直接影响到屋面的施工质量。基层应有足够的强度和刚度,承受荷载时不产生显著变形,一般采用水泥砂浆、沥青砂浆和细石混凝土找平层作基层。水泥砂浆配合比(体积比)为1:2.5～1:3,水泥强度等级不低于32.5MPa;沥青砂浆配合比(质量比)为1:8,细石混凝土为C15。找平层厚度为15～35mm。为防止温差及混凝土构件收缩而使卷材防水层开裂,找平层应留分格缝,缝宽为20mm,其留设位置应在预制板支撑端的拼缝处,纵横向最大间距为:当找平层为水泥砂浆或细石混凝土时,不宜大于6m;当采用沥青砂浆时,则不宜大于4m,并于缝口上加铺200～300mm宽的油毡条,用沥青胶结材料单边点贴,以防结构变形将防水层拉裂。在突出屋面结构的连接处及基层转角处,均应做成边长为100mm的钝角或半径为100～150mm的圆弧。找平层应平整坚实,无松动、翻砂和起壳现象。

2. 卷材铺贴

卷材铺贴前应先熬制好沥青胶和清除卷材表面的撒料。沥青胶中的沥青成分应与卷材中沥青成分相同。卷材铺贴层数一般为2～3层,沥青胶铺贴厚度一般在1～1.5mm之间,最厚不得超过2mm。卷材的铺贴方向应根据屋面坡度或是否受震动荷载而定。当屋面坡度小于3%时,宜平行于屋脊铺贴;屋面坡度大于15%或屋面受震动时,应垂直于屋脊铺贴;屋面坡度在3%～15%之间时,可平行或垂直于屋脊铺贴。卷材防水屋面的坡度不宜超过25%,否则应在短边搭接处将卷材用钉子钉入找平层内固定,以防卷材下滑。此外,在铺贴卷材时,上下层卷材不得互相垂直铺贴。

平行于屋脊铺贴时,由檐口开始,各层卷材的排列如图7-8(a)所示。两幅卷材的长边搭接(又称压边),应顺流水方向;短边搭接(又称接头),应顺主导风向。平行

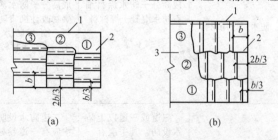

图 7-8　卷材铺贴方向

(a)平行屋脊铺贴;(b)垂直屋脊铺贴
①、②、③—卷材层次;b—卷材幅宽;
1—屋脊;2—山墙;3—主导风向

于屋脊铺贴效率高，材料损耗少。此外，由于卷材的横向抗拉强度远比纵向抗拉强度高，因此此方法可以防止卷材因基层变形而产生裂缝。

垂直于屋脊铺贴时，则应从屋脊开始向檐口进行，以免出现沥青胶超厚而铺贴不平等现象。各层卷材的排列如图 7-8（b）所示。压边顺主导风向，接头应顺流水方向。同时，屋脊处不能留设搭接缝，必须将卷材越过屋脊交错搭接，以增强屋脊的防水和耐久性。

当铺贴连续多跨或高低跨房屋屋面时，应按先高跨后低跨，先远后近的顺序进行。对同一坡面，则应先铺好水落口、天沟、女儿墙和沉降缝等地方，特别应先做好泛水处，然后顺序铺贴大屋面的卷材。

为防止卷材接缝处漏水，卷材间应具有一定的搭接宽度。通常各层卷材的搭接宽度，长边不应小于 70mm，短边不应小于 100mm，上下两层及相邻两幅卷材的搭接缝均应错开，搭接缝处必须用沥青胶结材料仔细封严。

卷材的铺贴方法有浇油法、刷油法、刮油法和撒油法等四种。浇油法（又称赶油法）是将沥青胶浇到基层上，然后推着卷材向前滚动使卷材与基层黏结紧密；刷油法是用毛刷将沥青胶在基层上刷开，刷油长度以 300～500mm 为宜，出油边不应大于 50mm，然后快速铺压卷材；刮油法是将沥青胶浇在基层上后，用厚 5～10mm 的胶皮刮板刮开沥青胶铺贴；撒油法是在铺第一层卷材时，先在卷材周边满涂沥青，中间用蛇形花撒的方法撒油铺贴，其余各层则仍按浇油、刮油刷油方法进行铺贴，此法多用于基层不太干燥需作排气屋面的情况。待各层卷材铺贴完后，再在上层表面浇一层 2～4mm 厚的沥青胶，趁热撒上一层粒径为 3～5mm 的小豆石（绿豆砂），并加以压实，使豆石与沥青胶黏结牢固，未黏结的豆石随即清扫干净。

沥青卷材防水层最容易产生的质量问题是：防水层起鼓、开裂，沥青流淌、老化，屋面漏水等。

为了防止沥青卷材防水层起鼓，要求基层干燥，其含水率在 6% 以内，避免雨、雾、霜天气施工，隔气层良好；防止卷材受潮；保证基层平整，卷材铺贴涂油均匀、封闭严密，各层卷材粘贴密实，以免水分蒸发、空气残留形成气囊而使防水层产生起鼓现象。为此，在铺贴过程中应专人检查，如发生气泡或空鼓时，应将其割开修补。在潮湿基层上铺贴卷材时，若不采用合理的方式，卷材极易出现起鼓、开裂，甚至渗漏水，解决这个问题的一种可行方式是做成排气屋面。所谓排气屋面，就是在铺贴第一层卷材时，采用条铺、花铺等方法使卷材与基层间留有纵横相互贯通的排气道（图 7-9），并在屋面或屋脊上设置一定的排气孔与大气相通，使潮湿基层中水分及时排走，从而避免卷材起鼓。

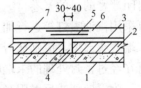

图 7-9 排气屋面
（单位：mm）

1—面板；2—保温层；3—找平层；4—排气道；5—卷材条点贴；6—卷材条加固层；7—防水层

为了防止沥青胶流淌，要求沥青胶有足够的耐热度，较高的软化点，涂刷均匀，其厚度不得超过 2mm；屋面坡度不宜过大。

防水层破裂的主要原因是：结构层变形、找平层开裂；屋面刚度不够，建筑物不均匀下沉；沥青胶流淌，卷材接头错动；防水层温度收缩，沥青胶变硬、变脆而拉裂；防水层起鼓后内部气体受热膨胀等。

此外，沥青在热能、阳光、空气等长期作用下，内部成分将逐渐老化，为了延长防水层的使用寿命，通常设置绿豆砂保护层。

（二）高聚物改性沥青卷材防水屋面的施工

1. 基层的处理

高聚物改性沥青卷材防水屋面，可用水泥砂浆、沥青砂浆和细石混凝土找平层作基层。要求找平层抹平压光，坡度应符合设计要求，不允许有起砂掉灰和凹凸不平等缺陷存在，其含水率一般不宜大于9％，找平层不应有局部积水现象。找平层与突起物（如女儿墙、烟囱、通气孔、变形缝等）相连接的阴角，应做成均匀光滑的小圆角；找平层与檐口、排水口、沟脊等相连接的转角，应抹成光滑一致的圆弧形。

2. 施工要点

高聚物改性沥青卷材施工方法有冷粘法、热熔法和自粘法三种。

（1）冷粘法施工：冷粘法施工的卷材主要指 SBS 改性沥青卷材、APP 改性沥青卷材、铝箔面改性沥青卷材等。进行施工前应清除基屋表面的突起物，并将尘土杂物等吹扫干净，随后用基层处理剂进行基层处理，基层处理剂是由汽油等溶剂稀释胶粘剂制成的，涂刷时要均匀一致。待基层处理剂干燥后，可先对排水口、管根等容易发生渗漏的薄弱部位，在其中心 200mm 范围内，均匀涂刷一层胶粘剂，涂刷厚度以 1mm 左右为宜。干燥后即可形成一层无接缝和弹塑性的整体增强层。铺贴卷材时，应根据卷材的配置方案（一般坡度小于3％时，卷材应平行于屋脊配置；坡度大于15％时，卷材应与屋脊垂直配置；坡度在3％～15％之间时，可由现场条件自由选定），在流水坡度的下坡开始弹出基准线，边涂刷胶粘剂边向前滚铺卷材，并及时辊压进行压实处理。用毛刷涂刷时，蘸胶液应饱满，涂刷要均匀。滚压时注意不要卷入空气或异物。平面与立面连接处的卷材，应由下向上压缝铺贴，并使卷材紧贴阴角，不允许有明显的空鼓现象存在。当立面卷材超过 300mm 时，应用氯丁系胶粘剂（如 404 胶）进行黏结或采用预埋木砖钉木压条与黏结复合的处理方法，以达到粘贴牢固和封闭严密的目的。卷材纵横之间的搭接宽度为 100mm，一般接缝即可采用胶粘剂粘合，也可采用汽油喷灯等进行加热熔接。其中，加热熔接效果更为理想。对卷材搭接缝的边缘以及末端收头部位，应刮抹膏状胶粘剂进行粘合封闭处理，其宽度不应小于 10mm。必要时，也可在经过密封处理的末端收头处，再用掺入水泥重量 20％的 107 胶水泥砂浆进行压缝处理。

为了屏蔽或反射阳光的辐射和延长卷材的使用寿命，在防水层铺设工作完成后，可在防水层的表面上采用边涂刷冷粘剂边铺撒蛭石粉保护层或均匀涂刷银色或绿色涂料作保护层。

（2）热熔法施工：热熔法施工的卷材主要以 APP 改性沥青卷材较为适宜。采用热熔法施工可节省冷粘剂，降低防水工程造价，特别是当气温较低时或屋面基层略有湿气时尤为适合。基层处理时，必须待涂刷基层处理剂 8h 以上方能进行施工作业。火焰加热器的喷嘴距卷材面的距离应适中，一般为 0.5m 左右，幅宽内加热应均匀。以卷材表面熔融至光亮黑色为度，不得过分加热或烧穿卷材。卷材表面热熔后应立即铺卷材，滚铺时应排除卷材下面的空气，使之平展不得皱折，并应辊压黏结牢固。铺贴的卷材应平整顺直，搭接尺寸应准确，不得扭曲、皱折。搭接部位宜采用热风焊枪加热，加热后随即粘贴牢固，因有溢出的自粘胶应随即刮平封口。接缝口应用密封材料封严，宽度不应小于 10mm，保护层做法与冷粘法施工相同。

（三）合成高分子卷材防水屋面施工

合成高分子卷材施工方法有冷粘法、自粘法和热风焊接法三种。

1. 基层处理

合成高分子卷材防水屋面应以水泥砂浆找平层作为基层，其配合比为 1∶3（体积比），厚度为 15～30mm，其平整度为用 2m 长直尺检查最大空隙不应超过 5mm，空隙仅允许平缓变化。如预制构件（无保温层时）接头部位高低不齐或凹坑较大时，可用掺水泥量 15％的 1：2.5～1：3 107 胶水泥砂浆找平，基层与突出屋面结构相连接的阴角，应抹成均匀一致和平整光滑的直角，而基层与檐口、天沟、排水口等相连接的转角，则应做成半径为 100～200mm 的光滑圆弧。基层必须干燥，其含水率一般不应大于 9％。

2. 施工要点

待基层表面清理干净后，即可涂布基层处理剂，一般是将聚氨酯涂膜防水材料的甲料、乙料、二甲苯按 1：1.5：3 的比例配合搅拌均匀，然后将其均匀涂布在基层表面上，干燥 4h 以上，即可进行后续工序的施工。在铺贴卷材前，需有聚氨酯甲料和乙料按 1：1.5 的配合比搅拌均匀后，涂刷在阴角、排水口和通气孔根部周围作增强处理。其涂刷宽度为距中心 200mm 以上，厚度以 1.5mm 左右为宜，固化时间应大于 24h。

待上述工序均完成后，即可着手进行铺贴卷材的工作。将卷材展开摊铺在平整干净的基层上，用滚刷蘸满氯丁橡胶系胶粘剂（如 404 胶等），均匀涂布在卷材上，涂布厚度要均匀，不得漏涂，但沿搭接缝部位 100mm 处不得涂胶。涂胶粘剂后，静置 10～20min，待胶粘剂结膜干燥到不粘手指时，将卷材用纸筒芯卷好。然后再将胶粘剂均匀涂布在基层处理剂已基本干燥的洁净基层上，经过干燥 10～20min，指触基本不粘时，即可铺贴卷材。卷材铺设的一般原则是铺设多跨或高低跨屋面时，应按先高跨后低跨，先远后近的顺序进行；铺设同一跨屋面时，应先铺设排水比较集中的部位，按标高由低向高进行。卷材应顺长方向进行配置，并使卷材长向与流水坡度垂直，其长边搭接应顺流水坡度方向。卷材的铺贴应根据配置方案，从流水下坡开始。沿先弹出的基准线，将已涂布胶粘剂的卷材圆筒从流水下坡铺展卷材。铺展时，卷材不得皱折，也不得用力拉伸，并应排除卷材下面的空气，辊压粘贴牢固。卷材铺好压粘后，应将搭接部位的结合面清除干净，采用与卷材配套的接缝专用胶粘剂（如氯丁系胶粘剂），在搭接缝粘合面上涂刷均匀，待其干燥不粘指后，辊压粘牢。除此之外接缝口应采用密封材料封严，其宽度不应小于 10mm。

二、涂膜防水屋面

涂膜防水屋面又称涂料防水屋面，是指用可塑性和黏结力较强的高分子防水涂料，直接涂刷在屋面基层上形成一层不透水的薄膜层，以达到防水目的的一种屋面做法。防水涂料有塑料、橡胶和改性沥青三大类，常用的有塑料油膏氯丁胶乳沥青涂料和焦油聚氨酯防水涂膜等。这些材料多数具有防水性好、黏结力强、延伸性大、耐腐蚀、不易老化、施工方便、容易维修等优点，近年来应用较为广泛。主要适用于防水等级为Ⅲ、Ⅳ级的屋面防水，也可作为Ⅰ、Ⅱ级屋面多道防水设施中的一道防水层。这种屋面通常适用于不设保温层的预制屋面板结构，如单层工业厂房的屋面。在有较大震动的建筑物或寒冷地区则不宜采用。

涂膜防水屋面施工如下：

（1）施工顺序。基层清扫→特殊部位处理→涂刷基层处理剂→涂膜防水施工→保护层施工。

（2）特殊部位处理。在管道根部、阴阳角等部位，应做不少于一布二涂的附加层；在天沟、檐沟与屋面交接处以及找平层分格处，均应空铺宽度不小于 200～300mm 的附加层，构造做法应符合设计要求。

（3）涂刷基层处理剂。基层处理剂应与上部涂料的材性相容，常用防水涂料的稀释液进行刷涂或喷涂，涂前应充分搅拌，涂刷均匀，覆盖完全，干燥后方可进行涂膜防水层施工。

（4）涂膜防水层施工。屋面基层刮填修补、嵌缝及涂刷基层处理剂等工序完成后，即可进行整个屋面防水层的涂刷，防水涂料可采用手工抹压、涂刷和喷涂分层施工。新产品一定要按说明书要求在生产厂家指导下施工。

涂层厚度应均匀一致，表面平整，一道涂层完毕并待干燥结膜后，方可涂布下一遍涂料，防水涂膜应由两层及以上涂层组成，总厚度应符合设计要求或规范规定。

铺贴胎体增强材料应边涂刷边铺设，并刮平粘牢，排出气泡，其搭接宽度：长边不少于50mm，短边不少于70mm，上下层及相邻两幅的搭接缝应错开1/3幅宽，上下两层不得相互垂直铺贴；对天沟、檐沟、檐口、泛水等特殊部位必须加铺胎体增强材料附加层。涂膜防水层的收头应用防水涂料多遍涂刷或用密封材料封严。

（5）保护层施工。涂膜防水层应设置保护层。在涂刷最后一道涂料后，如采用细石、云母等作为刚性保护层，可边涂刷边均匀地撒布，不得露底；当采用浅色涂料保护层时，应在涂膜固化后进行。

防水涂膜严禁在雨天、雪天施工，五级风以上或预计涂膜固化前有雨时不得施工；施工环境气温，水乳型涂料为5～35℃，溶剂型涂料宜为－5～35℃。

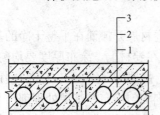

图 7-10　细石混凝土
刚性防水屋面
1—预制板；2—隔离层；
3—细石混凝土防水层

三、刚性防水屋面

刚性防水屋面（图 7-10）是指以刚性材料作为防水层的屋面，如防水砂浆、细石混凝土、配筋细石混凝土防水屋面等。这种屋面具有构造简单、施工方便、造价低廉的优点，但对温度变化和结构变形较敏感，容易产生裂缝而渗水。故多用于我国南方地区的建筑。

（一）屋面构造

刚性防水屋面，是在屋面上浇筑一层厚度不小于40mm的细石混凝土作为屋面防水层，坡度在2‰～3‰，并应采用结构找坡，其混凝土等级不得低于C20。为使其受力均匀，有良好的抗裂抗渗能力，在混凝土中应配置直径为$\phi 4$～$\phi 6$，间距为100～200mm的双向钢筋网片，且钢筋网片在分格缝处应断开，其保护层厚度不小于10mm。

屋面分格缝实质上是在屋面防水层上设置的变形缝。其目的在于：①防止温度变形引起防水层开裂；②防止结构变形将防水层拉坏。因此屋面分格缝的位置应设置在温度变形允许的范围以内，以及结构变形敏感的部位。由于大面积的整浇混凝土防水层，受外界温度的影响会出现热胀冷缩，导致防水层开裂，一般情况下分格缝间距不宜大于6m。结构变形敏感的部位主要是指装配式屋面板的支撑端、屋面转折处、现浇屋面板与预制屋面板的交接处、泛水与立墙交接处等部位。采用横墙承重的民用建筑中，屋面分格缝的位置见图7-11。图7-11中屋脊是屋面转折处，故设有一纵向分格缝；在预制屋面板的支撑端即横墙部位，设有横向分格缝；女儿墙与泛水之间应做柔性封缝处

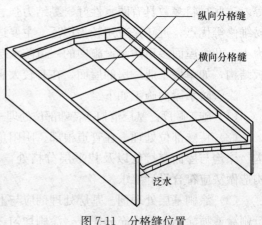

纵向分格缝

横向分格缝

泛水

图 7-11　分格缝位置

理，以防女儿墙或刚性防水层开裂引起渗漏。

（1）分格缝的构造可参见图 7-12。

1）防水层内的钢筋在分格缝处应断开；

2）屋面板缝用浸过沥青的木丝板等密封材料嵌填，缝口用油膏等嵌填；

3）缝口表面用防水卷材铺贴盖缝，卷材的宽度为 200～300mm。

（2）泛水构造。刚性防水屋面的泛水构造要点与卷材屋面相同的地方是：泛水应有足够高度，一般不小于 250mm；泛水应嵌入立墙上的凹槽内并用压条及水泥钉固定。不同的地方是：刚性防水层与屋面突出物（女儿墙、烟囱等）间须留分格缝，另铺贴附加卷材盖缝形成泛水。

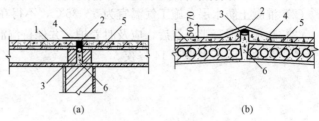

图 7-12 分格缝构造
（a）横向分格缝；（b）屋脊分格缝
1—刚性防水层；2—密封材料；3—背衬材料；
4—防水卷材；5—隔离层；6—细石混凝土

（二）细石混凝土防水层施工

在浇筑防水层细石混凝土前，为减少结构变形对防水层的不利影响，宜在防水层与基层间设置隔离层。隔离层可采用纸筋灰或麻刀灰、低砂浆、干铺卷材等。在隔离层做好后，便在其上定好分格缝位置，再用分格木条隔开作为分格缝，一个分格缝范围内的混凝土必须一次浇筑完毕，不得留施工缝。浇筑混凝土时应保证双向钢筋网片设置于防水层中部，防水层混凝土应采用机械振捣密实，表面泛浆后抹平，收水后再次压光。待混凝土初凝后，将分格木条取出，分格缝处必须有防水措施，通常采用油膏嵌缝，有的在缝口上再做覆盖保护层。

细石混凝土防水层施工时，屋面泛水与屋面防水层应一次做成，否则会因混凝土或砂浆收缩不同和结合不良造成渗漏水。泛水高度不应低于 250mm（图 7-13），以防止雨水倒灌或发生爬水现象引起渗漏水。

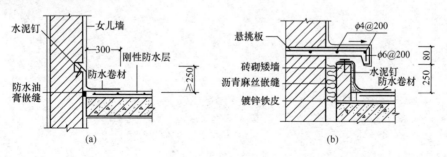

图 7-13 刚性防水屋面的泛水构造
（a）女儿墙泛水；（b）高低屋面变形缝泛水

细石混凝土防水层，由于其伸缩弹性很小，对地基不均匀沉降、外荷载等引起的基层位移和变形，以及温差和混凝土收缩、徐变引起的应力变形等敏感性大，容易产生开裂。因此，这种屋面多用于结构刚度好，无保温层的钢筋混凝土屋盖上。这种屋面只要设计合理，施工措施得当，防水效果是可靠的。在施工中，主要应抓好以下几个方面的工作，才能保证工程质量。

（1）防水层细石混凝土所用水泥的品种、最小用量、水灰比以及粗细骨料规格和级配等应符合规范要求。

（2）混凝土防水层，施工气温宜为 5～35℃，不得在负温和烈日暴晒下施工。

（3）防水层混凝土浇筑后，应及时养护，并保持湿润。补偿收缩混凝土防水层宜采用蓄水养护，养护时间不得少于 14 昼夜。

第八章 装 饰 工 程

【学习要点】 掌握抹灰的分类和组成；熟悉一般抹灰、装饰抹灰施工工艺；熟悉饰面工程、涂料工程；了解裱糊工程、地面工程、吊顶工程、建筑幕墙。

第一节 抹 灰 工 程

一、抹灰的分类和组成

（一）抹灰工程分类

抹灰工程分一般抹灰和装饰抹灰两大类。一般抹灰有石灰砂浆、水泥石灰砂浆、水泥砂浆、聚合物水泥砂浆以及麻刀灰、纸筋灰、石膏灰等；按使用要求、质量标准和操作工序不同，又分为普通抹灰和高级抹灰。装饰抹灰有水刷石、水磨石、斩假石（剁斧石）、干粘石、拉毛灰、洒毛灰以及喷砂、喷涂、滚涂、弹涂等。

（二）抹灰的组成

一般抹灰工程施工是分层进行的，以利于抹灰牢固、抹面平整和保证质量。如果一次抹得太厚，由于内外收水快慢不同，容易出现干裂、起鼓和脱落现象。

（1）底层。底层主要起与基层的黏结和初步找平的作用。底层使用的材料随基层不同而有所区别。室内砖墙面常用石灰砂浆、水泥石灰混合砂浆；室外砖墙面和有防潮防水的内墙面常用水泥砂浆或混合砂浆；对混凝土基层宜先刷素水泥浆一道，采用混合砂浆或水泥砂浆打底，更易于粘接牢固，而高级装饰工程的预制混凝土板顶棚宜用108水泥砂浆打底；木板条、钢丝网基层等，采用混合砂浆、麻刀灰和纸筋灰并将灰浆挤入基层缝隙内，以加强拉结。

（2）中层。中层主要起找平作用。使用砂浆的稠度为70~80mm，根据基层材料的不同，其做法基本上与底层的做法相同。按照施工质量要求可一次抹成，也可分遍进行。

（3）面层。面层主要起装饰作用，所用材料根据设计要求的装饰效果而定。室内墙面及顶棚抹灰，常用麻刀灰或纸筋灰；室外抹灰常用水泥砂浆或做成水刷石等饰面层。

二、抹灰基体的表面处理

为保证抹灰层与基体之间能黏结牢固，不致出现裂缝、空鼓和脱落等现象，在抹灰前基体表面上的灰土、污垢、油渍等应清除干净，基体表面凹凸明显的部位应先剔平或用水泥砂浆补平，基体表面应具有一定的粗糙度。砖石基体面灰缝应砌成凹缝式，使砂浆能嵌入灰缝内与砖石基体黏结牢固。混凝土基体表面较光滑，应在表面先刷一道水泥浆或喷一道水泥砂浆疙瘩，如刷一道聚合物水泥浆效果更好。加气混凝土表面抹灰前应清扫干净，并需刷一道聚合物胶水溶液，然后才可抹灰。板条墙或板条顶棚，各板条之间应预留8~10mm缝隙，以便底层砂浆能压入板缝内结合牢固。木结构与砖石结构、混凝土结构等相接处应先钉金属网，并绷紧牢固。门窗框与墙连接处的缝隙，应用水泥砂浆嵌塞密实，以防因振动而引起抹灰层剥落、开裂。

三、一般抹灰施工工艺

一般抹灰按表面质量的要求分为普通、中级和高级抹灰三级。外墙抹灰层的平均总厚度不得超过 20mm，勒脚及突出墙面部分不得超过 25mm。顶棚抹灰层的平均总厚度对板条及现浇混凝土基体不得超过 15mm，对预制混凝土基体则不得超过 18mm。严格控制抹灰层的厚度不仅是为了取得较好的技术经济效益，还是为了保证抹灰层的质量。抹灰层过薄达不到预期的装饰效果，过厚则由于抹灰层自重增大，灰浆易下坠脱离基体导致出现空鼓，且由于砂浆内外干燥速度相差过大，表面易产生收缩裂缝。

一般抹灰随抹灰等级的不同，其施工工序也有所不同。普通抹灰只要求分层涂抹、赶平、修整、表面压光。中级抹灰则要求阳角找方、设置标筋、分层涂抹、赶平、修整、表面压光。高级抹灰要求阴阳角找方、设置标筋、分层涂抹、赶平、修整、表面压光等。一般抹灰的施工工艺如下。

1. 设置标筋

为了有效地控制墙面抹灰层的厚度与垂直度，使抹灰面平整，抹灰层涂抹前应设置标筋（又称冲筋），作为底、中层抹灰的依据。

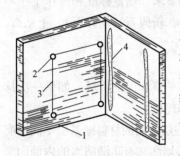

图 8-1　抹灰操作中的
标志和标筋
1—基层；2—灰饼；
3—引线；4—标筋

设置标筋时，先用托线板检查墙面的平整垂直程度，以确定抹灰厚度（最薄处不宜小于 7mm），再在墙两边上角离阴角边 100～200mm 处，按抹灰厚度用砂浆做一个四方形（边长约 50mm）标准块，称为"灰饼"，根据这两个灰饼，用托线板或线锤吊挂垂直，做墙面下角的两个灰饼（高低位置一般在踢脚线上口），随后以上角和下角左右两灰饼面为准拉线，每隔 1.2～1.5m 上下加做若干灰饼。待灰饼稍干后，在上下灰饼之间用砂浆抹一条宽 100mm 左右的垂直灰埂，此即为标筋，作为抹底层及中层的厚度控制和赶平标准，见图 8-1。

顶棚抹灰一般不做灰饼和标筋，而是在靠近顶棚四周的墙面上弹一条水平线以控制抹灰层厚度，并作为抹灰找平的依据。

2. 做护角

室外内墙面、柱面和门窗洞口的阳角抹灰要求线条清晰、挺直，并防止碰坏，故该处应用 1∶2 水泥砂浆做护角，砂浆收水稍干后，用捋角器抹成小圆角。

3. 抹灰层的涂抹

当标筋稍干后，即可进行抹灰层的涂抹。涂抹应分层进行，以免一次涂抹厚度较厚，砂浆内外收缩不一致而导致开裂。一般涂抹水泥砂浆时，每遍厚度以 5～7mm 为宜；涂抹石灰砂浆和水泥混合砂浆时，每遍厚度以 7～8mm 为宜。

分层涂抹时，应防止涂抹后一层砂浆时，破坏已抹砂浆的内部结构而影响与前一层的黏结，应避免几层湿砂浆合在一起造成收缩率过大，导致抹灰层开裂、空鼓。因此，水泥砂浆和水泥混合砂浆应待前一层抹灰层凝结后，方可涂抹后一层；石灰砂浆应待前一层发白（约七八成干）后，方可涂抹后一层。抹灰用的砂浆应具有良好的工作性（和易性），以便于操作。砂浆稠度一般宜控制为：底层抹灰砂浆 100～120mm；中层抹灰砂浆 70～80mm。底层砂浆与中层砂浆的配合比应基本相同。中层砂浆强度不能高于底层，底层砂浆强度不能高于基体，以免砂浆在凝结过程中产生较大的收缩应力，破坏强度较低的抹灰底层或基体，导致抹灰层产生裂缝、空鼓或脱落。另外，底层砂浆强度与基体强度相差过大时，由于收缩变形性能相差悬殊也易产生开裂和脱离，故混凝土基体上不能直接涂抹石灰砂浆。

为使底层砂浆与基体黏结牢固，抹灰前基体一定要浇水湿润，以防止基体过干而吸去砂浆中的水分，使抹灰层产生空鼓或脱落。砖基体一般宜浇水两遍，使砖面渗水深度达 8～10mm 左右。混凝土基体宜在抹灰前一天浇水，使水渗入混凝土表面 2～3mm。如果各层抹灰相隔时间较长，已抹灰砂浆层较干时，也应浇水湿润，才可抹下一层砂浆。

抹灰层除用手工涂抹外，还可利用机械喷涂。机械喷涂抹灰将砂浆的拌制、运输和喷涂三者有机地衔接起来。

4. 罩面压光

室内常用的面层材料有麻刀石灰、纸筋石灰、石膏灰等。抹灰时应分层涂抹，每遍厚度为 1～2mm，经赶平压实后，面层总厚度对于麻刀石灰不得大于 3mm；对于纸筋石灰、石膏灰不得大于 2mm。罩面时应待底子灰五六成干后进行，如底子灰过干应先浇水湿润，分纵横两遍涂抹，最后用钢抹子压光，不得留抹纹。

室外抹灰常用水泥砂浆罩面。由于面积较大，为了不显接槎，防止抹灰层收缩开裂，一般应设有分格缝，留槎位置应留在分格缝处。由于大面积抹灰罩面抹纹不易压光，在阳光照射下极易显露而影响墙面美观，故水泥砂浆罩面宜用木抹子抹成毛面。为防止色泽不匀，应用同一品种与规格的原材料，由专人配料，采用统一的配合比，底层浇水要匀，干燥程度基本一致。

四、装饰抹灰施工

装饰抹灰是采用装饰性强的材料，或用不同的处理方法以及加入各种颜料，使建筑物具备某种特定的色调和光泽。随着建筑工业生产的发展和人民生活水平的提高，这方面有很大发展，也出现不少新的工艺。

装饰抹灰的底层与一般抹灰要求相同，只是面层根据材料及施工方法的不同而具有不同的形式。下面介绍几种常用的饰面施工。

1. 水磨石

水磨石多用于地面或墙裙。水磨石的制作过程为：在 12mm 厚 1：3 水泥砂浆打底的砂浆终凝后，洒水润湿，刮水泥素浆一层（厚 1.5～2mm）作为黏结层，找平后按设计的图案镶嵌条，如图 8-2 所示。嵌条有黄铜条、铝条或玻璃条，宽约 8mm，其作用除可做成花纹图案外，还可防止面层面积过大而开裂。安设时两侧用素水泥砂浆黏结固定，再刮一层水泥素浆，随即将具有一定色彩的水泥石子浆（水泥：石子＝1：1～1：2.5）填入分格网中，抹平压实，厚度要比嵌条稍高 1～2mm，为使水泥石子浆罩面平整密实，可补洒一些小石子，使表面石子均匀。待收水后用滚筒滚压，再浇水养护，然后根据气温、水泥品种，2～5 天后可以开

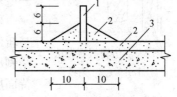

图 8-2 水磨石镶嵌条
1—玻璃条；2—水泥素浆；
3—1：3 水泥砂浆底层

磨，以石子不松动、不脱落，表面不过硬为宜。水磨石要按粗磨、中磨和细磨三遍进行，采用磨石机洒水磨光。粗、中磨后用同色水泥浆擦一遍，以填补砂眼，并养护 2 天。细磨后擦草酸一道，使石子表面残存的水泥浆全部分解，石子显露清晰。面层干燥后打蜡，使其光亮如镜。现浇水磨石面层的质量要求是表面平整光滑，石子显露均匀，不得有砂眼、磨纹和漏磨处，分格条的位置准确并全部磨出。

2. 水刷石

水刷石多用于外墙面。它的制作过程为：在 12mm 厚 1：3 水泥砂浆打底的底层砂浆终凝后，在其上按设计的分格弹线，根据弹线安装 8mm×10mm 的梯形分格木条，用水泥浆在两侧黏结固定，以防大片面层收缩开裂。然后将底层浇水润湿后刮水泥浆（水灰比为 0.37～0.40）一道，以增加与底层的黏结。随即抹上稠度为 5～7cm，厚 8～12mm 的水泥石子浆（水泥：石子＝1：1.25～1：1.50）面层，拍平压实，使石子密实且分布均匀。待面层凝结前，即用棕刷蘸水自上而下刷掉面层水泥浆，使石子表面完全外露。为使表面洁净，可用喷雾器自上而下喷水冲洗。水刷石的质量要求是石粒清晰、分布均匀、色泽一致、平整密实，不得有掉粒和接槎的痕迹。

3. 干粘石

在水泥砂浆上面直接干粘石子的作法，称谓干粘石法。其法同样先在已经硬化的 12mm 厚的 1：3 底层水泥砂浆层上，按设计要求弹线分格，根据弹线镶嵌分格木条。将底层浇水润湿后，抹上一层 6mm 厚 1：2～1：2.5 的水泥砂浆层，随即再抹一层 2mm 厚的 1：0.5 水泥石灰膏浆黏结层，同时将配有不同颜色或同色的粒径为 4～6mm 的石子甩粘拍平压实。拍时不得把砂浆拍出来，以免影响美观，要使石子嵌入深度不小于石子粒径的 1/2，待有一定强度后洒水养护。上述为手工甩石子，亦可用喷枪将石子均匀有力地喷射于黏结层上，用铁抹子轻轻压一遍，使表面搓平。干粘石的质量要求是石粒黏结牢固、分布均匀、不掉石粒、不露浆、不漏粘、颜色一致。

4. 斩假石与仿斩假石

斩假石又称剁斧石，属中高档外墙装饰，装饰效果近于花岗石，但费工较多。

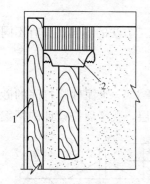

图 8-3　仿斩假石做法
1—木引条；2—钢算子

先抹 12mm 厚 1：3 水泥砂浆底层，养护硬化后弹线分格并黏结 8mm×10mm 的梯形木条。洒水润湿后，刮素水泥浆一道，随即抹 10mm 厚 1：1.25（水泥：石碴）内掺 30％石屑的水泥石碴浆罩面层。罩面层应采取防晒措施，并养护 2～3 天，待强度达到设计强度的 60％～70％时，用剁斧将面层斩毛。斩假石面层的剁纹应均匀，方向和深度一致，棱角和分格缝周边留 15mm 不剁。一般剁两遍，即可做出近似用石料砌成的墙面效果。

剁斧工作量很大，后来出现仿斩假石的新施工方法。其做法与斩假石基本相同，只面层厚度减为 8mm，不同处是表面纹路不是剁出，而是用钢算子拉出。钢算子用一段锯条夹以木柄制成。待面层收水后，钢算子沿导向的长木引条轻轻划纹，随划随移动引条。待面层终凝后，仍按原纹路自上而下拉刮几次，即形成与斩假石相似效果的外表。仿斩假石做法如图 8-3 所示。

5. 喷涂、滚涂与弹涂饰面

（1）喷涂饰面。用挤压式灰浆泵或喷斗，将聚合物水泥砂浆经喷枪均匀喷涂在墙面基层上。根据涂料的稠度和喷射压力的大小，以质感区分，可喷成砂浆饱满、呈波纹状的波面喷涂和表面布满点状颗粒的粒状喷涂。基层为厚 10～13mm 的 1：3 水泥砂浆，喷涂前须喷或刷一道胶水溶液，使基层吸水率趋近于一致且喷涂层黏结牢固。喷涂层厚 3～4mm，粒状喷涂应连续三遍完成，波面喷涂必须连续操作，喷至全部泛出水泥浆但又不致流淌为好。在大面喷涂后，按分格位置用铁皮刮子沿靠尺刮出分格缝。喷涂层凝固后再喷罩一层有机硅疏水剂。喷涂饰面的质量要求是表面平整，颜色一致，花纹均匀，不显接槎。

（2）滚涂饰面。在基层上先抹一层厚 3mm 的聚合物砂浆，随后用带花纹的橡胶或塑料滚子滚出花纹。滚子表面花纹不同即可滚出多种图案。最后喷罩有机硅疏水剂。

滚涂砂浆的配合比为水泥：骨料（砂子、石屑或珍珠岩）=1：0.5～1。手工操作，滚涂分干滚、湿滚两种。干滚时滚子不蘸水，滚出的花纹较大，工效较高；湿滚时滚子反复蘸水，滚出花纹较小。滚涂工效比喷涂低，但便于小面积局部应用。滚涂是一次成活，多次滚涂易产生翻砂现象。

（3）弹涂饰面。在基层上喷刷一遍聚合物水泥色浆涂层，然后用弹涂器分几遍将不同色彩的聚合物水泥浆弹在已涂刷的涂层上，形成 1～3mm 大小的扁圆花点。通过不同颜色的组合和浆点所形成的质感，相互交错、互相衬托，有近似于干粘石的装饰效果；也有做成单色光面、细麻面、小拉毛拍平等多种花色。

弹涂的做法是：在 1：3 水泥砂浆打底的底层砂浆面上，洒水润湿，待干至 60%～70% 时进行弹涂。先喷刷底色浆一道，弹分格线，贴分格条，弹头道色点，待稍干后即弹两道色点，最后进行个别修弹，再进行喷射树脂罩面层。

弹涂器有手动和电动两种，后者工效高，适合大面积施工。

第二节 饰 面 工 程

饰面工程包括用饰面砖、天然或人造石饰面板进行室内外墙面饰面，以及用装饰外墙板进行外墙饰面。

饰面砖有釉面瓷砖、面砖、马赛克等。饰面板有大理石、花岗岩等天然石板；预制水磨石、人造大理石等人造饰面板。

装饰外墙板是用正打印花、压花工艺或反打工艺，使花饰、线条与墙板混凝土同时浇筑成型。还可在混凝土中掺入颜料，制成彩色混凝土饰面层。

一、饰面砖镶贴

饰面砖镶贴的一般工艺程序如下：清理基层表面→润湿→基层刮糙→底层找平划毛→立皮数杆→弹线→贴灰饼→镶贴饰面砖→清洁面层→勾缝→清洁面层。

镶贴饰面砖的基层应清洁、湿润，基层刮糙后涂抹 1：3 水泥砂浆找平层。饰面砖镶贴必须按弹线和标志进行，墙面上弹好水平线并作好镶贴厚度标志，墙面的阴阳角、转角处均须拉垂直线，并进行找方，阳角要双面挂垂直线，划出纵横皮数杆，沿墙面进行预排。镶贴第一层饰面砖时，应以房间内最低的地漏处或水平线为准，并在砖的下口用直尺托底。饰面砖铺贴顺序为自下而上，从阳角开始，使不成整块的留在阴角或次要部位。对多层、高层建筑应以每一楼层层次为界，完成一个层次再做下一层次。待整个墙面镶贴完毕，接缝处应用与饰面砖颜色相同的石膏浆或水泥浆填抹。其中，室外和室内潮湿的房间应用与饰面砖颜色相同的水泥浆或水泥砂浆勾缝。勾缝材料硬化后，应用盐酸溶液刷洗，再用清水冲洗干净。

1. 釉面瓷砖

釉面瓷砖有白色、彩色及带花纹图案等多种。形状有正方形和长方形两种，另有阳角、阴角、压顶条等。主要用于厨房、厕所、浴室等处的内墙装修。

底层约为 7mm 厚 1：3 水泥砂浆，涂抹后应找平划毛。镶贴前墙面找方，弹出底层水平线，定出纵横皮数。黏结层为厚 7～10mm 的混合砂浆（水泥：石灰膏：砂＝1：0.3：3），也可用聚合物砂浆。施工时将砂浆涂于瓷砖背面粘贴于底层上，用小铲轻轻敲击，使之贴实粘牢。接缝宽约 1.5mm，贴后用同色水泥擦缝。最后用稀盐酸刷洗，并用清水冲洗。

2. 面砖

面砖分毛面、釉面两种，有多种颜色，规格亦有多种。面砖主要用于外墙饰面。

底层为 7mm 厚 1：3 水泥砂浆，涂抹后应找平划毛，养护 1～2 天后方可镶贴。镶贴前按设计要求弹线分格，按分格排砖，尽量避免切砖。黏结层用 6～10mm 厚 1：1.5～2.0 的水泥砂浆，将砂浆涂布于面砖背面，将面砖贴于底层上并用小铲轻敲，使其位置正确并粘牢固。贴后用 1：1 原色水泥砂浆填缝，用稀盐酸洗去表面黏结的水泥浆，最后用清水清洗。

3. 马赛克

马赛克分陶瓷马赛克与玻璃马赛克两种。陶瓷马赛克为边长 23.6mm、厚 4.5mm 的正方形陶瓷小块，颜色多种，可组成各种花纹图案。成品是将一定图案的马赛克块反贴在纸板上，每张面积 300mm×300mm。多用于室内卫生间地面，亦用于外墙面等装饰。

底层为 1：3 水泥砂浆，涂抹后应划毛浇水养护。在底层上抹厚 5～6mm 的黏结层，自上而下弹分格线。镶贴时先将马赛克纸板贴有马赛克的一面朝上放于托板上，用 1：1 水泥细砂干灰填缝，再刮一层 1～2mm 厚素水泥浆，随即将托板上的马赛克纸板对准分格线贴于底层上，并拍平拍实。在纸板上刷水润湿，0.5h 后揭纸并使缝隙整齐，待黏结层凝固后用同色水泥浆擦缝，最后进行酸洗。

玻璃马赛克是一种新型装饰材料，色彩绚丽，更富于装饰性，且价廉、生产工艺简单。其成品亦是将玻璃马赛克小块贴于纸板上，施工工艺与上述基本相同。

二、饰面板安装

饰面板（大理石、花岗岩等）多用于重要建筑物的墙面、柱面等高级装饰。饰面板安装可采取以下几种方法。

1. 水泥砂浆固定法（湿法）

基层（多为混凝土）挂钢筋网应预先剁毛以增加黏结力，再用冲击电钻在基层上打 $\phi6.5～8.5$mm、深度不小于 60mm 的孔，打入 $\phi6～8$mm 短钢筋，外露 5mm 以上并带弯钩，在同一标高的短钢筋上设置水平钢筋，弯转或点焊固定。

板材上用 $\phi4～6$mm 的合金钢冲击电钻钻孔，钻孔位置视铺贴方式而定，孔的数量取决于板材大小。在钻孔上穿双股 16 号铜丝并绑扎在钢筋网上。板材安装的垂直度、平整度满足要求后，用 1：1.5～2.0 的水泥砂浆灌浆，每层灌浆厚度为 150～200mm，初凝后再灌上一层。板材如为多层，每层离上边缘 80～100mm 即停止灌浆，留待上一层再灌，以连成整体。最后擦洗表面，并用与板材颜色相近的水泥浆勾缝，再进行清洗。

如底层板材支撑在坚固的支撑面上，且板材边长小于 500mm，铺贴高度小于 1.2m 时，可直接用 1：1～1.5 水泥砂浆粘贴，而不必挂钢筋网。

水泥砂浆固定法易产生回潮、返碱、返花等现象，影响美观。

2. 聚酯砂浆固定法

先用聚酯砂浆（聚氨酯胶：砂＝1：4.5～5.0）固定板材四角和填满板材之间的缝隙，固化后再进行灌浆，灌浆方法与上述相同。如柱子、门口等皆可用此法。

3. 树脂胶连接法

对基层平整度符合规定者可用此法。施工时先弹线，再将树脂黏结剂抹在板材背面，对悬空板材用胶量须饱满。然后使板材就位、挤紧、找平、找正，并进行顶、卡固定。挤出缝外的黏结剂随时清除，如板材不平、不直，可用小木楔调正。黏结剂固化后，拆除顶、卡固定支架。

4. 螺栓或金属卡具固定法（干法）

在需铺设板材部位预留木砖、金属卡具等，板材安装后用螺栓或金属卡具固定，最后进行勾缝处理。亦可在基层内打入膨胀螺栓，用以固定饰面板，由于这一方法可有效地防止板面回潮、返碱、返花，因此目前应用较广泛。

第三节 涂料和裱糊工程

一、涂料工程

涂料涂敷于物体表面，能与基层材料黏结，形成完整而坚韧的保护膜。传统的涂料有以油料为原料制备的涂料（亦称油漆），也有以有机高分子合成树脂为主要成膜物质，有机溶剂为稀释剂，加入适当颜料及辅助材料，经研磨而成的溶剂型涂料。随着合成高分子化学工业的发展，现在有了以水溶性合成树脂为主要成膜物质，以水为稀释剂并加入适当颜料及辅助材料，经研磨而成的水溶性涂料；也有将合成树脂的极细微粒加适量乳化剂分散于水中构成乳液，以乳液为主要成膜物质并加入适量颜料及辅助材料，经研磨而成的乳液型涂料（亦称乳胶漆）。

涂料工程施工主要有基层处理、刮腻子、施涂三道主要工序，为了保证涂层与基层黏结牢固，基层的含水率不宜过大，对混凝土和抹灰表面施涂溶剂型涂料时，基层含水率不得大于8％；施涂水性和乳液涂料时，基层含水率不得大于10％；木料制品基层的含水率不得大于12％。

1. 基层处理和刮腻子

当基层为混凝土表面和抹灰表面时，应先清除表面的灰尘、残浆和油污等。对基层上缺棱掉角处，用1∶3水泥砂浆（或聚合物水泥砂浆）修补；对表面麻面及缝隙用腻子填补齐平。对厨房、厕所、浴室等墙面基层，为防止涂层脱落，应采用具有耐水性能的腻子。

当基层为木料表面时，应将木料表面上的灰尘、污垢等清除干净并将表面的缝隙、毛刺、掀岔和脂囊修整后，用腻子填补，用砂纸磨光。较大的脂囊采用木纹相同的材料用胶镶嵌。

当基层为金属表面时，应将基础表面的灰尘、油渍、鳞皮、锈斑、焊渣、毛刺等清除干净。对薄钢板制作的屋脊、檐沟和天沟等咬合处，应用防锈腻子填补密实。

2. 施涂

涂料的施涂方法主要有刷涂、滚涂和喷涂三种。

对聚乙烯醇类水溶性内墙涂料，采用排笔或鬃刷涂刷。施工温度宜在5℃以上，使用时必须充分搅拌均匀。刷第一遍要稠一些，待第一遍干后用砂纸打磨，再涂刷第二遍。对乳液型内墙涂料可采用喷涂或刷涂。喷涂时，空气压缩机的压力应控制在0.5～0.8MPa，喷斗的出料口与墙面垂直,喷斗距墙面500mm左右。顶棚和墙面一般喷两遍成活,两遍时间相隔约2h。刷涂时可采用排笔,横向、竖向涂刷两遍,其间隔时间亦为2h。

外墙涂料工程分段进行时,应以分格缝、墙的阴角处或水落管等为分界线。同一墙面应采用同一批号的涂料。对于无机高分子外墙涂料可采用刷涂或喷涂。刷涂采用排笔,从左至右,从上而下施涂。普通等级可两遍成活。如装饰效果不理想时,可增加1～2遍。涂层应均匀一致,每遍不宜施涂过厚。外墙喷涂前,应将外门窗和不涂部位遮挡严密,以免污染。空气压缩机的压力控制在0.5～0.7MPa,喷嘴垂直墙面,距墙面500mm左右。喷一遍后,待涂膜稍干,用砂纸轻轻打磨后喷第二遍。对于丙烯酸酯外墙涂料,有以丙烯酸酯共聚乳液为胶粘剂,配彩色石英砂及添加剂等而成的彩砂涂料;也有以丙烯酸酯乳液和无机高分子材料为主要胶粘剂的喷塑涂料。这类涂料施涂采用喷涂。喷涂作业要求与前述基本相同。

近几年来,复层建筑涂料得到迅速推广应用。复层建筑涂料又称复层凹凸花纹涂料或浮雕涂料,它是由封底涂料、主层涂料和罩面涂料组成,各层分别起着不同的作用。封底涂料的作用是降低基层的吸水性,使基层吸收均匀,增加基层与主层涂料的黏结力;主层涂料的作用是产生立体花纹质感和图案;罩面涂料的作用是赋予装饰面以色彩、光泽,保护主层涂料以及提高饰面层的耐久性和耐污染性能。封底涂料主要采用合成树脂乳液及无机高分子材料的混合物;主层涂料主要采用合成树脂乳液、无机硅溶胶、环氧树脂等为基料的厚质涂料以及普通硅酸盐水泥等;罩面涂料主要采用丙烯酸系乳液涂料。复层涂料施涂时,先应喷涂或刷涂封底涂料,待其干燥后再喷涂主层涂料,干燥后再施涂两遍罩面涂料。喷涂主层涂料时,内墙一般将点状的大小控制在5～15mm,外墙一般控制在5～25mm,同时点状的疏密程度应均匀一致。

油漆的施涂多采用刷涂。施涂时,后一遍油漆必须在前一遍油漆干燥后进行。每遍油漆都应涂刷均匀。油漆施涂时的环境温度不宜低于10℃,相对湿度不宜大于60%。

涂料工程待涂层完全干燥后可进行验收。检查时,室外按施涂面积抽查10%;室内选有代表性的自然间抽查10%,但不少于3间。施涂的表面质量应颜色一致,刷涂的应刷纹通顺,喷涂的应喷点疏密均匀。

二、裱糊工程

室内墙面可用聚氯乙烯(简称PVC)塑料壁纸、复合壁纸、墙布等装饰材料装饰。裱糊工程即将壁纸或墙布用胶粘剂裱糊到内墙基层表面上。

壁纸和墙布的裱糊工艺过程为:基层处理→裁切壁纸和墙布、墙面划准线→壁纸或基层涂刷胶粘剂→上墙、裱糊→赶压胶粘剂、气泡。

1. 基层处理

裱糊工程基体或基层要求干燥,混凝土和抹灰层的含水率不大于8%,木材制品基层含水率不大于12%。

裱糊前,应将基体或基层表面的污垢、尘土清除干净。泛碱部位,用9%的稀醋酸中和、清洗。对突出基层表面的设备或附件卸下,钉帽应进入基层表面,并涂防锈涂料,钉眼用油性腻子填平。对局部麻点和缝隙等部位先用腻子刮平,并满刮腻子,用砂纸磨平。为防止基层吸水过快,裱糊前用1∶1的107胶水溶液等作底胶涂刷基层,以封闭墙面,为粘贴壁纸提供一个粗糙面。底胶干后,在墙面上弹出裱糊第一幅壁纸或墙布的准线。

2. 壁纸或墙布裁切

为保证整幅墙面对花一致，取得整体装饰效果，裱糊前，应按壁纸、墙布的品种、图案、颜色、规格等进行选配分类，拼花裁切，编号后平放待用。裱糊时按编号顺序粘贴。

3. 胶粘剂涂刷

裱糊 PVC 壁纸，应先将壁纸用水湿润数分钟。裱糊时在基层表面还应涂刷胶粘剂。裱糊顶棚时，为增加黏结强度，基层和壁纸背面均应涂刷胶粘剂。

裱糊上下两层均为纸质的复合壁纸，严禁浸水，应先将壁纸背面涂刷胶粘剂，放置数分钟。裱糊时，基层表面也应涂刷胶粘剂。

裱糊墙布，应先将墙布背面清理干净，裱糊时应在基层表面涂刷胶粘剂。

裱糊带背胶的壁纸，应先在水中浸泡数分钟后裱糊。裱糊顶棚时，带背胶的壁纸应涂刷一层稀释的胶粘剂。

4. 裱糊

壁纸和墙布上墙裱糊时，对需重叠对花的，应先裱糊对花，后用钢尺对齐裁下余边；对直接对花的，直接裱糊。裱糊中赶压气泡时，对于压延壁纸可用钢板刮刀刮平；对于发泡及复合壁纸只可用毛巾、海绵或毛刷赶平。裱糊好的壁纸或墙布经压实后，应及时擦去挤出的胶粘剂，表面不得有气泡、斑污等。

裱糊工程完工并干燥后，即可验收。检查数量为选择有代表性的自然间，抽查 10%，但不得少于 3 间。质量要求粘贴牢固，表面平整，无气泡空鼓，各幅拼接横平竖直，拼接处花纹图案吻合，距墙面 1.5m 处正视，不显拼缝。

第四节 地 面 工 程

建筑地面包括建筑物底层地面和楼层地面。建筑地面的构造基本上可分为两部分，即基层与面层。基层包括承受荷载的结构层和为了功能需要所设的构造层。对基层的要求，视不同类型的面层而有所区别，但无论何种面层均需要基层具有一定的强度和表面平整度。面层是位于基层上面的饰面层，主要起装饰作用，并具有耐磨、不起尘、平整、防水等性能。面层种类繁多，建筑地面按面层的材料、施工工艺及构造特点分为整体式地面（包括水泥砂浆地面、现制水磨石地面、细石混凝土地面等）、板块地面（包括大理石地面、花岗石地面、预制水磨石地面、陶瓷地砖地面、陶瓷锦砖地面、劈离砖地面等）、木地面（包括木板地面、拼花木板地面、硬质纤维板地面等）、塑料板地面、地毯饰面等。由于篇幅所限本节仅述木地面的施工。

木地面俗称木地板，具有自重轻、保温隔热性能好、有弹性和一定耐久性、易于加工等优点。特别是硬木拼花地板，因其纹理美观，经涂料饰面和抛光打蜡后，更显得高雅名贵，故多用于室内高级地面装饰。

一、木地面的构造

木地面的基本构造由面层和基层组成。

（1）面层。面层是木地面直接承受磨损的部位，也是室内装饰效果的重要组成部分，面层从板条的规格及组合方式来分，可分为条板面层和拼花面层两类。条板面层是木地面中应用较多的一种，条板宽度一般为 50～150mm，长度在 800mm 以上。拼花面层是用较短的小板条，通过不同方式的组合，拼成多种图案的面层，常见的有正方格形、席纹形、人字形等拼花图案。

（2）基层。基层的作用主要是承托和固定面层，通过钉或粘的办法来达到牢固固定的目的。基层可分为木基层和水泥砂浆（或混凝土）基层。

木基层有架空式和实铺式两种。架空式木基层主要用于面层要求距离基底较大的场合，它主要由地垄墙、垫木、格栅、剪刀撑、单层或双层木地板组成（见图 8-4）；实铺式木基层是将木格栅直接固定在基底上（见图 8-5）。

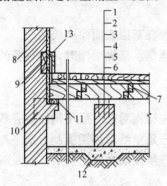

图 8-4　架空式木基层构造

1—硬木地板；2—毛地板；3—木格栅；4—垫
木；5—干铺油毡；6—地垄墙；7—剪刀撑；
8—砖墙；9—预埋防腐木砖；10—预埋铅丝；
11—压檐木；12—素混凝土；13—踢脚板

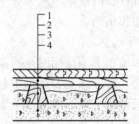

图 8-5　实铺式木基层构造

1—硬木地板；2—毛地板；
3—木格栅；4—细石混凝土垫层

水泥砂浆（或混凝土）基层一般多用于薄木地板地面。将薄木地板直接用胶粘剂粘贴在水泥砂浆或混凝土基层上，薄木地板是指利用木材加工过程中剩余的短小木材加工而成的地面饰面材料。对于舞台及比赛场地的木地面，由于其对减震及整体弹性的要求较高，一般采取在木格栅下增设弹性橡垫的方法解决。

二、木基层施工

1. 架空式木基层

地垄墙（或砖墩）一般采用烧结普通砖、水泥砂浆或混合砂浆砌筑。顶面需铺防潮层一层，其基础应按设计要求施工，地垄墙间距一般不宜大于 2m，以免木格栅断面过大。垫木（包括压檐木）应按设计要求作防腐处理，厚度一般为 50mm，可沿地垄墙通长布置，用预埋于地垄墙中的 8 号铅丝绑扎固定。木格栅的作用主要是固定与承托面层，其表面应作防腐处理。木格栅一般与地垄墙成垂直摆放，间距一般为 400mm。安装时，先核对垫木（包括压檐木）表面水平标高，然后在其上弹出木格栅位置线，依次铺设木格栅。木格栅离墙面应留不小于 30mm 的缝隙，以利隔潮通风。木格栅的表面应平直，安装时要随时注意从纵横两个方向找平。剪刀撑布置于木格栅两侧面，间距按设计规定。设置剪刀撑的作用主要是增加木格栅的侧向稳定，将各根单独的格栅连成整体，也增加了整个楼面的刚度，还对木格栅的翘曲变形起一定的约束作用。双层木地板的下层称为毛地板，一般是用宽度不大于120mm 的松、杉木板条，在木格栅上部满钉一层。铺设时必须将毛地板下面空间内的杂物清除干净，否则一旦铺满，便较难清理。毛地板一般采用与木格栅成 30°或 45°角斜向铺设，但当采用硬木拼花人字纹时，则一般与木格栅成垂直铺设。铺设时，毛板条应使髓心向上，以免起鼓，相邻板条间缝不必太严密，可留有 2～3mm 的缝隙，相邻板条的端部接缝要错开。

2. 实铺式木基层

一般多采用梯形截面（宽面在下）的木格栅，间距一般为 400mm，利用预埋于现浇钢筋混凝土楼板上的镀锌铅丝或铁件将其固定在楼板上。

三、面层施工

面层按其铺设形式分为条形木板面层和拼花木板面层；按层数可分为单层和双层木地板。面层施工主要包括面层条板的固定及表面的饰面处理。固定方法有钉接固定和黏结固定两种。钉接固定是指用圆钉将面层条板固定到毛地板或木格栅上，黏结固定则采用胶粘剂将板条粘到基层上。

四、木踢脚板施工

木地板房间的四周墙角处应设木踢脚板。踢脚板一般高 100～200mm，常采用的是高 150mm，厚 20～25mm。所用木材一般也应与木地板面层所用的材质品种相同。踢脚板预先抛光，上口抛成线条。为防翘曲在靠墙的一面应开槽；为防潮通风，木踢脚板每隔 1～1.5m 设一组通风孔，孔径一般为 6mm。一般木踢脚板于地面转角处安装木压条或圆角成品木条。

第五节　吊　顶　工　程

吊顶具有保温、隔热、隔音、吸声、装饰等作用，近年来随着各种新型吊顶材料的不断涌现促进了吊顶工程的发展，传统的木龙骨吊顶已被新型吊顶取代，故本节仅介绍新型吊顶。新型吊顶按结构形式分为活动式装配吊顶、隐蔽式装配吊顶、金属装饰板吊顶、开敞式吊顶四种类型，按使用功能分上人吊顶和不上人吊顶。

一、吊顶的基本组成

吊顶是由吊杆、龙骨骨架和罩面板三大部分组成。

1. 吊杆

吊杆又称吊筋，其作用是将整个吊顶系统与结构构件相连接，将整个吊顶荷载传递给结构构件承受。此外，还可以用其调整吊顶棚的空间高度，以适应不同场合不同艺术处理的需要。

2. 龙骨骨架

吊顶龙骨骨架是由各种大小的龙骨组成，其作用是支撑并固定顶棚的罩面板，以及承受作用在吊顶上的其他附加荷载。按骨架的承载能力可分为上人龙骨骨架和不上人龙骨骨架；按龙骨在骨架中所起作用可分为承载龙骨、覆面龙骨与边龙骨。承载龙骨是主龙骨，与吊杆相连接，是骨架中的主要受力构件；覆面龙骨又称次龙骨，在骨架中起联系杆件的构造作用并为罩面板搁置或固定的支撑件；边龙骨又称封口角铝，主要用于吊顶与四周墙相接处，支撑该交接处的罩面板。按吊顶龙骨的材质分，有木材与金属两大类别，但木龙骨因防火性差已较少使用，常用的金属龙骨有轻钢龙骨和铝合金龙骨。

3. 罩面板

吊顶用罩面板品种繁多，按尺寸规格一般可分为两大类：一类是幅面较大的板材，规格一般为(600～1200)mm×(1000～3000)mm;另一类是幅面较小成正方形的吊顶装饰板材,规格一般为(300～600)mm×(300～600)mm。按板材所用材料分有石膏类、无机矿物材料类、塑料类、金属类等。

二、活动式装配吊顶的施工

活动式装配吊顶,是指罩面板明摆、浮搁在龙骨上,且更换方便的一种吊顶形式。由于装饰板质轻,故通常是采用铝合金吊顶龙骨或轻钢吊顶龙骨配套使用,将新型轻质装饰板摆放在T型龙骨上,龙骨可以是外露也可以是半露的,故龙骨既是承重部件又是吊顶装饰板的盖缝压条,从而既有纵横分格的装饰效果,又回避了传统工艺中吊顶分格缝难以保证顺直的问题,使施工安装简化。常用的装饰板品种有矿棉板、装饰石膏板、钙塑板、泡沫塑料板等轻质板材。

1. 吊顶龙骨的选择

活动式装配吊顶多采用铝合金吊顶龙骨与小幅面的吊顶板材配合,由于龙骨显露于吊顶表面,其柔和的色泽、光洁的表面使之获得美观大方、别具特色的装饰效果。对于不上人吊顶,吊顶除自重外不承受附加荷载,通常只需采用T、L型吊顶铝合金龙骨组成不上人吊顶龙骨骨架。如果是上人吊顶还需承受附加荷载,则要采用T、L型吊顶铝合金龙骨和U型吊顶轻钢龙骨组装成上人吊顶龙骨骨架,U型吊顶轻钢龙骨的规格选择要根据附加荷载的大小而定。采用T、L型吊顶铝合金龙骨和U型吊顶轻钢龙骨组装成的上人吊顶构造示意图,见图8-6,采用T、L型吊顶铝合金龙骨组成的不上人吊顶构造示意图,见图8-7。

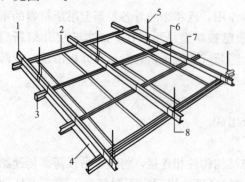

图 8-6　T、L型吊顶铝合金龙骨
上人吊顶构造示意图

1—承载龙骨;2—T型龙骨挂件;3—T型龙骨
(纵向);4—顶顶板;5—吊杆;6—T型龙骨
(横向);7—T型龙骨挂件;8—吊件

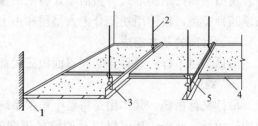

图 8-7　T、L型吊顶铝合金龙骨不上
人吊顶构造示意图

1—L型龙骨(边龙骨);2—吊杆;3—T型龙
骨(纵向);4—T型龙骨(横向);5—T型龙
骨吊挂件

2. 吊顶的施工

吊顶的施工程序为:弹线定位→安装吊杆→安装与调平龙骨→安装罩面板。

三、隐蔽式装配吊顶的施工

隐蔽式装配吊顶是指龙骨不外露,吊顶罩面板表面呈整体效果的一种吊顶形式。罩面板固定到龙骨上的方式有三种,即用螺钉固定在龙骨上、用胶粘剂粘在龙骨上和将罩面板加工成企口形式用龙骨将罩面板连接成一整体。常用的罩面板有胶合板、普通及耐火纸面石膏板、吸声用穿孔石膏板、矿棉板、钙塑板等，普通及耐火纸面石膏板具有块大、面平、易于安装、防火性好等一系列优点，故获得广泛应用。

1. 吊顶龙骨的选择

隐蔽式装配吊顶，如采用纸面石膏板等大幅面吊顶板材作罩面板时，吊顶龙骨骨架一般多采用U、C、L型轻钢吊顶龙骨组成，作为承载龙骨的U型轻钢龙骨的规格可根据承载力大小确定。固定纸面石膏板的幅面龙骨间距一般不大于600mm，在南方潮湿地区间距应适当减少，以300mm为宜。由于纸面石膏板纵向断裂荷载显著大于其横向断裂荷载，故纸面石膏板的铺设方向应采取横向铺设方式，即其长边应垂直于龙骨的长度方向。

对于上人吊顶，U、C、L型轻钢吊顶龙骨的布置方式有两种：一种是布置有横向幅面龙骨，其构造示意图见图8-8；另一种是无横向幅面龙骨，其构造示意图见图8-9。前者的优点是吊顶的稳定性好，纸面石膏板的长边可用自攻螺钉固定在横向幅面龙骨上，使得板缝严密牢固可靠，缺点是幅面龙骨及龙骨支托件的数量增多，增加吊顶工程费用和施工时间。后者是可节省龙骨及龙骨支托件，可降低工程费用，加快施工进度，但吊顶稳定性较差。

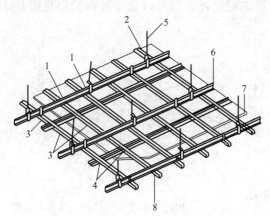

图8-8 有横向幅面龙骨的轻钢龙骨骨架
上人吊顶构造示意图

1—龙骨挂件；2—龙骨吊件；3—龙骨连接件；4—龙骨支托；5—吊杆；6—承载龙骨；7—吊顶板材；8—覆面龙骨

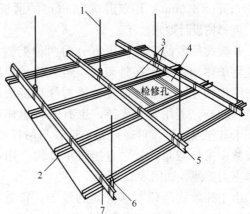

图8-9 无横向幅面龙骨的轻钢龙骨骨架
上人吊顶构造示意图

1—吊杆；2—覆面龙骨（纵向）；3—龙骨支托；4—覆面龙骨（横向）；5—承载龙骨；6—龙骨吊件；7—龙骨挂件

对于不上人吊顶轻钢龙骨骨架，一般不采用承载龙骨，而只采用幅面龙骨。吊顶是设在通长的纵向幅面龙骨上，其构造示意图见图8-10，其特点是节省了大量龙骨及吊挂件，较多地降低工程费用，加快施工进度。

2. 吊顶的施工

隐蔽式装配吊顶的施工程序为：弹线→固定吊杆→安装与调平龙骨→安装罩面板→板面的饰面处理。

四、金属装饰板吊顶的施工

金属装饰板吊顶是以金属材料制成的吊顶板材，配合新颖的金属龙骨材料组装成的一种风格独特的吊顶形式，具有强度高、质量轻、结构简单、拆装方便、防火、防潮、耐腐蚀、

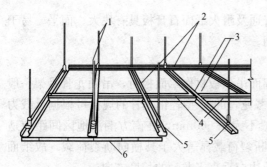

图 8-10　不上人吊顶轻钢龙骨骨架构造示意图

1—吊杆；2—覆面龙骨（纵向）；3—龙骨支托；

4—覆面龙骨（横向）；5—龙骨吊挂件；

6—纸面石膏板

装饰性好等特点。金属装饰板有条形板（板条）和方形板（正方形和长方形）两种，以其作为吊顶材料可组成条形金属板吊顶和方形金属板吊顶。金属装饰板按材质分有铝合金吊顶板、镀锌钢板吊顶板和彩色镀锌钢板吊顶板等，按其表面有无冲孔分，有冲孔金属吊顶板和无冲孔金属吊顶板。金属装饰板吊顶的施工程序与前述吊顶的施工程序基本相同。

五、开敞式吊顶的施工

开敞式吊顶又称格栅式吊顶，其艺术效果是通过将特定形状的单体构件，巧妙地组合造成单体构件的韵律感，从而收到既遮又透的独特效果。单体构件是开敞式吊顶的基本组成构件，造型繁多，一般采用木材、塑料、金属等材料制成。铝合金材料具有质轻、防火、易加工等优点，故应用较多。格栅式单体构件是开敞式吊顶中应用较多的一种形式，其常见尺寸为 610mm×610mm，用双层 0.5mm 厚的薄板加工而成，表面可以是阳极保护膜也可是漆膜，色彩按设计要求加工。

开敞式吊顶的安装固定可分为两种类型：一种是将单体构件固定在骨架上，然后将骨架用吊杆与结构相连；另一种是将单体构件直接用吊杆与结构相连，不用骨架支持；也有的将单体构件先用卡具连成整体，再通过通长钢管与吊杆相连，不仅减少吊杆数量，较之直接将单体构件用吊杆悬挂更为简便，如图 8-11 所示。

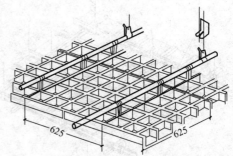

图 8-11　用通长钢管安装格栅式吊顶示意图

由于开敞式吊顶上部空间的设备、管道和结构均清晰可见，因此要采取措施以模糊上部空间，如可将上面的管线设备及混凝土刷一层灰暗色，以突出吊顶的效果。

第六节　玻璃幕墙工程

现代高层建筑的外墙面装饰，可采用铝合金窗和铝板组合而成的铝合金幕墙和玻璃幕墙。对于铝合金幕墙，铝合金板是覆盖在金属框上，而金属框利用在结构楼面上的预埋件用钢扣件连接固定，铝合金窗框则用螺栓安装在铝板金属框上。铝合金幕墙的施工顺序如下：预埋件安装→安装弹线→钢扣件安装→铝板安装→铝窗安装→玻璃安装→镶嵌封条→室内石膏板安装→幕墙表面清洗。外墙面幕墙的安装可采用吊篮及吊脚手。外墙面铝板安装，要求控制好安装高度、铝板距墙面位置和铝板表面垂直度。安装玻璃采用弹性封缝施工法，把玻璃安装在铝合金窗框内，但不与窗框接触，而是放上定位垫块、边缘隔片、衬条之后，重新将窗压条安装好，嵌入玻璃压紧条。固定玻璃，在玻璃外侧与窗框的间隙内，用注入枪把硅酮封缝材料嵌入封住。

玻璃幕墙多采用中空玻璃，它由两片（或两片以上）玻璃和间隔框构成，并带有密闭的干燥空气夹层。结构轻盈美观,并具有良好的隔热、隔音和防结露性能。目前我国已能按不同用途生产不同性能的中空玻璃、透明浮法玻璃、彩色玻璃、防阳光玻璃、钢化玻璃、镜面反射玻璃等。玻璃厚度为 3~10mm,有无色、茶色、蓝色、灰色、灰绿色等数种。玻璃幕墙的厚度有 6mm、9mm 和 12mm 等几种规格。

玻璃幕墙一般用于高层建筑的整个立面或裙房的四周围护墙体。施工时,按设计尺寸预先排列幕墙的金属间隔框及组合固定件位置,提出中空玻璃的性能要求、外形尺寸和配件等数量。库房存放应按编号分堆堆放,存放时要垂直放平以防翘曲变形导致玻璃破裂。

安装玻璃幕墙的部位应先进行水平测量和严格地找平,安装第一块玻璃幕墙金属隔框时,要严格控制垂直度,以防前后倾斜。安装后先临时固定,经校正后方可正式固定。安装时,用吸盘把中空玻璃两面吸住,稳妥地镶入金属隔框内,随即将嵌条嵌入槽内固定玻璃,然后将胶粘剂挤入槽内,将密封带嵌入槽内压平,如胶粘剂外泄,应及时清理干净。安装完毕,当其他工种的工作已不影响玻璃幕墙的保护时,方可清理金属隔框的保护纸。安装时,因其尺寸大并且需数人配合安装,故必须有适宜的内外脚手架。

第九章 道路工程施工

【学习要点】 熟悉土质路基施工方法及施工准备，土质路堤填筑与土质路堑开挖；掌握路面基层施工、路面施工。

第一节 土质路基施工方法及施工准备

一、施工方法

路基一般为土石方工程。施工方法有人工施工、简易机械施工、机械化施工及爆破等，施工时应根据工程性质、岩土类别、工程量、施工期限、施工条件等选择一种或几种。

人工施工是传统的施工方法，施工时主要是工人用手工工具进行作业。这种方法劳动强度大、工效低、进度慢，且工程质量难以得到保证，已不适应现代公路工程施工的要求，只能作为其他施工方法的辅助和补充。

简易机械施工是在人工施工的基础上，对施工过程中劳动强度大和技术要求相对较高的工序，用机具或简易机械完成，以利加快工程进度、提高施工效率和工程质量。但这种施工方法工效有限，只能用于工程量较小、工期要求不严的路基或构造物施工，特别不适宜高速公路和一级公路路基的大规模施工。

机械化施工是通过合理选用施工机械，将各种机械科学地组织成有机的整体，优质、高效地进行路基施工的方法。若选用专业机械按路基施工要求，对施工的各工序进行既分工又联合的作业，则为综合机械化施工。实现机械化施工是我国路基施工的发展方向，特别是对于工程量大、技术要求高、工期紧的高速公路和一级公路路基工程，必须采用机械化施工。组织机械化施工时，应使机械合理配套、科学地组织，最大限度地发挥各种机械的效能。

爆破法施工是利用炸药爆炸的巨大能量炸松土石或将其移到预定位置。这种施工方法主要用于石质路堑的开挖，特殊情况下也用于土质路堑开挖或清除淤泥。在施工时若采用机械钻孔、机械清运，也属于机械化施工之列。

二、施工准备工作

路基施工需要消耗大量的人工、物资、机械和时间等资源，是一项耗时长、技术要求高的工作。路基施工前，必须根据工程的实际情况做好组织准备、物资准备和技术准备工作，使各项施工活动能正常进行。在施工过程中，所有的施工活动都必须严格按有关施工规范进行，以确保工程质量，最后得到质量优良的路基实体。

1. 施工准备

(1) 组织准备。开工前的组织准备工作主要是建立健全工程管理机构和施工队伍，明确各自的施工任务，制定施工过程中必要的规章制度，确定工程应达到的目标等。组织准备是其他准备工作的开始。

(2) 物资准备。路基施工要消耗大量的人工、材料和机具，因此开工前应进行所需材料的购进、采集、加工、调运和储备等工作。同时要检修或购置施工机械，作好施工人员的生活、后勤保障准备工作，正所谓"兵马未动，粮草先行"。劳动力、机械设备和材料的准备工作是路基施工组织计划的重要组成部分。

（3）技术准备。路基施工前的技术准备包括制定施工组织计划、施工测量、施工前的复查与试验及清理施工现场等工作。对于高速公路和一级公路，或采用新技术、新工艺及新材料的其他等级公路，除做好上述准备工作外，还应在大规模施工前铺筑试验路，为正式施工提供技术指导。

1）制定施工组织计划。制定路基施工的实施性施工组织计划，是路基施工前非常重要的技术准备工作，施工单位应根据设计文件、工程实际条件、工程量、施工难易度以及设备、人员、材料供应情况和工期要求等认真编制。所编制的施工组织计划应针对工程实际，科学合理、易于操作，有利于保证工程质量和工程进度，做到"运筹帷幄"，使路基施工能连续、均衡地进行。在编制过程中，施工单位应对设计文件和设计交底全面熟悉、认真研究，组织有关人员进行现场核对和施工调查；若有必要，应按有关程序提出修改设计意见并报请变更设计。

2）施工测量。开工前应做好施工测量工作，内容包括导线、中线、水准点复测、检查与补测横断面、校对和增加水准点等。

开工前应全面恢复路中线并固定路线的交点、平曲线主点等主要控制桩，高速公路和一级公路应采用坐标法恢复主要控制桩。若设计文件中公路路线主要由导线控制，施工测量时必须做好导线的复测工作以准确控制路线的平面位置。为满足施工要求，复测路中线时应对指示桩进行必要的加密和加固。若发现路中线与相邻施工段的中线或结构物中轴线不闭合，应及时查明原因并上报有关部门。若原设计路线长度丈量有误或局部改线时，应作断链处理并相应调整纵坡。

路基施工时，若使用设计单位设置的水准点，应进行校核并与国家水准点闭合。产生的闭合差应按有关规定处理，闭合差超出允许误差应查明原因并报告有关部门。为方便施工可增设水准点，但应可靠固定。

施工前应对路基纵横断面进行检查和核对，并适当补测。根据已经恢复的路中线，按设计文件、施工规定和技术要求等标出路基用地界桩、路堤坡脚、路堑坡顶、边沟及路基附属设施的具体位置。为方便施工，还应在距路中线一定安全距离处设置控制桩，间距不宜大于50m，桩上标明桩号及路中心填挖高度。在路基施工过程中，应采取有效措施保护所有测量标志，以免增加测量工作量，减少出现错误的可能。

3）施工前的复查与试验。路基施工前，施工技术人员应对路基施工范围内的地质、地形、水文情况进行详细调查。根据设计文件提供的资料，对取自挖方、借土场、料场的路堤填料进行复查和取样试验。用作填料的土应按《公路土工试验规程》（JTJ 051—1993）测定其物理、力学等性质，以试验结果作为判定可否应用的依据。若使用新材料（如工业废渣等）填筑路堤，除对相应指标进行试验外，还应进行环境保护分析并提出报告，经批准后方可使用。

4）清理施工现场。路基施工前应先办好有关土地的征用、占用手续，依法使用土地。路基范围内的已有建筑物、道路、沟渠、通信及电力设施等，施工单位应协同有关部门事先拆除或迁建。对路基附近的危险建筑物应进行适当加固，对文物古迹应妥善保护。

5) 铺筑试验路。高速公路和一级公路、特殊地区公路或采用新技术、新工艺、新材料的路基，在正式施工前，应采用不同的施工方案和施工方法，铺筑试验路并进行相关试验分析，从中选出最佳施工方案和施工方法以指导大面积路基施工。所铺筑的试验路应具有代表性，施工机械和工艺过程要与以后全面施工时相同。通过试验路铺筑，可确定不同压实机械压实各种填料的最佳含水量、适宜的松铺厚度、相应的碾压遍数、最佳机械配置和施工组织方法等。

2. 施工注意事项

(1) 严格按照设计文件和施工规范进行路基施工，以试验及测试结果作为检查、评定路基施工质量是否符合要求的主要依据。

(2) 加强排水，确保路基施工质量。施工排水有利于控制土的含水量，便于施工作业。路基施工前应先修筑截水沟、排水沟等排水设施。雨季施工时要加强工地临时排水，各施工作业面应及时整平、压实、封闭。填方地段路基应根据土质情况和气候条件做成 2%～4% 的排水横坡；挖方工作面应根据路堑纵横断面情况，采取有效措施把积水排除。当地下水位较高或有地下水渗流时，应根据地下水的位置和流量设置渗沟等适宜的地下排水设施。

(3) 合理取土、弃土。施工时取土与弃土应从方便路基施工、节约用地、保护耕地和农田水利设施等角度考虑，并注意取土、弃土后的排水畅通，避免对路基造成不利影响。

(4) 注意保护生态环境。建成后的公路应有美好的路容和景观。路基施工时应尽量减少对自然植被及地形地貌的破坏，以免造成水土流失，不能避免时应适当进行绿地恢复。施工时清除的杂物应区别情况，予以妥善处理，不得倾弃于河流及水域中。

(5) 应因地制宜，合理利用当地材料和工业废料修筑路基，有效降低工程造价。

(6) 安全施工。必须贯彻安全生产的方针，制定施工安全措施，加强安全教育和检查，严格执行安全操作规程，避免造成人员伤亡和财产损失。

第二节　土质路堤填筑与土质路堑开挖

为保证路堤具有足够的强度、良好的水温稳定性及耐久性，应选用符合要求的填料，采用合理的方法来填筑路堤。在土质路堤的施工过程中，尤其要重视对填土的压实。

一、土质路堤填筑

1. 填料选择

填筑路堤所用的大量填料，一般都是就近取用当地土石。为保证路堤的强度和稳定性，应选择强度高、稳定性好的土石作填料。如碎石、砾石、卵石、粗砂等透水性好的材料，它们不易被压缩、强度高、水稳性好，填筑时不受含水量限制，分层压实后较易达到规定的施工质量，此类材料应优先选用。用透水性不良或不透水的土，如黏土作路堤填料时，必须在最佳含水量下分层填筑并充分压实。粉质土的水稳定性和冰冻稳定性均较差，不宜做路堤填料，在季节性冰冻地区更应慎用。黏质土和高液限黏土可用来填筑高度小于 5m 的路堤，但应水平分层填筑并压实到规定的密实度。

高速公路和一级公路路堤填料应到实地采取土样并进行土工试验，有关指标应符合表9-1 的技术要求。二级及二级以下公路路堤填料也宜按表 9-1 的规定选用。

表 9-1　　　　　　　　　　　**路基填方材料最小强度和最大粒径**

填料应用部位 （路面底标高以下深度，m）		填料最小强度（<CBR）（%）			填料最大粒径 （mm）
		高速公路 一级公路	二级公路	三、四级公路	
路　堤	上路床（0～0.30）	8	6	5	100
	下路床（0.30～0.80）	5	4	3	100
	上路堤（0.80～1.50）	4	3	3	150
	下路堤（>1.50）	3	2	2	150
零填及挖 方路基	0～0.30	8	6	5	100
	0.30～0.80	5	4	3	100

2. 基底处理

经过清理后的路堤所在原地面即为路堤基底，是自然地面的一部分。为使路基的强度和整体稳定性得到保证，应根据基底的土质、水文、坡度和植被情况及路基高度等进行适当的处理。

（1）做好原地面临时排水工作。临时排水设施排出的雨水不得流入农田、耕地，也不得引起水沟淤塞和冲刷路基；原地面易积水的洞穴、坑槽等应用土填平并按规定压实。

（2）当路堤基底的原状土强度不符合要求时，应进行换填处理，挖深不小于 30cm，并分层找平压实。

（3）对于山坡路堤，当地面横坡不陡于 1∶5，而基底土质密实稳定时，可将路堤直接修在天然地面上；当地面横坡陡于 1∶5 时，应将原地面挖成台阶并夯实，台阶宽度不小于 1m。对于原地面横坡较陡的高速公路和一级公路半填半挖路基，必须在山坡上从填方坡脚向上挖成向内倾斜的台阶，台阶宽度不小于 1m。

（4）矮路堤基底处理。矮路堤填筑高度小于 1.0～1.5m，接近或等于路基工作区。为提高路基的强度和稳定性，应对矮路堤进行认真处理。处理的措施有挖除种植土、换土、挖松压密、加铺砂砾石垫层等。

3. 填筑方式

（1）水平填筑。土质路堤应尽可能采用水平填筑分层方式进行，即将路堤划分为若干水平层次，逐层向上填筑。如原地面不平，则从最低层开始填筑。每填一层，经压实达到压实度要求后，再进行下一层填筑，如图 9-1 所示。当用不同

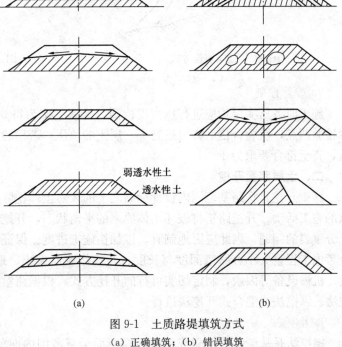

弱透水性土
透水性土

(a)　　　　　　　　　(b)

图 9-1　土质路堤填筑方式

(a) 正确填筑；(b) 错误填筑

土质填筑路堤时,应符合下列填筑工艺要求:

1) 路堤下层用透水性较小的土填筑时,表面应做成 4% 的双向横坡,以保证来自上面透水性填土层的水及时排除。

2) 路堤上层用透水性较差的土填筑时,不应覆盖封闭其下层透水性较大的填料,以保证路堤内的水分蒸发。

3) 不得将透水性不同的土混杂填筑,以免形成水囊或滑动面。

4) 根据强度和稳定性要求,合理安排不同土质的层位,不因潮湿及冻融而改变其体积的优良土质,应填筑在路堤上层,强度较低的土填在下层。

5) 沿公路纵向用不同的土质填筑路堤时,为防止在相接处发生不均匀变形,应在交接处做成斜面,并将透水性差的土安排在斜面下方。

(2) 竖向填筑。原地面纵向坡度大于 12%,路线跨越深谷或局部地面横坡较陡的地段,地面高差大,无法采用水平分层填筑时,可采取竖向填筑,即施工时将填料沿路线纵向在坡度较大的原地面上倾填,形成倾斜的土层,然后碾压密实,如此逐层向前推进,如图 9-2 所示。由于填土过厚而不易压实,必须采取一定的技术措施以保证压实质量,如采用沉降量较小的砂石或开挖路堑的废弃石方,路堤全宽应一次填筑并选用高效能压路机压实。

(3) 混合式填筑。混合方式填筑路堤是下层用竖向填筑而上部用水平分层填筑,这样可使上部填土获得足够的密实度,如图 9-3 所示。

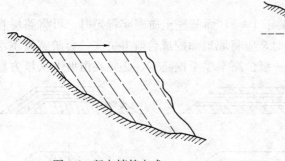

图 9-2 竖向填筑方式

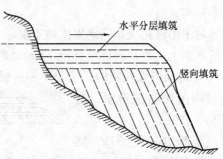

图 9-3 混合填筑方式

4. 质量控制

施工时各压实层均应进行压实度检测,检测频率为每 2000m 检验 8 点,不足 200m² 至少检验两点,检验合格后方可进行下一层土的填压。若检验不合格,则应查明原因,进行补压,直至符合要求为止。

二、土质路堑开挖

路堑开挖是将路基范围内设计标高之上的天然土体挖除,并运到填方地段或其他指定地点的施工活动。开挖路堑将破坏土体原来的平衡状态,开挖时保证挖方边坡的稳定性是一个十分重要的问题。因此应因地制宜,以加快施工进度、保证工程质量和施工安全为原则,综合考虑工程量大小、路堑深度与长度、开挖作业面大小、地形与地质情况、土石方调配方案、机械设备等因素,制定切实可行的开挖方式。根据路堑深度和纵向长度,开挖时可按横挖法、纵挖法或混合式开挖法进行。

1. 横挖法

横挖法是从路堑的一端或两端在横断面全宽范围内向前开挖,主要适用于短而浅的路堑。路堑深度不大时，一次挖到设计标高的开挖方式称为单层横挖法。若路堑较深，为增加作业面，以便容纳较多的施工机械，形成多向出土以加快工程进度，而在不同高度上分成几个台阶同时开挖的方式称为多层横挖法，各施工层面具有独立的出土通道和临时排水设施。用人工按多层横挖法开挖路堑时，所开设的施工台阶高度应符合安全施工的要求，一般为1.5～2.0m。若采用机械开挖路堑，每层台阶高度可为3～4m。当运距较近时用推土机进行开挖；运距较远时宜用挖掘机配合自卸汽车进行开挖，或用推土机推土堆积，再用装载机配合自卸汽车运土。开挖时应配备平地机或人工分层修刮、整平边坡。

2. 纵挖法

纵挖法是开挖时沿路堑纵向，将开挖深度内的土体分成厚度不大的土层依次开挖，分为分层纵挖法和通道纵挖法两种。分层纵挖法适宜于路堑宽度和深度均不大的情况，在路堑纵断面全宽范围内纵向分层挖掘。当开挖地段地面横坡较陡、开挖长度较短（不超过100m）且开挖深度不大于3m时，宜采用推土机作业。当挖掘的路堑长度较长（超过1000m）时，宜采用铲运机或铲运机加推土机助铲作业。

通道纵挖法适宜于路堑较长、较宽、较深，而两端地面坡度较小的情况。开挖时先沿纵向分层，每层先挖出一条通道，然后开挖通道两旁，通道作为机械运行和出土的线路。

如果所开挖的路堑很长，可在一侧适当位置将路堑横向挖穿，把路堑分为几段，各段再采用纵向开挖的方式作业，这种挖掘路堑的方法称为分段挖掘法。这种挖掘方式可增加施工作业面，减少作业面之间的干扰并增加出料口，从而大大提高工效，适用于傍山的深长路堑开挖。

用推土机开挖路堑时，每一铲挖地段的长度应以满足一次铲切达到满载为佳，一般为5～10m。铲挖时宜下坡进行，对于普通土，下坡坡度不宜小于10％，不得大于15％。傍山卸土的运行道应设向稍低的横坡，但同时应留有向外排水的通道。采用铲运机开挖路堑时，铲运机在路基上的作业长度不宜小于100m，宽度应使铲斗易于达到满载。采用铲斗容量为4～8m³的拖式铲运机或铲运推土机时，运距为100～400m；铲斗容量为9～12m³时，运距宜为100～800m。若采用自行式铲运机，运距可相应加倍。铲运机运土道宽度不应小于4m，双向运土道宽度不应小于8m。重载上坡坡度不宜大于8％，空载上坡坡度不得大于50％；弯道应尽可能平缓，避免急弯。铲运机回驶时刮平作业面，铲运道重载弯道处应保持平整。地形起伏较大的工地，应充分利用下坡铲土以提高功效。取土时应沿铲运作业面有计划地均匀进行，不得局部过度取土以免造成坑洼积水。铲运机卸土场大小应满足分层铺卸的需要，并留有回转余地。填方卸土应边走边卸，防止成堆，行走路线外侧边缘至填方边缘距离不宜小于20cm。

3. 混合式开挖法

混合式开挖法是将横挖法与纵挖法混合使用。开挖时先沿路堑纵向开挖通道，然后从通道开始沿横向坡面挖掘，以增加开挖坡面，每一开挖坡面能容纳一个施工作业组或一台机械。在挖方量较大地段，还可沿横向再挖通道以安装运土传送设备或布置运土车辆。这种方法适用于路堑纵向长度和深度都很大的地段。

路堑开挖应自上而下进行，不得超挖滥挖。在不影响边坡稳定的条件下，可采用小型爆破以提高开挖效率。在开挖过程中土质发生变化，应及时修改施工方案和边坡坡度。对于已开挖的适宜种植草皮和有其他用途的土，应储备利用。路堑路床的表层土若为有机土、难以晾干或其他不宜用作路床的土时，应用符合要求的土置换，然后按路堤填筑要求进行压实；

当置换土层厚度超过 30cm 时，其压实度应达到表 9-2 所列数值的 90％。

表 9-2   **土质路基压实标准（重型击实标准）**

填挖类型		路床顶面以下深度（m）	压实度（%）		
			高速公路一级公路	二级公路	三、四级公路
路　堤	上路床	0～0.30	≥96	≥95	≥94
	下路床	0.30～0.80	≥96	≥95	≥94
	上路堤	0.80～1.50	≥94	≥94	≥93
	下路堤	>1.50	≥93	≥92	≥90
零填及挖方路基		0～0.30	≥96	≥95	≥94
		0.30～0.80	≥96	≥95	—

4. 质量标准

土方路基施工应符合下列质量要求：路基必须分层填筑压实，表面平整坚实，无软弹和翻浆现象，路拱合适，排水良好，土的压实度、强度和路床的整体强度符合设计要求。挖方地段上边坡应平整稳定。路床土压实度及强度必须符合规定。土方路基施工允许偏差见表 9-3。

表 9-3   **土方路基施工允许偏差**

序号	检查项目	允 许 偏 差			检查方法和频率
		高速公路、一级公路	二级公路	三、四级公路	
1	路基压实度	符合规定	符合规定	符合规定	施工记录
2	弯沉	不大于设计值	不大于设计值	不大于设计值	—
3	纵断高程（mm）	+10，−15	+10，−20	+10，−20	每 200m 测 4 个断面
4	中线偏位（mm）	50	100	100	每 200m 测 4 点弯道加 HY、YH 两点
5	宽度	不小于设计值	不小于设计值	不小于设计值	每 200m 测 4 处
6	平整度（mm）	15	20	20	3m 直尺：每 200m 测 2 处×10 尺
7	横坡（%）	±0.3	±0.5	±0.5	每 200m 测 4 个断面
8	边坡坡度	不陡于设计坡度	不陡于设计坡度	不陡于设计坡度	不陡于设计坡度 每 200m 抽查 4 处

第三节　路面基层施工

在路面结构中，将直接位于路面面层之下的主要承重层称为基层，铺筑在基层下的次要承重层称为底基层，但一般常将二者统称为基层。基层承受由面层传递而来的行车荷载垂直应力作用，抵御环境因素的影响，是构成路面整体强度的主要组成部分，因此路面基层既应具有足够的强度，又应具有良好的水温稳定性和耐久性。根据材料组成及使用性能的不同，可将基层分为有结合料稳定类（包括有机结合料类和无机结合料类）和无结合料的粒料类。

有机结合料稳定类基层（如沥青碎石及沥青贯入式等）的施工在第五章中阐述，本章主要介绍无机结合料稳定类基层和无结合料的粒料类基层施工。

一、半刚性基层施工

半刚性基层的混合料可在拌和厂（场）集中拌和，也可沿路拌和，故施工方法有厂拌法和路拌法之分。高速公路和一级公路的半刚性基层对强度、平整度等技术性能有很高的要求，应采用施工质量好、进度快的厂拌法施工；其他公路的半刚性基层可用路拌法施工。

1. 铺筑试验路

高速公路及一级公路或使用新技术、新材料及新工艺的半刚性基层，在大面积施工前，应先铺筑一定长度的试验路。通过试验路的铺筑，施工单位可进行施工工艺的优化，找出施工过程中存在的主要问题，取得实现成功施工的经验，为大面积基层的铺筑确定合适的施工方法，同时还可检验拌和、运输、碾压、养生等施工设备的可靠性。根据试验路铺筑的具体情况，制定合理可行的施工组织计划，检验铺筑的半刚性基层质量是否符合设计和规范要求，并提出质量控制措施。此外，设计和建设单位也可对试验路的实际使用效果进行分析，对所设计的路面结构形式、混合料组成设计、基层的路用性能等一系列指标进行再次论证，从而优选出经济适用的路面结构方案，并确定最终采用的基层类型及混合料配合比。

2. 厂拌法施工

厂拌法施工是在中心拌和厂（场）用强制式拌和机、双转轴桨叶式拌和机等拌和设备，将原材料拌和成混合料，然后运至施工现场进行摊铺、碾压、养生等工序作业的施工方法。无拌和设备时，也可先用路拌机械或人工在现场分批集中拌和，再进行其他工序的作业。厂拌法施工前，应先调试用于拌和、摊铺、碾压等工序的设备，使之处于良好的工作状态。拌和前应进行适当的试拌，使大批量拌和的混合料组成符合设计要求。厂拌法施工的工艺流程如图 9-4 所示，其中与施工质量有关的重要工序是混合料拌和、摊铺及碾压。

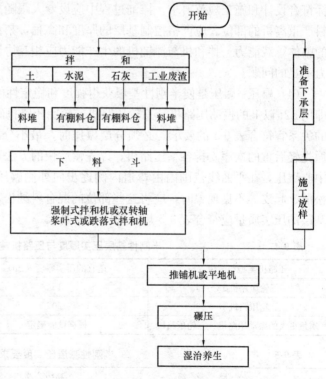

图 9-4 半刚性基层厂拌法施工工艺流程

（1）下层准备与施工放样。半刚性基层施工前应对下承层（底基层或土基）按施工质量验收标准进行检查验收，验收合格后方可进行基层施工。下承层应平整、密实，无松散、"弹簧"等不良现象，并符合设计标高、横断面宽度等几何尺寸。注意采取措施搞好基层施工的临时排水工作。

施工放样主要是恢复路中线，在直线段每隔 20m，曲线段每隔 10～15m 设一中桩，并在两侧路肩边缘设置指示桩，在指示桩上明显标记出基层的边缘设计标高及松铺厚度的位置。

（2）备料。半刚性基层的原材料应符合质量要求。料场中的各种原材料应分别堆放，不得混杂。运到料场的水泥应防雨防潮，准备使用的石灰应提前洒水，使石灰充分消解。石灰和粉煤灰过干会随风飞扬而造成污染，过湿又会成团不便于施工。因此，应适时洒水或设遮雨棚，使之含有适宜的水分。在潮湿多雨地区施工时，应采取有效措施使细粒土、结合料免受雨淋。

（3）拌和与摊铺。拌和时应按混合料配合比要求准确配料，使集料级配、结合料剂量等符合设计要求，并根据原材料实际含水量及时调整拌和机内的加水量。水泥稳定类和工业废渣稳定类混合料的含水量，可比最佳含水量大 1～2 个百分点，而石灰稳定类混合料的含水量，可比最佳含水量小 1～2 个百分点，这样可获得较好的压实效果。

拌和好的水泥稳定类混合料和石灰稳定类混合料，应尽快运到施工现场摊铺并碾压成型，以免因时间过长而使混合料强度损失过大。工业废渣稳定类混合料在 24h 内进行摊铺碾压即可。运输混合料的距离较长时，应用篷布等覆盖混合料以免水分损失过大。

高速公路及一级公路的半刚性基层应用沥青混合料摊铺机、水泥混凝土摊铺机或专用稳定土摊铺机摊铺，这样可保证基层的强度及平整度，路拱横坡，标高等几何外形等的质量指标符合设计和施工规范要求。摊铺过程中应设专人跟随摊铺机行进，以便随时消除粗、细集料严重离析的部位。应严格控制基层的厚度和高程，禁止用薄层贴补的办法找平，确保基层的整体承载能力。拌和机与摊铺机的生产能力应相互协调，避免出现机械停工待料和生产能力不足的问题。

（4）碾压。碾压是使半刚性基层获得强度和稳定性的关键工序。摊铺整平的混合料应立即用 12t 以上的振动压路机、三轮压路机或轮胎压路机碾压。混合料压实厚度与压路机吨位的关系宜符合表 9-4 的要求。必须分层碾压时，最小分层厚度不应小于 10cm。碾压时应遵循先轻后重的次序安排各型压路机，以先慢后快的方法逐步碾压密实。在直线段由两侧向路中心碾压，在平曲线范围内由弯道内侧逐步向外侧碾压。碾压过程中若局部出现"弹簧"、松散、起皮等不良现象时，应将这些部位的混合料翻松，重新拌和均匀再碾压密实。半刚性基层的压实质量应符合表 9-5 规定的压实度要求。

表 9-4　　　　　　　　　半刚性基层压实厚度与压路机吨位的关系

压路机类型与吨位（t）	适宜的压实厚度（cm）	最小分层厚度（cm）
三轮压路机 12～15	15	
三轮压路机 18～20	20	10
质量更大的振动压路机、三轮压路机	根据试验确定	

表 9-5　　　　　　　　　　　半刚性基层压实度要求　　　　　　　　　　%

公　路　等　级			高级公路和一级公路		二级及二级以下公路	
层　　　位			基　层	底基层	基　层	底基层
材料类型	水泥稳定	细粒土		95	95	93
		中、粗粒土	98	96	97	95
	石灰稳定	细粒土		95	95	93
		中、粗粒土		96	97	97
	工业废渣稳定	细粒土		95	97	93
		中、粗粒土	98	96	97	95

水泥稳定类混合料从加水拌和开始到碾压完毕的时间称为延迟时间。混合料从开始拌和到碾压完毕的所有作业必须在延迟时间内完成，以免混合料的强度达不到设计要求。厂拌法施工的延迟时间为 2～3h。

（5）养生与交通管制。半刚性基层碾压完毕，应进行保湿养生，养生期不少于 7 天。水泥稳定类混合料在碾压完成后立即开始养生，石灰或工业废渣稳定类混合料可在碾压完成后 3 天内开始养生。养生期内应使基层表面保持湿润或潮湿，一般可洒水或用湿砂、湿麻布、湿草帘、低黏质土覆盖，基层表面还可采用沥青乳液做下封层进行养生。水泥稳定类混合料需分层铺筑时，下层碾压完毕，待养生 1 天后即可铺筑上层；石灰或工业废渣稳定类混合料需分层铺筑时，下层碾压完即可进行铺筑，下层无需经过 7 天养生。养生期间应尽量封闭交通，若必须开放交通时，应限制重型车辆通行并控制行车速度，以减少行车对基层的扰动。

3. 施工应注意的问题

（1）施工季节。半刚性基层宜在春末或夏季组织施工。施工期间的最低气温应在 51℃ 以上；在冰冻地区，应保证在结冻前有一定成型时间，即在第一次重冰冻（−5～−3℃）到来之前的半个月到一个月（水泥稳定类），或一个月到一个半月（石灰、工业废渣稳定类）完成。若不能达到上述要求，则碾压成型的半刚性基层应采取覆盖措施以防冻融破坏。多雨地区应避免在雨季施工石灰土结构层。雨季施工水泥稳定土或石灰稳定中、粗粒土时，应特别注意气候变化，采取措施避免结合料或混合料遭雨淋。降雨时应停止施工，及时排除地表水，使运到路上的材料不过分潮湿，已经摊铺的混合料应尽快碾压密实。

（2）接缝及"调头"处的处理。无论用厂拌法还是路拌法施工，均应尽量减少横向接缝和纵向接缝，必须设置接缝时应妥善处理。对于水泥稳定类基层，同一天施工的两个作业段衔接处应搭接拌和，即前一段拌和后留下 5～8m 长的混合料不碾压，待后一段施工时，在前一段未碾压的混合料中加入水泥，并拌和均匀。每一工作日的最后一段水泥稳定类基层完工后，应将末端设置成垂直端面，以保证接缝处有良好的传荷能力。对于石灰稳定类和工业废渣稳定类基层，同一天施工的两作业段衔接处可按前述方法处理，但不再添加结合料。施工过程中出现的纵向接缝应设置成垂直接缝，接缝区的混合料应充分碾压密实。

拌和机等施工机械不应在已碾压成型的稳定类基层上调头、刹车或突然起动。若必须进行这些操作时，应采取有效的措施保护基层。

（3）水泥稳定类混合料基层施工作业段长度的确定。确定水泥稳定类混合料基层的施工作业段长度，应考虑水泥的终凝时间、延迟时间、工程质量要求、施工机械效率及气候条件等因素。延迟时间宜控制在 3～4h 内，不得超过水泥的终凝时间。在保证混合料强度符合要求的前提下，尽可能增长施工作业段长度。为此，水泥稳定类基层应采用流水作业法组织施工，使各工序紧密衔接，尽可能缩短延迟时间以增加施工流水段长度。一般条件下，每作业段长度以 200m 为宜。

二、粒料类基层施工

粒料类基层是由有一定级配的矿质集料经拌和、摊铺、碾压，当强度符合规定时得到的基层。按强度形成原理的不同，矿质集料分为嵌挤型和密实型两种。嵌挤型粒料包括泥结碎石、泥灰结碎石、填隙碎石等，强度靠颗粒之间的摩擦和嵌挤锁结作用形成。密实型粒料具有连续级配，故也称级配型基层，材料包括级配碎（砾）石、符合级配要求的天然砂砾等。本节主要介绍级配碎石、级配砾石和填隙碎石基层的施工技术。

1. 级配碎（砾）石基层施工

级配碎（砾）石基层大都采用路拌法施工，施工次序为：准备下承层→施工放样→运输和摊铺主集料→运输和摊铺掺配集料→洒水拌和→整形→碾压→做封层。采用集中厂拌法施工，施工次序为：准备下承层→施工放样→混合料拌和与摊铺→整型→碾压→做封层。

下承层准备与施工放样按半刚性基层施工的方法和要求进行；运输和摊铺集料是确保级配碎（砾）石基层施工质量的关键工序之一，通过准确配料、均匀摊铺可使碎（砾）石混合料具有规定的级配，从而达到规定的强度等技术要求。施工时根据拟定的混合料配合比、基层宽度与厚度及预定达到的干密度等计算确定各规格集料的用量，以先粗后细的顺序将集料分层平铺在下承层上，然后用人工或平地机进行摊平；级配碎（砾）石混合料可用稳定土拌和机、自动平地机、多铧犁与缺口圆盘耙相配合拌和，拌和应均匀，避免出现集料离析现象，确保级配碎（砾）石基层具有良好的整体强度。应边拌和边洒水，使混合料达到最佳含水量。混合料拌和均匀即可按松铺厚度摊平，级配碎石的松铺系数为 1.4～1.5，级配砾石的松铺系数为 1.25～1.35。表面整理成规定的路拱横坡，随后用拖拉机、平地机或轮胎压路机在初平的混合料上快速碾压 1～2 遍，使潜在的不平整部位暴露出来，再用平地机整平。混合料整形完毕，含水量等于或略大于最佳含水量时，用 12t 以上三轮压路机或振动压路机碾压。在直线段，由路肩开始向路中心碾压；在平曲线段，由弯道内侧向外侧碾压，碾压轮重叠 1/2 轮宽，后轮超过施工段接缝。后轮压完路面全宽即为一遍，一般应碾压 6～8 遍，直到符合规定的密实度，表面无轮迹为止。压路机碾压头两遍的速度为 1.5～1.7m/h，然后增加为 2.0～2.5km/h。路面外侧应多压 2～3 遍。对于含细土的级配碎（砾）石，应进行滚浆碾压，一直到碎（砾）石基层中无多余细土泛到表面为止，泛到表面的泥浆应清除干净。用级配碎石做基层时，压实度不应小于 98%；做底基层时，压实度不应小于 96%。用级配砾石做基层时，压实度不应小于 98%，CBR（承载比）值不应小于 60%；做底基层时，压实度不应小于 96%，中等交通条件下 CBR 值不应小于 60%，轻交通条件下 CBR 值不应小于 40%。

级配碎石用作薄沥青面层与半刚性基层间的中间层时，主要起防治反射裂缝的作用。碎石混合料应采用强制式拌和机、卧式双转轴桨叶式拌和机或普通水泥混凝土拌和机等集中拌和，用沥青混凝土摊铺机、水泥混凝土摊铺机或稳定土摊铺机摊铺，这样可使其具有良好的强度和稳定性，表面平整，质量明显高于路拌法施工的基层。

2. 填隙碎石基层施工

填隙碎石基层施工的顺序为：准备下承层→施工放样→运输和摊铺粗骨料→稳压→撒布石屑→振动压实→第二次撒布石屑→振动压实→局部补撒石屑并扫匀→振动压实，填满空隙→洒水饱和（湿法）或洒少量水（干法）→碾压。其中，运输和摊铺粗骨料及振动压实是确保施工质量的关键。

填隙碎石施工时，细集料应干燥；采用振动压路机充分碾压，尽量使粗碎石骨料的空隙被细集料填充密实，而填隙料又不覆盖粗碎石表面自成一层，粗碎石应"露子"。填隙碎石的压实度用固体体积率来表示，用作基层时，不应小于 83%；用作底基层时，不应小于 85%。填隙碎石基层碾压完毕，铺封层前禁止开放交通。

第四节 路 面 施 工

一、热拌沥青混合料路面施工

1. 热拌沥青混合料路面

（1）类型。热拌沥青混合料（HMA）适用于各种等级公路的沥青面层。其种类按集料公称最大粒径、矿料级配、空隙率划分；集料规格以方孔筛为准，并按表 9-6 选用。各类沥青混合料的适用范围应遵循以下规定：

1）密级配沥青混凝土混合料（AC），适用于各级公路沥青面层的任何层次。

2）沥青玛碲脂碎石混合料（SMA），适用于铺筑新建公路的表面层、中面层或旧路面加铺磨耗层使用。

3）设计空隙率为 8%～15% 的半开级配的沥青碎石混合料（AM），仅适用于三级及三级以下公路、乡村公路，且沥青混合料拌和设备缺乏添加矿粉装置和人工炒拌的情况。

4）设计空隙率为 3%～8% 粗粒式及特粗式的密级配沥青稳定碎石混合料（ATB），适用于基层。

5）设计空隙率大于 15% 的粗粒式及特粗式排水式沥青稳定碎石混合料（ATPB），适用于基层。

6）设计空隙率大于 15% 的细粒式排水式沥青稳定碎石混合料（OGFC），适用于高速行车、多雨潮湿、不易被尘土污染、非冰冻地区铺筑排水式沥青路面磨耗层。

表 9-6　　　　　　　　　　　热拌沥青混合料种类

混合料类型	密级配			开级配		半开级配	公称最大粒径（mm）	最大粒径（mm）
	连续级配		间断级配	间断级配		沥青稳定碎石		
	沥青混凝土	沥青稳定碎石	沥青玛碲脂碎石	排水式沥青磨耗层	排水式沥青碎石基层			
特粗式	—	ATB-40	—	—	ATPB-40	—	37.5	53.0
粗粒式	—	ATB-30	—	—	ATPB-30	—	31.5	37.5
	AC-25	ATB-25	—	—	ATPB-25	—	26.5	31.5
中粒式	AC-20	—	SMA-20	—	—	AM-20	19.0	26.5
	AC-16	—	SMA-16	OGFC-16	—	AM-16	16.0	19.0
细粒式	AC-13	—	SMA-13	OGFC-13	—	AM-13	13.2	16.0
	AC-10	—	SMA-10	OGFC-10	—	AM-10	9.5	13.2
砂粒式	AC-5	—	—	—	—	AM-5	4.75	9.5
设计空隙率（%）	3～5	3～6	3～4	>18	>18	6～12		

（2）沥青混合料选择。

1）密级配和间断级配的沥青混凝土适用于各等级公路的各个层次。当采用间断级配沥青混合料时，混合料应不致在施工过程中发生明显离析。

2）为提高沥青混合料的使用性能，或普通沥青混合料不能适用于使用需要时，宜铺筑改性沥青混合料路面。SMA 宜同时采用改性沥青。

3）开级配排水式沥青混合料磨耗层，必须采用具有高黏结性能的特殊改性沥青铺筑，其下的层次应采用空隙率小、密水性好的结构层，并设置封层，工程上必须通过试验取得成功的经验，并经过论证后使用。

4）开级配排水式沥青混合料基层（ATPB）的下卧层应具有排水和抗冲刷能力，工程上必须通过试验取得成功的经验，并经过论证后使用。

5）特粗式沥青混合料适用于基层，粗粒式沥青混合料适用于下面层或基层，中粒式沥青混合料适用于中面层和表面层，细粒式沥青混合料适用于表面层和薄层罩面，砂粒式沥青混合料适用于非机动车道或行人道路。对高速公路及一级公路，除沥青稳定碎石基层外，通常宜选用公称最大粒径为 13.2～26.5mm 的沥青混合料。

2. 热拌沥青混凝土施工

热拌沥青混合料路面采用厂拌法施工，集料和沥青均在拌和机内进行加热与拌和，并在热的状态下摊铺碾压成型。施工按下列顺序进行：

（1）施工准备。施工前的准备工作主要包括原材料的质量检查、施工机械的选型和配套、拌和厂选址与备料、下承层准备、试验路铺筑等工作。

1）原材料质量检查。沥青、矿料的质量应符合前述有关的技术要求。

2）施工机械的选型和配套。根据工程量大小、工期要求、施工现场条件、工程质量要求，按施工机械应互相匹配的原则，确定合理的机械类型、数量及组合方式，使沥青路面的施工连续、均衡，施工质量高，经济效益好。施工前应检修各种施工机械，以便在施工时能正常运行。

3）拌和厂选址与备料。由于拌和机工作时会产生较大的粉尘、噪声等污染，再加上拌和厂内的各种油料及沥青为可燃物，因此拌和厂的设置应符合国家有关环境保护、消防安全等规定，一般应设置在空旷、干燥、运输条件良好的地方。拌和厂应配备实验室及足够的试验仪器和设备，并有可靠的电力供应。拌和厂内的沥青应分品种、分标号密闭储存。各种矿料应分别堆放，不得混杂，矿粉等填料不得受潮。各种集料的储存量应为日平均用量的 5 倍左右，沥青与矿粉的储存量应为日平均用量的两倍。

4）试验路铺筑。高速公路和一级公路沥青路面，在大面积施工前应铺筑试验路；其他等级公路在缺乏施工经验或初次使用重要设备时，也应铺筑试验路段。试验路段长度根据试验目的确定，通常在 100～200m 以上。热拌沥青混合料路面的试验路铺筑分试拌、试铺及总结三个部分：

a. 通过试拌确定拌和机的上料速度、拌和数量、拌和时间及拌和温度等；验证沥青混合料目标生产配合比，提出生产用的矿料配合比及沥青用量。

b. 通过试铺确定透层沥青的标号和用量、喷洒方式、喷洒温度，确定热拌沥青混合料的摊铺温度、摊铺速度、摊铺宽度、自动找平方式等操作工艺，确定碾压顺序、碾压温度、碾压速度及遍数等压实工艺，确定松铺系数和接缝处理方法等；建立用钻孔法及核子密度仪法测定密实度的对比关系，确定粗粒式沥青混凝土或沥青碎石路面的压实密度，为大面积路面施工提供标准方法和质量检查标准。

c. 确定施工产量及作业段长度，制定施工进度计划，全面检查材料质量及施工质量，落实施工组织及管理体系、人员、通信联络方式及指挥方式等。

试验路铺筑结束后，施工单位应就各项试验内容提出试验总结报告，取得主管部门的批准后方可用以指导大面积沥青路面的施工。

（2）沥青混合料拌和。热拌沥青混合料必须在沥青拌和厂（场、站）采用专用拌和机拌和。

1）拌和设备。拌和机拌和沥青混合料时，先将矿料粗配、烘干、加热、筛分、精确计量，然后加入矿粉和热沥青，最后强制拌和成沥青混合料。若拌和设备在拌和过程中骨料烘干与加热为连续进行，而加入矿粉和沥青后的拌和为间歇（周期）式进行，则这种拌和设备为间歇式拌和机。若矿料烘干、加热与沥青混合料拌和均为连续进行，则为连续式拌和机。

间歇式拌和机拌和质量较好，而连续式拌和机拌和速度较高。当路面材料为多来源、多处供应或质量不稳定时，不得用连续式拌和机拌和。高速公路和一级公路的沥青混凝土，宜采用间歇式拌和机拌和。自动控制、自动记录的间歇式拌和机在拌和过程中，应逐盘打印沥青及各种矿料的用量和拌和温度。

2）拌和要求。拌和时应根据生产配合比进行配料，严格控制各种材料的用量和拌和温度，确保沥青混合料的拌和质量。沥青与矿料的加热温度，应调节到能使混合料出厂温度符合表 9-7 规定的要求，超过规定加热温度的沥青混合料已部分老化，应禁止使用。沥青混合料的拌和时间以混合料拌和均匀、所有矿料颗粒全部被均匀裹覆沥青为度，一般应通过试拌确定。间歇式拌和机每锅拌和时间宜为 30～50s（其中干拌时间不得少于 5s）；连续式拌和机的拌和时间由上料速度和温度动态调节。

表 9-7　　　　　　　　　　**热拌沥青混合料的施工温度**　　　　　　　　　℃

施 工 工 序		石油沥青的标号			
		50 号	70 号	90 号	110 号
沥青加热温度		160～170	155～165	150～160	145～155
矿料加热温度	间隙式拌和机	集料加热温度比沥青温度高 10～30			
	连续式拌和机	矿料加热温度比沥青温度高 5～10			
沥青混合料出料温度		150～170	145～165	140～160	135～155
混合料储料仓储存温度		储料过程中温度降低不超过 10			
混合料废弃温度　高于		200	195	190	185
运输到现场温度　不低于		150	145	140	135
混合料摊铺温度　不低于	正常施工	140	135	130	125
	低温施工	160	150	140	135
开始碾压的混合料内部温度 不低于	正常施工	135	130	125	120
	低温施工	150	145	135	130
碾压终了的表面温度　不低于	钢轮压路机	80	70	65	60
	轮胎压路机	85	80	75	70
	振动压路机	75	70	60	55
开放交通的路表温度　不高于		50	50	50	45

注　1. 沥青混合料的施工温度，采用具有金属探测针的插入式数显温度计测量。表面温度可采用表面接触式温度计测定。当采用红外线温度计测量表面温度时，应进行标定。

2. 表中未列入的 130 号、160 号及 30 号沥青的施工温度由试验确定。

拌和机拌和的沥青混合料应色泽均匀一致、无花白料、无结团成块或严重粗细料离析现象，不符合要求的混合料应废弃并对拌和工艺进行调整。拌和的沥青混合料不立即使用时，可存入成品储料仓，存放时间以混合料温度符合摊铺要求为准。

3)拌和质量检查。沥青混合料拌和质量检查的内容包括:拌和温度的测试和抽样进行马歇尔试验,并做好检查记录。控制拌和温度是确保沥青混合料拌和质量的关键,通常在混合料装车时用有度盘和铠装枢轴的温度计或红外测温仪测试。抽取拌和的沥青混合料进行马歇尔试验,测试稳定度、流值、空隙率。用沥青抽提试验确定沥青用量,并检查抽提后矿料的级配组成,以各项测试数据作为判定拌和质量的依据。

(3)沥青混合料运输。热拌沥青混合料宜采用吨位较大的自卸汽车运输,汽车车厢应清扫干净并在内壁涂一薄层油水混合液。从拌和机向运料车上放料时,应每放一料斗混合料挪动一下车位,以减小集料离析现象。运料车应用篷布覆盖以保温、防雨、防污染,夏季运输时间短于0.5h时可不覆盖。混合料运料车的运输能力应比拌和机拌和或摊铺机摊铺能力略有富余。施工过程中,摊铺机前方应有运料车在等候卸料。运料车在摊铺机前10~30cm处停住,不得撞击摊铺机;卸料时运料车挂空挡,靠摊铺机推动前进,以利于摊铺平整。运到摊铺现场的沥青混合料应符合表9-7规定的摊铺温度要求,已结成团块、遭雨淋湿的混合料不得使用。

(4)沥青混合料摊铺。将混合料摊铺在下承层上,是热拌沥青混合料路面施工的关键工序之一,内容包括摊铺前的准备工作、摊铺机各种参数的选择与调整、摊铺作业等。

1)摊铺前的准备工作。摊铺前的准备工作包括下承层准备、施工测量及摊铺机检查等。摊铺沥青混合料前应按要求在下承层上浇洒透层、粘层或铺筑下封层。热拌沥青混合料面层下的基层,应具有设计规定的强度和适宜的刚度,有良好的水温稳定性,干缩和温缩变形应较小,表面平整、密实,高程及路拱横坡符合设计要求且与沥青面层结合良好。沥青面层施工前应对其下承层作必要的检测,若下承层受到损坏或出现软弹、松散或表面浮尘时,应进行维修。下承层表面受到泥土污染时应清理干净。

摊铺沥青混合料前,应提前进行标高及平面控制等施工测量工作。标高测量的目的是确定下承层表面高程与设计高程相差的确切数值,以便挂线时纠正为设计值,以保证施工层的厚度;为便于控制摊铺宽度和方向,应进行平面测量。

在每工作日的开工准备阶段,应对摊铺机的刮板输送器、闸门、螺旋布料器、振动梁、熨平板、厚度调节器等工作装置和调节机构进行检查,在确认各种装置及机构处于正常工作状态后才能开始施工,若存在缺陷和故障应及时排除。

2)调整、确定摊铺机的参数。摊铺前应先调整摊铺机的机构参数和运行参数。其中,机构参数包括熨平板的宽度、摊铺厚度、熨平板的拱度、初始工作迎角、布料螺旋与熨平板前缘的距离、振捣梁行程等。

摊铺机的摊铺带宽度应尽可能达到摊铺机的最大摊铺宽度,这样可减少摊铺次数和纵向接缝,提高摊铺质量和摊铺效益。确定摊铺宽度时,最小摊铺宽度不应小于摊铺机的标准摊铺宽度,并使上下摊铺层的纵向接缝错位30cm以上。摊铺厚度用两块5~10cm宽的长方木为基准来确定,方木长度与熨平板纵向尺寸相当,厚度为摊铺厚度。定位时将熨平板抬起,方木置于熨平板两端的下面,然后放下熨平板,此时熨平板自由落在方木上,转动厚度调节螺杆,使之处于微量间隙的中立值。摊铺机熨平板的拱度和工作初始迎角根据各机型的操作方法调节,通常要经过试铺来确定。

大多数摊铺机的布料螺旋与熨平板前缘的距离是可变的,通常根据摊铺厚度、沥青混合料组成、下承层的强度与刚度等条件确定。摊铺正常温度下厚度为10cm的粗粒式或中粒式沥青混合料时,此距离调节到中间值。若摊铺厚度大,沥青混合料的矿料粒径大、温度偏低时，布料螺旋与熨平板前缘的距离应调大，反之，此距离应调小。

通常条件下，振捣梁的行程控制为 4～12mm。当摊铺层较薄、矿料粒径较小时，应采用较小的振捣行程，反之，应采用较大的行程。

摊铺机的运行参数为摊铺机作业速度，合理确定作业速度是提高摊铺机生产效率和摊铺质量的有效途径。若摊铺速度过快，将造成摊铺层松散、混合料供应困难，停机待料时，会在摊铺层表面形成台阶，影响混合料平整度和压实性；若摊铺时慢时快，时开时停，会降低混合料平整度和密实度。因此，应在综合考虑沥青混合料拌和设备的生产能力、车辆运输能力及其他施工条件的基础上，以稳定的供料能力保证摊铺机以某一速度连续作业。合理的摊铺速度根据混合料供应能力、摊铺宽度、摊铺厚度确定。

3）摊铺作业。摊铺机的各种参数确定后，即可进行沥青混合料路面的摊铺作业。摊铺作业的第一步是对熨平板加热，以免摊铺层被熨平板上粘附的粒料拉裂而形成沟槽和裂纹，同时对摊铺层起到熨烫的作用，使其表面平整无痕。加热温度应适当，过高的加热温度将导致熨平板变形和加速磨耗，还会使混合料表面泛出沥青胶浆或形成拉沟。

摊铺高速公路和一级公路沥青路面时，所采用的摊铺机应具有自动或半自动调整摊铺厚度及自动找平的装置，有容量足够的受料斗和足够的功率推动运料车，有可加热的振动熨平板，摊铺宽度可调节。通常采用两台以上摊铺机成梯队进行联合作业，相邻两幅摊铺带重叠5～10cm，相邻两台摊铺机相距 10～30m，以免前面已摊铺的混合料冷却而形成冷接缝。摊铺机在开始受料前应在料斗内涂刷防止黏结的柴油，避免沥青混合料冷却后粘附在料斗上。摊铺机必须缓慢、均匀、连续不间断地进行摊铺，摊铺过程中不得随便变换速度或中途停顿。摊铺机螺旋布料器应不停顿地转动，两侧应保证有不低于布料器 2/3 高度的混合料，并保证在摊铺的宽度范围内不出现离析。

摊铺机自动找平时，中、下面层宜采用一侧钢丝绳引导的方式控制高程，上面层宜采用摊铺前后保持相同高差的雪橇式摊铺厚度控制方式。经摊铺机初步压实的

表 9-8　　沥青混合料松铺系数

种　　类	机械摊铺	人工摊铺
沥青混凝土混合料	1.15～1.36	1.25～1.50
沥青碎石混合料	1.15～1.3	1.20～1.45

摊铺层平整度、横坡等应符合设计要求。沥青混合料的松铺系数根据混合料类型、施工机械等，通过试铺试压或根据以往经验确定，也可参照表 9-8 选用。在沥青混合料摊铺过程中，若出现横断面不符合设计要求、构造物接头部位缺料、摊铺带边缘局部缺料、表面明显不平整、局部混合料明显离析及摊铺机后有明显拖痕时，可用人工局部找补或更换混合料，但不应由人工反复修整。

控制沥青混合料的摊铺温度是确保摊铺质量的关键之一，摊铺时应根据沥青品种、标号、稠度、气温、摊铺厚度等按表 9-7 选用。高速公路和一级公路的施工气温低于 10℃、其他等级公路施工气温低于 5℃时，不宜摊铺热拌沥青混合料，必须摊铺时，应提高沥青混合料拌和温度，并符合表 9-7 规定的低温摊铺要求。运料车必须覆盖以保温，尽可能采用高密度摊铺机摊铺并在熨平板加热摊铺后紧接着碾压，缩短碾压长度。

（5）沥青混合料的压实。碾压是热拌沥青混合料路面施工的最后一道工序，若前述各工序的施工质量符合要求而碾压质量达不到要求，则将前功尽弃，达不到路面施工的目的。压实的目的是提高沥青混合料的密实度，从而提高沥青路面的强度、高温抗车辙能力及抗疲劳特性等路用性能，是形成高质量沥青混凝土路面的又一关键工序。碾压工作包括碾压机械的

选型与组合，碾压温度、碾压速度的控制，碾压遍数、碾压方式及压实质量检查等。

1) 碾压机械的选型与组合。沥青路面压实机械分静载光轮压路机、轮胎压路机和振动压路机等类型。静载光轮压路机分双轮式和三轮式，常用的有 6～8t 双轮钢筒压路机、8～12t 或 12～15t 三轮钢筒压路机等，国外也使用三轴三轮的静载压路机。静载光轮压路机的工作质量较小，常用于预压、消除碾压轮迹。轮胎压路机安装的光面橡胶碾压轮具有改变压力的性能，通常为 5～11 个，工作质量 5～25t，主要用于接缝和坡道的预压、消除裂纹、压实薄沥青层。用于沥青路面碾压的振动压路机多为自行式，前面为钢质振动轮，后面有两个橡胶驱动轮，工作质量随振动频率和振幅的增大而增大，可作为主要的压实机械。应根据工程量的大小、摊铺设备的摊铺效率、混合料特性、碾压厚度、现场施工条件等选择合适的压路机；根据压路机应尽可能跟随摊铺机的要求，通过试铺试压确定压路机的数量。

为了达到最佳压实效果，通常采用静载光轮压路机与轮胎压路机，或静载光轮压路机与振动压路机组合的方式进行碾压。

2) 碾压作业。沥青混合料路面的压实分初压、复压、终压三个阶段进行。初压的目的是整平、稳定混合料，为复压创造条件。初压是压实沥青混合料的基础，一般采用轻型钢筒压路机或关闭振动装置的振动压路机碾压两遍，其线压力不宜小于 $35N/cm^2$。应在沥青混合料摊铺后温度较高时进行初压，压实温度应根据沥青稠度、压路机类型、气温、摊铺层厚度、混合料类型，经试铺试压确定，并应符合表 9-7 规定的碾压温度要求。碾压时必须将驱动轮朝向摊铺机，以免使温度较高的摊铺层产生推移和裂缝。压路机应从路面两侧向中间碾压，相邻碾压轮迹重叠 1/3～1/2 轮宽，最后碾压中心部分，压完全幅为一遍。初压后应检查平整度、路拱并对出现缺陷的部位作适当修整。

复压的目的是使混合料密实、稳定、成型，是使混合料的密实度达到要求的关键。初压后紧接着进行复压，一般采用重型压路机，碾压温度应符合表 9-7 的规定，碾压遍数经试压确定，且不少于 4～6 遍，达到要求的压实度为止。用于复压的轮胎式压路机的压实质量应不小于 15t，用于碾压较厚的沥青混合料时，总质量应不小于 22t，轮胎充气压力不小于 0.5MPa，相邻轮带重叠 1/3～1/2 轮宽。当采用三轮钢筒压路机时，总质量不应低于 15t。当采用振动压路机时，应根据混合料种类、温度和厚度选择振动压路机的类型，振动频率取 35～50Hz，振幅取 0.3～0.8mm，碾压层较厚时选用较大的振幅和频率，碾压时相邻轮带重叠 20cm 宽。

终压的目的是消除碾压轮产生的轮迹，最后形成平整的路面。终压应紧接在复压后用 6～8t 的振动压路机（关闭振动装置）进行，碾压不少于两遍，直至无轮迹为止，终压温度应符合表 9-7 的要求。

碾压过程中有沥青混合料粘附于碾压轮时，可间歇向碾压轮洒少量水或加洗衣粉水，严禁洒柴油。压路机不得在新摊铺的混合料上转向、调头、左右移动位置或突然刹车。对压路机无法压实的桥面、挡土墙等构造物的接头处、拐弯死角、加宽部分等局部路面，应采用振动夯板夯实。雨水井、检查井等设施的边缘应用人工夯锤、热熔铁补充压实。压路机的碾压路线及碾压方向不应突然改变以防止混合料产生推移，压路机启动、停止必须缓慢进行。压实后的沥青路面在冷却前，任何机械不得在其上停放或行驶，并防止矿料、油料等杂物的污染。沥青路面冷却后方可开放交通。

（6）接缝处理。施工过程中应尽量避免出现接缝，不可避免时作成垂直接缝，并通过碾压尽量消除接缝痕迹，提高接缝处沥青路面的传荷能力。对接缝进行处理时，压实的顺序为先压横缝，后压纵缝。横向接缝可用小型压路机横向碾压，碾压时使压路机轮宽的 10～20cm 置于新铺的沥青混合料上，然后边碾压边移动，直至整个碾压轮进入新铺混合料层上。对于热料与冷料相接的纵缝，压路机可置于热沥青混合料上振动压实，将热混合料挤压入相邻的冷结合边内，从而产生较高的密实度；也可以在碾压开始时，将碾压轮宽的 10～20cm 置于热料层上，压路机其余部分置于冷却层上进行碾压，效果也较好。对于热料层相邻的纵缝，应先压实距接缝约 20cm 以外的地方，最后压实中间剩下的一条窄混合料层，这样可获得良好的结合。

3. 工程质量控制

(1) 对高速公路、一级公路等重大工程项目，工程质量必须实行三级管理的模式；施工单位自主地进行施工质量控制，工程监理进行质量检查与认定，政府质量监督部门及工程建设单位（业主）对工程质量进行监督。每一步都必须取得认可，并进行交工验收。其他公路工程也可参照此法进行。今后的验收以监理及质检站资料为主。

(2) 热拌沥青混合料的质量要求，见表 9-9。

表 9-9　　　　　　　　　　　　　　热拌沥青混合料的质量要求

项　目		检查频度及单点检验评价方法	质量要求或允许偏差		试验方法
			高速公路、一级公路	其他等级公路	
混合料外观		随　时	观察集料粗细、均匀性、离析、油石比、色泽、冒烟、有无花白料、油团等各种现象		目　测
拌和温度	沥青、集料的加热温度	逐盘检测评定	符合本规范①规定		传感器自动检测、显示并打印
	混合料出厂温度	逐车检测评定	符合本规范①规定		传感器自动检测、显示并打印，出厂时逐车按 T①0981 人工检测
		逐盘测量记录，每天取平均值评定	符合本规范①规定		传感器自动检测、显示并打印
矿料级配（筛孔）	0.075mm	逐盘在线检测	±2%（2%）	—	计算机采集数据计算
	≤2.36mm		±5%（4%）	—	
	≥4.75mm		±6%（5%）	—	
	0.075mm	逐盘检查，每天汇总1次取平均值评定	±1%	—	附录①G 总量检验
	≤2.36mm		±2%	—	
	≥4.75mm		±2%	—	
	0.075mm	每台拌和机每天1～2次，以2个试样的平均值评定	±2%（2%）	±2%	T0725 抽提筛分与标准级配比较的差
	≤2.36mm		±5%（3%）	±6%	
	≥4.75mm		±6%（4%）	±7%	
沥青用量（油石比）		逐盘在线监测	±0.3%	—	计算机采集数据计算
		逐盘检查，每天汇总1次取平均值评定	±0.1%	—	附录①F 总量检验
		每台拌和机每天1～2次，以2个试样的平均值评定	±0.3%	±0.4%	抽提 T①0722、T①0721

续表

项　目	检查频度及单点检验评价方法	质量要求或允许偏差		试　验　方　法
		高速公路、一级公路	其他等级公路	
马歇尔试验：空隙率、稳定度、流值	每台拌和机每天1~2次，以4~6个试件的平均值评定	符合本规范①规定		T①0702、T①0709、本规范①附录B、附录C
浸水马歇尔试验	必要时(试件数同马歇尔试验)	符合本规范①规定		T 0702、T 0709
车辙试验	必要时(以3个试件的平均值评定)	符合本规范①规定		T 0719

① 《公路沥青路面施工技术规范》(JTGF 40—2004)。

(3)热拌沥青混合料路面施工过程中工程质量的控制标准，见表9-10。

表 9-10　　　　　　　　　热拌沥青混合料路面施工过程中工程质量的控制标准

项　目		检查频度及单点检验评价方法	质量要求或允许偏差		试　验　方　法
			高速公路、一级公路	其他等级公路	
外　观		随　时	表面平整密实，不得有明显轮迹、裂缝、推挤、油盯、油包等缺陷，且无明显离析		目　测
接　缝		随　时	紧密平整、顺直、无跳车		目　测
		逐条缝检测评定	3mm	5mm	T①0931
施工温度	摊铺温度	逐车检测评定	符合本规范①规定		T①0981
	碾压温度	随　时	符合本规范①规定		插入式温度计实测
厚　度	每一层次	随时，厚度50mm以下 厚度50mm以上	设计值的5% 设计值的8%	设计值的8% 设计值的10%	施工时插入法量测松铺厚度及压实厚度
	每一层次	1个台班区段的平均值 厚度50mm以下 厚度50mm以上	—3mm —5mm	—	附录①G总量检验
	总厚度	每2000m²一点单点评定	设计值的—5%	设计值的—8%	T①0912
	上面层	每2000m²一点单点评定	设计值的—10%	设计值的—10%	
压　实　度		每2000m²检查1组逐个试件评定并计算平均值	实验室标准密度的97%(98%) 最大理论密度的93%(94%) 试验段密度的99%(99%)		T①0924、T①0922 本规范附录E
平整度(最大间隙)	上面层	随时，接缝处单杆评定	3mm	5mm	T①0931
	中下面层	随时，接缝处单杆评定	5mm	7mm	T①0931
平整度(标准差)	上面层	连续测定	1.2mm	2.5mm	T①0932
	中面层	连续测定	1.5mm	2.8mm	
	下面层	连续测定	1.8mm	3.0mm	
	基　层	连续测定	2.4mm	3.5mm	
宽度	有侧石	检测每个断面	±20mm	±20mm	T①0911
	无侧石	检测每个断面	不小于设计宽度	不小于设计宽度	
纵断面高程		检测每个断面	±10mm	±15mm	T①0911
横坡度		检测每个断面	±0.3%	±0.5%	T①0911
沥青层层面上的渗水系数		每1km不少于5点，每点3处取平均值	300mL/min(普通密级配沥青混合料) 200mL/min(SMA混合料)		T①0971

① 《公路沥青路面施工技术规范》(JTGF 40—2004)。

（4）工程完工后，施工单位应将全线以 1～3km 作为一个评定路段，每一幅车行道按表 9-10 的规定频率，随机选取测点，对沥青面层进行全线自检，将单个测定值与表 9-10 的质量要求或允许偏差进行比较，计算合格率，然后计算一个评定路段的平值、极差、标准差及变异系数。

（5）交工验收阶段检查与验收的各项质量指标，应符合表 9-11 的规定。施工单位应在规定时间内向主管部门提交全线检测结果及施工总结报告，申请交工验收。

表 9-11　　　　　公路沥青路面工程交工检查与验收质量的标准

检查项目		检查频度（每一侧车行道）	质量要求或允许偏差		试验方法
			高速公路、一级公路	其他等级公路	
外　观		随　时	表面平整密实，不得有明显轮迹、裂缝、推挤、油盯、油包等缺陷，且无明显离析		目　测
面层总厚度	代表值	每 1km 5 点	设计值的-5%	设计值的-8%	T 0912
	极 值	每 1km 5 点	设计值-10%	设计值的-15%	T 0912
上面层厚度	代表值	每 1km 5 点	设计值的-10%	T 0912	
	极 值	每 1km 5 点	设计值-20%	—	T 0912
压实度	代表值	每 1km 5 点	实验室标准密度的96%(98%)最大理论密度的92%(94%)试验段密度的98%(99%)		T 0924
	极 值（最小值）	每 1km 5 点	比代表值放宽 1%(每 km)或 2%(全部)		T 0924
路表平整度	标准差 σ	全线连续	1.2mm	2.5mm	T 0932
	IRI	全线连续	2.0m/km	4.2m/km	T 0933
	最大间隙	每 1km 10 处，各连续 10 杆	—	5mm	T 0931
路表渗水系数不大于		每 1km 不少于 5 点，每点 3 处取平均值评定	300mL/min(普通沥青路面)200mL/min(SMA 路面)		T 0971
宽度	有侧石	每 1km 20 个断面	±20mm	±30mm	T 0911
	无侧石	每 1km 20 个断面	不小于设计宽度	不小于设计宽度	T 0911
纵断面高程		每 1km 20 个断面	±15mm	±20mm	T 0911
中线偏位		每 1km 20 个断面	±20mm	±30mm	T 0911
横坡度		每 1km 20 个断面	±0.3%	±0.5%	T 0911
弯沉	回弹弯沉	全线每 20m 1 点	符合设计对交工验收的要求	符合设计对交工验收的要求	T 0951
	总弯沉	全线每 5m 1 点	符合设计对交工验收的要求	—	T 0952
构造深度		每 1km 5 点	符合设计对交工验收的要求		T 0961/62/63
摩擦系数摆值		每 1km 5 点	符合设计对交工验收的要求		T 0964
横向力系数		全线连续	符合设计对交工验收的要求		T 0965

① 《公路沥青路面施工技术规范》(JTGF40—2004)。

（6）工程结束后，施工企业应根据国家竣工文件编制的规定，提出施工总结报告及若干个专项报告，连同竣工图表，形成完整的施工资料档案，一并提交工程主管部门及有关档案管理部门。

（7）施工企业在高速公路和一级公路施工结束通车后，应进行一定时间的工程使用服务，质量保证的期限根据国家规定或招标文件等要求确定，通常为交工后1～3年。服务内容包括路面使用情况观测、局部损坏的维修保养，并将服务情况报告有关部门。

二、水泥混凝土路面施工

水泥混凝土路面是由混凝土面板与基层组成的路面结构，具有刚度大、强度高、稳定性好、使用寿命长等特点，适用于各级公路，特别是高速公路和一级公路。水泥混凝土面板必须具有足够的抗折强度，良好的抗磨耗、抗滑、抗冻性能以及尽可能低的线膨胀系数和弹性模量；混凝土拌和物应具有良好的施工和易性，使混凝土路面能承受荷载应力和温度应力的综合疲劳作用，为行驶的汽车提供快速、舒适、安全的服务。能否达到这些性能要求与混凝土的原材料品质及混合料组成有密切关系。因此，混凝土路面施工时应选用质量符合要求的原材料，混合料组成应满足强度及施工和易性的要求，这是修筑高质量水泥混凝土路面的基本保证。

（一）轨模式摊铺机施工

轨模式摊铺机施工，是由支撑在平底型轨道上的摊铺机将混凝土拌和物摊铺在基层上。摊铺机的轨道与模板是连在一起的，安装时同步进行。轨模式摊铺机施工混凝土路面，包括施工准备、拌和与运输混凝土、摊铺与振捣、表面整修及养护等工作。

（1）提前做好模板的加工与制作，制作数量应为摊铺机摊铺能力的1.5～2.0倍模板数量，以及相应的加固固定杆和钢钎。

（2）测量放样：恢复定线，直线段每20m设一中桩，弯道段每5～10m设一中桩。经复核无误后，以恢复的中线为依据，放出混凝土路面浇筑的边线桩，用3寸长铁钉，直线每10m一钉，弯道每5m一钉。对每一个放样铁钉的位置进行高程测量，并计算出与设计高程的差值，经复核确认后，方可导线架设。

（3）导线架设：在距放样铁钉2cm左右处，钉打钢钎（以不扰动铁钉为准），长度约45cm左右，打入深度以稳固为宜。进行抄平测量，在钢钎上标出混凝土路面的设计标高位置线（可用白粉笔），应准确为±2mm。然后将设计标高线用线绳拉紧拴系牢固，中间不能产生垂度，不能扰动钢钎位置。

（4）模板支立：依导线方向和高度立模板，模板顶面和内侧面应紧贴导线，上下垂直，不能倾斜，确保位置正确。模板支立应牢固，保证混凝土在浇筑、振动过程中，模板不会产生位移、下沉和变形。模板的内侧面应均匀涂刷脱模剂，应避免污染环境和传力杆钢筋以及其他施工设备。安装拉杆钢筋时，其钢筋间距和位置要符合设计要求，安装牢固，保证混凝土浇筑后，拉杆钢筋应垂直中心线与混凝土表面平行。

（5）铺设轨道：轨道可选用12型工字钢或12型槽钢均可，一般只需配备4根标准工字钢长度即可，向前倒换使用，并应将工字钢或槽钢固定在0.5m×0.15m×0.15m的小型枕木上，枕木间距为1m。轨道应与中心线平行，轨道顶面与模板顶面应为一个固定差值，轨道与模板间的距离应保持在一个常数不变。保证轨道平稳顺直，接头处平滑不突变。轨道及模板的质量标准见表9-12，安装质量要求见表9-13。

表 9-12　　　　　　　　　　　　轨道及模板的质量标准　　　　　　　　　　　　mm

纵向变形、顺直度	顶面高程	顶面平整度	相邻轨、板高差	相对模板间距误差	垂直度
≤5	≤3	<2	<1	≤3	≤2

表 9-13　　　　　　　　　　　　轨道及模板安装质量要求

项　目	纵向变形（mm）	局部变形（mm）	最大不平度（3m 直尺）	高　度
轨　道	≤5	≤3	顶面≤1	按机械要求
模　板	≤3	≤2	顶面≤2	与路面厚度相同

（6）摊铺机就位和调试：每天摊铺前，应将摊铺机进行调试，使摊铺机调试为与路面横坡度相同的倾斜度。调整混凝土刮板至模板顶面路面设计标高处，检查振动装置是否完好以及其他装置运行是否正常。

（二）拌和与运输

1. 混凝土的拌和

确保混凝土拌和质量的关键是选用质量符合规定的原材料，拌和机技术性能满足要求，拌和时配合比计量准确。采用轨模式摊铺机施工时，拌和设备应附有可自动准确计量的供料系统，无此条件时，可采用集料箱加地磅的方法进行计量。各种组成材料的计量精度应不超过下列范围：水和水泥±1%；粗细集料±3%；外加剂±2%。拌和过程中加入外加剂时，外加剂应单独计量。用国产强制式搅拌机拌和坍落度为 1～5cm 的混凝土拌和物，最佳拌和时间应控制为：立轴式强制拌和机为 90～180s；双卧轴强制式拌和机为 60～90s，最短拌和时间不低于低限，最长拌和时间不超过高限的 3 倍。

2. 混凝土拌和物的运输

应根据施工进度、运量、运距及路况，选配车型和车辆总数。总运力应比总拌和能力略有富余。确保新拌混凝土在规定时间内运到摊铺现场，运输到现场的拌和物必须具有适宜摊铺的工作性。不同摊铺工艺的混凝土拌和物，从搅拌机出料到运输、铺筑完毕的允许最长时间应符合时间控制的规定。不满足时，应通过试验加大缓凝剂或保塑剂的剂量。混凝土运输过程中应防止漏浆、漏料和污染路面，途中不得随意耽搁。自卸车运输应减小颠簸，防止拌和物离析。车辆起步和停车应平稳。

（三）摊铺

1. 摊铺

轨模式摊铺机有刮板式、箱式或螺旋式三种类型，摊铺时将卸在基层上或摊铺箱内的混凝土拌和物，按摊铺厚度均匀地充满轨模范围内。刮板式摊铺机本身能在轨道上前后自由移动，刮板旋转时将卸在基层上的混凝土拌和物向任意方向摊铺。这种摊铺机质量轻、容易操作、易于掌握、使用较普遍，但摊铺能力较小。箱式摊铺机摊铺时，先将混凝土拌和物通过卸料机一次卸在钢制料箱内，摊铺机向前行驶时料箱内的混合料摊铺于基层上，通过料箱横向移动按松铺厚度准确、均匀地刮平拌和物。螺旋式摊铺机由可以正向和反向旋转的螺旋布料器将拌和物摊平，螺旋布料器的刮板能准确调整高度。螺旋式摊铺机的摊铺质量优于前述两种摊铺机，摊铺能力较大。

摊铺过程中应严格控制混凝土拌和物的松铺厚度，确保混凝土路面的厚度和标高符合设计要求。一般应通过试铺来确定拌和物的松铺厚度。松铺系数与坍落度的关系见表 9-14。

表 9-14 松铺系数与坍落度关系

坍落度（cm）	1	2	3	4	5
松铺系数	1.25	1.22	1.19	1.17	1.15

2. 坍落度

摊铺机摊铺时，振捣机跟在摊铺机后面对拌和物作进一步的整平和捣实。振捣机的构造如图 9-5 所示，在振捣梁前方设置一道长度与铺筑宽度相同的复平梁，用于纠正摊铺机初平的缺陷并使松铺的拌和物在全宽范围内达到正确的高度，复平梁的工作质量对振捣密实度和路面平整度影响很大。复平梁后面是一道弧面振动梁，以表面平板式振动将振动力传到全宽范围内。拌和物的坍落度及骨料粒径对振动效果有很大影响，其坍落度通常不大于 2.5cm，骨料最大粒径控制在 40mm 以下。当混凝土拌和物的坍

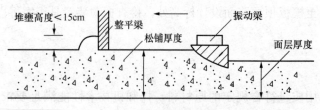

图 9-5 振捣机的构造

落度小于 2cm 时，应采用插入式振捣器对路面板的边部进行振捣，以达到应有的密实度和均匀性。振捣机械的工作行走速度一般控制在 0.8m/min，但随拌和物坍落度的增减可适当变化，混凝土拌和物坍落度较小时可适当放慢速度。

（四）表面整修

振捣密实的混凝土表面应进行整平、精光、纹理制作等工序的作业，使竣工后的混凝土路面具有良好的路用性能。

1. 表面整平

振捣密实的混凝土表面用能纵向移动或斜向移动的表面整修机整平。纵向表面整修机工作时，整平梁在混凝土表面纵向往返移动，通过机身的移动将混凝土表面整平。斜向表面整修机通过一对与机械行走轴线成 10°左右的整平梁作相对运动来完成整平作业，其中一根整平梁为振动梁。机械整平的速度决定于混凝土的易整修性和机械特性。机械行走的轨模顶面应保持平顺，以便整修机械能顺畅通行。整平时应使整平机械前保持高度为 10～15cm 的壅料，并使壅料向较高的一侧移动，以保证路面板的平整，防止出现麻面及空洞等缺陷。

2. 精光及纹理制作

精光是对混凝土路面进行最后的精平，使混凝土表面更加致密、平整、美观，此工序是提高混凝土路面外观质量的关键工序之一。混凝土路面整修机配置有完善的精光机械，只要在施工过程中加强质量检查和校核，便可保证精光质量。

在混凝土表面制作纹理，是提高路面抗滑性能的有效措施之一。制作纹理时用纹理制作机在路面上拉毛、压槽或刻纹，纹理深度控制在 1～2mm 范围内。在不影响平整度的前提下提高混凝土路面的构造深度，可提高表面的抗滑性能。纹理应与路面前进方向垂直，相邻板的纹理应相互沟通以利排水。纹理制作从混凝土表面无波纹水迹开始，过早或过晚均会影响纹理质量。

（五）养护

混凝土表面整修完毕，应立即进行湿治养护，使混凝土在开放交通时具有规定的强度。尤其在气温较高时，必须保持已浇筑的混凝土表面湿润，以免混凝土表面干裂。在养护初期，可用活动三角形罩棚遮盖混凝土，以减少水分蒸发，避免阳光照晒，防止风吹、雨淋等。混凝土泌水消失后，在表面均匀喷洒薄膜养护剂。喷洒时在纵横方向各喷一次，养护剂用量应足够，一般为 $0.33kg/m^2$ 左右。在高温、干燥、大风时，喷洒后应及时用草帘、麻袋、塑料薄膜、湿砂等遮盖混凝土表面并适时均匀洒水。养护时间由试验确定，以混凝土达到 28 天强度的 80% 以上为准。使用普通硅酸盐水泥时约为 14 天，使用早强水泥时约为 7 天，使用中热硅酸盐水泥时约为 21 天。在养护期间禁止车辆通行以保护混凝土路面。

（六）接缝施工

混凝土路面在温度变化时会产生较大的温度变形，如混凝土板产生胀缩和翘曲等，为消除温度变形受到约束时产生的温度应力，避免混凝土路面出现不规则开裂，必须在混凝土路面的纵横方向上设置胀缝和缩缝。同时，在混凝土路面施工过程中，由于各种原因造成的路面施工中断会形成施工缝。接缝施工质量的好坏将直接影响到混凝土路面的使用性能及养护维修工作量的大小，因此各类接缝的施工应做到位置准确，构造及质量符合设计及规范要求。

1. 胀缝施工

胀缝应与混凝土路面中心线垂直，缝壁垂直于板面，宽度均匀一致，缝中不得有粘浆或坚硬杂物，相邻板的胀缝应设在同一横断面上。胀缝传力杆的准确定位是胀缝施工成败的关键，传力杆固定端可设在缝的一侧或交错布置。施工过程中固定传力杆位置的支架应准确、可靠地固定在基层上，使固定后的传力杆平行于板面和路中线，误差不大于 5mm。铺筑混凝土拌和物时严禁造成传力杆位移，否则将导致混凝土路面接缝区的破坏。在传力杆滑动端安装长度为 10cm 的套筒，套筒内底与传力杆的间隙为 1～1.5cm，空隙内用沥青麻絮填塞，滑动端涂二度沥青。

机械化施工混凝土路面时，胀缝可在连续铺筑混凝土拌和物的过程中完成，也可在施工终了时完成。施工时用方木、钢挡板及钢钎固定胀缝板，钢钎间距 1m。在摊铺机前方，先在路面胀缝的传力杆范围内铺筑混凝土拌和物，用两个插入式振捣器在胀缝两侧 0.5～1.0m 范围内对称均匀地捣实。摊铺机摊铺至胀缝两侧各 0.5m 范围内时，将振动梁提起，拔去钢钎，拆除方木和挡板。留下的空隙用混凝土拌和物填充并用插入式振捣器捣实，人工进行粗面，并通过摊铺机的振荡修平梁进行最终修平。待接缝板以上的混凝土硬化后，用锯缝机按接缝板的位置和宽度锯两条缝，凿除接缝板之上的混凝土和临时插入物，然后用填缝料填满。这种施工方法可确保接缝施工质量，胀缝的外观也较好。

施工终了时设置胀缝的方法是安装、固定传力杆和接缝板。先浇筑传力杆以下的混凝土拌和物，用插入式振捣器振捣密实，并注意校正传力杆的位置，再摊铺传力杆以上的混凝土拌和物。摊铺机摊铺胀缝另一侧的混凝土时，先拆除端头钢挡板及钢钎，然后按要求铺筑混凝土拌和物。填缝时必须将接缝板以上的临时插入物清除。

胀缝两侧相邻板的高差应符合如下要求：高速公路和一级公路应不大于 3mm，其他等级公路不大于 5mm。

2. 横向缩缝施工

混凝土面板的横向缩缝一般采用锯缝的办法形成。混凝土结硬后应适时锯缝，合适的锯缝时间应控制在混凝土已达到足够的强度，而收缩变形受到约束时产生的拉应力仍未将混凝土面板拉断的时间范围内。经验表明，锯缝时间以施工温度与施工后时间的乘积为 200～300 个温度小时或混凝土抗压强度为 5～10MPa 较为合适。也可按表 9-15 的规定或通过试锯确定适宜的锯缝时间。缝的深度一般为板厚的 1/4～1/3。

表 9-15 　　　　　　　　　　　　　　混凝土路面锯缝时间

昼夜平均气温（℃）	5	10	15	20	25	30 以上
抹平至开始锯缝的最短时间（h）	45～50	30～35	22～26	18～21	15～18	13～15

注　表列时间为采用普通硅酸盐水泥，并不掺外加剂的锯缝时间。

3. 纵缝施工

纵缝施工应符合设计规定的构造，保持顺直、美观。纵缝为平缝带拉杆时，应根据设计要求纵缝施工应符合设计规定的构造，保持顺直、美观。纵缝为平缝带拉杆时，应根据设计要求，预先在模板上制作拉杆置放孔，模板内侧涂刷隔离剂，拉杆采用螺纹钢筋制作。缝槽顶面采用锯缝机切割，深度为 3～4cm，并用填缝料灌缝。不切割顶面缝槽时，应及时清除面板上的粘浆。假缝型纵缝的施工应预先用门型支架将拉杆固定在基层上，或用拉杆置放机在施工时置入。假缝顶面的缝槽采用锯缝机切割，深 6～7cm，使混凝土在收缩时能从切缝处规则开裂。

4. 施工缝设置

施工中断形成的横向施工缝应尽可能设置在胀缝或缩缝处，多车道路面的施工缝应避免设在同一横断面上。施工缝设在缩缝处应增设一半锚固、另一半涂刷沥青的传力杆，传力杆必须垂直于缝壁、平行于板面。

5. 接缝填封

混凝土养护期满即可填封接缝，填封时接缝必须清洁、干燥。填缝料应与缝壁粘附紧密、不渗水，灌注高度一般比板面低 2mm 左右。当使用加热施工型填缝料时，应加热到规定的温度并搅匀，采用灌缝机或灌缝枪灌缝；气温较低时应用喷灯加热缝壁，使填缝料与缝壁结合良好。

第十章　桥 梁 工 程 施 工

【学习要点】　熟悉桥梁基础；掌握装配式简支梁桥的运输和安装方法，拱桥的施工过程；掌握混凝土梁桥施工方法。

第一节　桥 梁 基 础

桥梁上部承受的各种荷载，通过桥台或桥墩传至基础，再由基础传至地基。基础是桥梁下部结构的重要组成部分。因此，基础工程在桥梁结构物的设计与施工中，占有极为重要的地位，它对结构物的安全使用和工程造价有很大影响。桥梁基础按施工方法可分为扩大基础、桩及管柱基础、沉井基础、地下连续墙基础和锁口钢管桩基础。

一、扩大基础

扩大基础又称明挖基础，属于直接基础，是将基础底板设在直接承载地基上，来自上部结构的荷载通过基础底板直接传递给承载地基。其施工方法通常采用明挖的方式进行，施工中坑壁的稳定性必须特别注意。

明挖扩大基础施工的主要内容包括基础的定位放样、基坑开挖、基坑排水、基底处理以及砌筑（浇筑）基础结构物等。

1. 基础的定位放样

在基坑开挖前，先进行基础的定位放样工作，以便将设计图上的基础位置准确的设置到桥址上。放样工作系根据桥梁中心线与墩台的纵横轴线，推出基础边线的定位点，再放线画出基坑的开挖范围。基坑各定位点的标高及开挖过程中标高检查，一般用水准测量的方法进行。

2. 陆地基坑开挖

基坑大小应满足基础施工要求，对有渗水土质的基坑坑底开挖尺寸，需按基坑排水设计（包括排水沟、集水井、排水管网等）和基础模板设计而定，一般基底尺寸应比设计平面尺寸各边增宽 0.5～1.0m。基坑可采用垂直开挖、放坡开挖、支撑加固或其他加固的开挖方法，具体应根据地质条件、基坑深度、施工期限与经验，以及有无地表水或地下水等现场因素来确定。

（1）坑壁不加支撑的基坑。对于在干涸无水的河滩、河沟，或有水经筑堤能排除地表水的河沟中；在地下水位低于基底或渗透量少，不影响坑壁稳定；以及基础埋置不深、施工期较短、挖基坑时不影响临近建筑安全的施工场所，可考虑选用坑壁不加支撑的基坑。

（2）坑壁有支撑的基坑。当基坑壁坡不易稳定并有地下水渗入，或放坡开挖场地受到限制，或基坑较深、放坡开挖工程数量较大，不符技术经济要求时，可视具体情况，采用以下的加固坑壁措施，如挡板支撑、钢木结合支撑、混凝土护壁及锚杆支护等。常用的坑壁支撑形式有直衬板式坑壁支撑、横衬板式坑壁支撑、框架式支撑，以及其他形式的支撑（如锚桩式、锚杆式、锚碇板式、斜撑式等）。

3. 水中基础的基坑开挖

桥梁墩台基础大多位于地表水位以下,有时水流还比较大,施工时都希望在无水或静止水条件下进行。桥梁水中最常用的基础施工方法是围堰法。围堰的作用主要是防水和围水,有时还起着支撑施工平台和基坑坑壁的作用。围堰必须满足以下要求:

(1) 围堰顶高宜高出施工期间最高水位 70cm,最低不应小于 50cm,用于防御地下水的围堰宜高出水位或地面 20～40cm。

(2) 围堰的外形应适宜水流排泄,大小则不应压缩流水断面过多,以免壅水过高危害围堰安全,以及影响通航、导流等。围堰内形应适应基础施工的要求,并留有适当的工作面积。堰身断面尺寸应保证有足够的强度和稳定性,使基坑开挖后,围堰不致发生破裂、滑动或倾覆。

(3) 围堰要求防水严密,应尽量采取措施防止或减少渗漏,以减轻排水工作。对围堰外围边坡的冲刷和筑围堰后引起的河床冲刷均应有防护措施。

(4) 围堰施工一般应安排在枯水期间进行。公路桥梁常用的围堰类型有:土石围堰、木笼围堰或竹笼围堰、钢板桩围堰、套箱围堰。

4. 基坑排水

基坑坑底一般多位于地下水位以下,地下水会经常渗进坑内,因此必须设法把坑内的水排除,以便于施工。要排除坑内渗水,首先要估算涌水量,方能选用相应的排水设备。

桥梁基础施工中常用的基坑排水方法有:

(1) 集水坑排水法。除严重流砂外,一般情况下均可采用。

(2) 井点排水法。当土质较差有严重流砂现象,地下水位较高,挖基坑较深,坑壁不易稳定,用普通排水的方法难以解决时,可用井点排水法。井点排水法因需要设备较多,施工布置复杂,费用较大,应进行技术经济比较后采用。

(3) 其他排水法。

5. 基底检验及处理

(1) 基底检验。基坑施工是否符合设计要求,在基础浇筑前应按规定进行检验。其目的在于:确定地基容许承载力的大小,基坑位置与标高是否与设计文件相符,以确保基础的强度和稳定性,不致发生滑移等病害。基底检验的主要内容包括:检查基底平面位置、尺寸大小、基底标高;检查基底土质的均匀性,地基稳定性及承载力;检查基底处理和排水情况;检查施工日志及有关试验资料等。

(2) 基底处理。天然地基上的基础是直接靠基底土壤来承担荷载的,故基底土壤状态的好坏,对基础及墩台、上部结构的影响极大,不能仅检查土壤名称与容许承载力大小,还应为土壤更有效的承担荷载创造条件,即要进行基底处理工作。

6. 基础圬工浇筑

基础施工分为无水浇筑、排水浇筑和水下浇筑三种情况。

排水施工的要点是:确保在无水状态下砌筑圬工;禁止带水作业及用混凝土将水赶出模板外灌注的方法;基础边缘部分应严密隔水;水下部分圬工必须待水泥砂浆或混凝土终凝后才允许浸水。

水下浇筑混凝土只有在排水困难时采用。基础圬工的水下灌注分为水下封底和水下直接灌注基础两种。前者封底后仍要先排水再砌筑基础,封底只是起封闭渗水的作用,其混凝土只作为地基而不作为基础本身，适用于板桩围堰开挖的基坑。

浇筑基础时，应做好与台身、墩身的接缝联结，一般要求：

（1）混凝土基础与混凝土墩台身的接缝，周边应预埋直径不小于 16mm 的钢筋或其他铁件，埋入与露出的长度不应小于钢筋直径的 20 倍。

（2）混凝土或浆砌片石墩台身的接缝，应预埋片石，片石厚度不应小于 15cm，片石的强度要求不低于基础或墩台身混凝土或砌体的强度。

7. 地基加固

我国地域辽阔，自然地理环境不同，土质强度、压缩性和透水性等性质有很大的差别。其中，有不少是软弱土或不良土，诸如淤泥质土、湿陷性黄土、膨胀土、季节性冻土以及土洞、溶洞等。当桥涵位置处于这类土层上时，除可采用桩基、沉井等深基础外，也可视具体情况采用相应的地基加固措施，以提高其承载能力，然后在其上修筑扩大基础，以求获得缩短工期、节省投资的效果。

对于一般软弱地基土层加固处理方法，可归纳为四种类型：

（1）换填土法：将基础下软弱土层全部或部分挖除，换填力学物理性质较好的土。

（2）密土法：用重锤夯实或采用砂桩、石灰桩、砂井、塑料排水板等方法，使软弱土层挤压密实或排水固结。

（3）胶结土法：用化学浆液灌入或粉体喷射搅拌等方法，使土壤颗粒胶结硬化，改善土的性质。

（4）土工聚合物法：采用土工膜、土工织物、土工格栅与土工合成物等加筋土体，以限制土体的侧向变形，增加土的周压力，有效提高地基承载力。

二、桩及管柱基础

当地基浅层土质较差，持力土层埋藏较深，需要采用深基础才能满足结构物对地基强度、变形和稳定性要求时，可采用桩基础。基桩按材料分类有木桩、钢筋混凝土桩、预应力混凝土桩与钢桩。桥梁基础中用的较多的是中间两种。按制作方法分为预制桩和钻（挖）孔灌注桩；按施工方法分为锤击沉桩、振动沉桩、射水沉桩、静力压桩、就地灌注桩与钻孔埋置桩等，前四种又统称沉入桩。应根据地质条件、设计荷载、施工设备、工期限制及对附近建筑物产生的影响等来选择桩基的施工方法。

（一）沉入桩基础

沉入桩所用的基桩主要为预制的钢筋混凝土和预应力混凝土桩。截面形式常用的有实心方桩和空心管桩两种。管桩一般由工厂以离心成型法制成。目前成品规格有：管桩外径 40cm、55cm 两种，分为上、中、下三节，管壁厚度为 8～10cm。近年来发展的 PHC 高强预应力混凝土离心管桩，已在工程上广泛应用。

制作钢筋混凝土桩和预应力混凝土桩所用技术，应按《公路桥涵施工技术规范》（JTJ 041—2000）办理。此外，还应注意以下事项：

（1）钢筋混凝土桩内的纵向主钢筋如需接头时，应采用对焊接头；

（2）螺旋筋或箍筋必须箍紧主筋，与主筋交接处应用点焊焊接或用铁丝扎接牢固；

（3）预应力混凝土的纵向主筋采用冷拉钢筋且需焊接时，应在冷拉前采用闪光接触对焊焊接；

（4）桩长用法兰盘连接时，法兰盘应对准位置焊接在钢筋或预应力筋上，对先张法预应力混凝土桩，法兰盘应先焊接在预应力筋上，然后进行张拉；

（5）混凝土应由桩顶向桩尖方向连续灌注，不得中断；

（6）桩的钢筋骨架（包括预应力钢筋骨架）允许偏差应在规定的范围以内。

钢筋混凝土桩的预制要点是：制桩场地的平整与夯实；制模与立模；钢筋骨架的制作与吊放；混凝土浇筑与养护。

当预制桩的长度不足时，需要接桩。常用的接桩方法有法兰盘连接、钢板连接及硫黄胶泥（砂浆）连接等。

沉桩顺序应根据现场地形条件、土质情况、桩距大小、斜桩方向、桩架移动是否方便等来决定。同时应考虑尽量使桩入土深度相差不多，土壤均匀挤密。

沉入桩的施工方法主要有锤击沉桩、射水沉桩、振动沉桩、静力压桩及水中沉桩等。

1. 锤击沉桩

一般适用于中密砂类土、黏性土。由于锤击沉桩依靠桩锤的冲击能量将桩打入土中，因此一般桩径不能太大（不大于 0.6m），入土深度在 40cm 左右。锤击沉桩的主要设备有桩锤、桩架及动力装置三部分。冲击锤的选择，原则上是重锤低击。桩架在沉桩施工中，承担吊锤、吊桩、插桩、吊插射水管及桩在下沉过程中的导向作用等。其他设备中主要有桩帽与送桩。桩帽主要是起承受冲击、保护桩顶，在沉桩时能保证锤击力作用于桩轴线而不偏心的作用。送桩主要用于当桩顶被锤击低于龙门桩而仍需继续沉入时，即需把桩顶送到地面下必要深度处。

施工要点：沉桩前，应对桩架、桩锤、动力机械等主要设备部件进行检查；开锤前应再次检查桩锤、桩帽或送桩与桩中轴线是否一致；锤击沉桩开始时，应严格控制各种桩锤的动能。如桩尖已沉入到设计标高，但沉入度仍达不到要求时，应继续下沉至达到要求的沉入度为止。沉桩时，如遇到：沉入度发生急剧变化；桩身突然发生倾斜、移位；桩不下沉，桩锤有严重回弹现象；桩顶破碎或桩身开裂、变形，桩侧地面有严重隆起等现象时，应立即提高、停止锤击、查明原因，采取措施后方可继续施工。

锤击沉桩的停锤控制标准：

（1）设计桩尖标高处为硬塑黏性土、碎石土、中密以上的砂土或风化岩等土层时，根据灌入度变化并对照地质资料，确认桩尖已沉入该土层，贯入度达到控制贯入度。

（2）贯入度已达到控制贯入度，而桩尖标高未达到设计标高时，应继续锤入 0.10m 左右（或锤入 30～50 次），如无异常变化即可停锤；若桩尖标高比设计标高高的多时，应报有关部门研究确定。

（3）设计桩尖标高处为一般黏性土或其他松软土层时，应以标高控制，贯入度作为校核。

（4）在同一桩基中，各桩的最终贯入度应大致接近，而沉入深度不宜相差过大，避免基础产生不均匀沉降。

2. 射水沉桩

射水施工方法的选择应视土质情况而定，在砂夹卵石层或坚硬土层中，一般以射水为主，锤击或振动为辅；在亚黏土或黏土中，为避免降低承载力，一般以锤击或振动为主，以射水为辅，并应适当控制射水时间和水量；下沉空心桩，一般用单管内射水。射水沉桩的设备包括：水泵、水源、输水管路（应减小弯曲，力求顺直）和射水管等。射水沉桩的施工要点是：吊插桩基时要注意及时引送输水胶管，防止拉断与脱落；基桩插正立稳后，压上桩帽桩锤，并开始用较小水压，使桩靠自重下沉。初期应控制桩身避免下沉过快，以免阻塞射水管嘴，并注意随时控制和校正桩的方向；下沉渐趋缓慢时，可开锤轻击，沉至一定深度（8～10m）已能保持桩身稳定后，可逐步加大水压和锤的冲击动能；沉桩至距设计标高一定距离（2.0m以上）停止射水，拔出射水管，进行锤击或振动使桩下沉至设计要求标高。

3. 振动沉桩

振动沉桩适用于砂质土、硬塑及软塑的黏性土和中密及较松散的碎、卵石类土。

振动沉桩停振控制标准，应以通过试桩验证的桩尖标高控制为主，以最终贯入度（mm/min）或可靠的振动承载力公式计算的承载力作为校核。

4. 静力压桩

静力压桩采用静压力将桩压入土中，即以压桩机的自重克服沉桩过程中的阻力，适用于高压缩性黏土或砂性较轻的亚黏土层。

5. 水中沉桩

在河流较浅时，一般可以搭设施工便桥、便道、土岛和各种类型的脚手架组成的工作平台，其上安置桩架并进行水中沉桩作业。在较宽阔的河中，可将桩安设在组合的浮体或固定平台上，亦可使用专门打桩船。此外还可采用以下几种方法：

（1）先筑围堰后沉桩基法：一般在水不深，桩基临近河岸时采用；

（2）先沉桩基后筑围堰法：一般适用于较深的水中桩基；

（3）用吊箱围堰修筑水中桩基法：一般适用于修筑深水中的高桩承台。

（二）管桩基础

管桩基础是由钢筋混凝土、预应力混凝土，或钢制成的单根或多根管柱上连钢筋混凝土承台、支撑并传递桥梁上部结构和墩台全部荷载于地基的结构物，柱底一般落在坚实土层或嵌入岩层中。适用于深水、岩面不平整、覆盖土层厚薄不限的大型桥梁基础。按荷载传递形式可分为端承式和摩擦式两种，在结构形式上与桩基相似，但多为垂直状。

三、沉井基础

沉井基础又称开口沉箱基础，是由开口井筒构成的地下承重结构物，一般为深基础，适用于持力层较深或河床冲刷较严重等水文地质条件，具有很高的承载力和抗震性能。这种基础系由井筒、封底混凝土和预盖等组成，其平面形状可以是圆形、矩形或圆端形，立面多为垂直边，井孔为单孔或多孔，井壁为钢筋、木筋或竹筋混凝土，甚至由刚壳中填充混凝土等建成。

若为陆地基础，在地表建造，由取土井排土以减少刃脚土的阻力，一般借自重下沉；若为水中基础，可用筑岛法或浮运法建造。在下沉过程中，如侧摩阻力过大，可采用高压射水法、泥浆套法或井壁后压气法等加速下沉。

四、地下连续墙基础

用槽壁法施工筑成的地下连续墙体，作为土中支撑单元的桥梁基础。它的形式大致可分为两种：一种是采用分散的板墙，平面上根据墩台外形和荷载状态将它们排列成适当形式，墙顶接筑钢筋混凝土承台；另一种是用板墙围成闭合结构，其平面呈四边形或多边形，墙顶接筑钢筋混凝土盖板。后者在大型桥基中使用较多，与其他形式的深基相比，它的用材省，施工速度快，而且具有较大的刚度，是目前发展较快的一种新型基础。连续墙的建造是通过专门的挖掘机泥浆护壁法挖成长条形深槽，再下钢筋笼和灌注水下混凝土，形成单元墙段，它们相互连接形成连续墙，其厚度一般为0.3～2.0m，随深度而异，最大深度已达100m。

五、锁口钢管桩基础

由锁口相连的管柱围成的闭合式管柱基础。锁口缝隙灌以水泥砂浆，使管柱围墙形成整体，管内填充混凝土，围墙内可填以砂石、混凝土或部分填充混凝土，必要时顶部可连接钢筋混凝土承台。

第二节　装配式简支桥梁的运输和安装

进行桥梁施工，通常应事先对全桥的工程根据技术状况、水文条件、机械设备能力、劳动力等条件作出全面的规划，包括拟订切实可行的施工方法、安排施工进度计划、确定合理的施工场地布置等等。以便对桥梁施工的全过程做到心中有数，有利于加强管理工作，并有计划地科学地指导施工。对于某些复杂的工艺，还可在进行施工前安排适当的科学试验工作，必要时应预先准备好补充的施工方案。

钢筋混凝土和预应力混凝土梁桥的施工，可分为就地灌注（或简称"现浇"）和预制安装两大类。

预制安装法施工的优点是：上、下部结构可平行施工，工期短，混凝土收缩徐变的影响小，质量易于控制，有利于组织文明生产。但是这种方法需要设置预制场地和拥有必要的运输与吊装设备，而且当预制块、件之间的受力钢筋中断时需作接缝处理。

现浇法施工无需预制场地，并且不需要大型吊运设备，梁体的主筋也不中断。但是工期长，施工质量不如预制容易控制，而且对于预应力混凝土梁由于收缩和徐变引起的应力损失也较大等，这些都是此法的不足之处。近年来，随着吊运设备能力的不断提高、预应力工艺的逐渐完善，预制安装的施工方法已在国内外得到了普遍推广。对于中、小跨径的简支梁桥，广泛采用标准设计进行整片预制和整片架设。

一、预制梁的运输

装配式简支梁桥的主梁，通常在施工现场的预制场内或桥梁厂内预制。为此就要配合架梁的方法，解决如何将梁运至桥头或桥孔下的问题。

从工地预制场至桥头的运输，称场内运输，通常需铺设钢轨便道，由预制场的龙门吊车或木扒杆将梁装上平车后，用绞车牵引运抵桥头。运输中梁应竖立放置，为了防止构件发生倾倒、滑动或跳动等现象，需要在构件两侧采用斜撑和木楔等临时固定。对于小跨径梁或规模不大的工程，也可设置木板便道，利用钢管或硬圆木作滚子，使梁靠两端支撑在几根滚子上，用绞车拖曳，边前进边换滚子运至桥头。

当采用水上浮吊架梁而需要使预制梁上船时，运梁便道应延伸至河边能使驳船靠拢的地方，为此就需要修筑一段装船用的临时栈桥（码头）。

当预制工厂距桥工地甚远时，通常可用大型平板拖车、火车或驳船将梁运至工地存放，或直接运至桥头或桥孔下进行架设。

在场内运梁时，为使平稳前进以确保安全，通常在用牵引绞车徐徐向前拖拉的同时，后面的制动索应跟着慢慢放松，以控制前进的速度。

梁在起吊和安放时，应按设计规定的位置布置吊点或支撑点。

二、预制梁的安装

预制梁的安装是装配式桥梁施工中的关键性工序。应结合施工现场条件、桥梁跨径大小，设备能力等具体情况，从节省造价、加快施工速度和充分保证施工安全等方面来合理选择架梁的方法。

简支式梁、板构件的架设，有起吊、纵移、横移、落梁等工序。从架梁的工艺类别来分，有陆地架设，浮吊架设和利用安装导梁或塔架、缆索的高空架设等，每一类架设工艺中，按起重、吊装等机具的不同，又可分成各种独具特色的架设方法。随着我国在建筑领域中工业化和机械化程度的不断提高，架桥新工艺、新设备的不断涌现，桥梁施工技术也在不断地进步。

必须强调指出，桥梁架设既是高空作业又需要使用重而大的机具设备，因此在操作中确保施工人员的安全和杜绝工程事故，是工程技术人员的重要职责。因此，在施工前应研究制订周到而妥善的安装方案，详细分析和计算承力设备的受力情况，采取周密的安全措施。在施工中应加强安全教育，严格执行操作规程，加强施工管理工作。

下面简要介绍几种常用架梁方法的工艺特点。

（一）陆地架设法

1. 自行式吊车架梁

在桥不高，场内又可设置行车便道的情况下，用自行式吊车（汽车吊车或履带吊车）架设中、小跨径的桥梁十分方便［图10-1(a)］。此法视吊装重量不同，还可采用单吊（一台吊车）或双吊（两台吊车）两种。其特点是机动性好，不需要动力设备，不需要准备作业，架梁速度快。

2. 跨墩门式吊车架梁

对于桥不太高，架桥孔数多，沿桥墩两侧铺设轨道不困难的情况，可以采用一台或两台跨墩门式吊车架梁［图10-1(b)］。此时，除了吊车行走轨道外，在其内侧尚应铺设运梁轨道，或者设便道用拖车运梁。梁运到后，用门式吊车起吊、横移，并安装在预定位置。当一孔架完后，吊车前移，再架设下一孔。

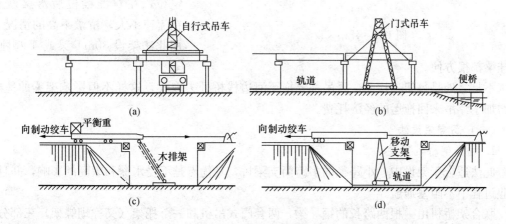

图 10-1　陆地架设法

在水深不超过 5m、水流平缓、不通航的中小河流上，也可以搭设便桥，铺轨后用门式吊车架梁。

3. 摆动排架架梁

用木排架或钢排架作为承力的摆动支点，由牵引绞车和制动绞车控制摆动速度。当预制梁就位后，再用千斤顶落梁就位。此法适用于小跨径桥梁[图10-1(c)]。

4.移动支架架梁

对于高度不大的中、小跨径桥梁，当桥下地基良好能设置简易轨道时，可采用木制或钢制的移动支架架梁[图10-1(d)]。随着牵引索前拉，移动支架带梁沿轨道前进，到位后再用千斤顶落梁。

(二)浮吊架设法

1.浮吊船架梁

在海上和深水大河上修建桥梁时，用可回转的伸臂式浮吊架梁比较方便[图10-2(a)]。这种架梁方法高空作业较少，施工比较安全，吊装能力大，工效高，但需要大型浮吊。鉴于浮吊船来回运梁航行时间长，要增加费用，故一般采取用装梁船储梁后成批一起架设的方法。

浮吊架梁时需在岸边设置临时码头来移运预制梁。架梁时，浮吊要认真锚固。如流速不大，则可用预先抛入河中的混凝土锚作为锚固点。

2.固定式悬臂浮吊架梁

在缺乏大型伸臂式浮吊时，也可用钢制万能杆件，或贝雷钢架拼装固定式的悬臂浮吊进行架梁[图10-2(b)]。

架梁前，先从存梁场吊运预制梁至下河栈桥，再由固定式悬臂浮吊接运并安放稳妥，用拖轮将重载的浮吊拖运至待架桥孔处，并使浮吊初步就位。将船上的定位钢丝绳与桥墩锚系，慢慢调整定位，在对准梁位后落梁就位。在流速不大，桥墩不高的情况下，用此法架设30mT梁或T型刚构

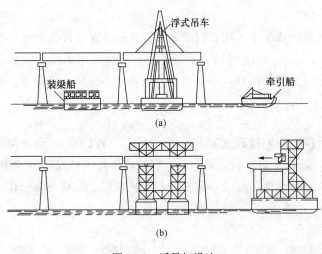

图 10-2　浮吊架设法

的挂梁都很方便。

不足之处是每架一片梁，浮吊都要拖至河边栈桥处去取梁，这样不但影响架梁的速度，也增加了浮吊来回拖运的经济耗费。

(三)高空架设法

1.联合架桥机架梁

此法适合于架设中、小跨径的多跨简支梁桥，其优点是不受水深和墩高的影响，并且在作业过程中不阻塞通航。

联合架桥机由一根两跨长的钢导梁，两套门式吊机和一个托架（又称蝴蝶架）三部分组成（图10-3）。导梁顶面铺设运梁平车和托架行走的轨道，门式吊车顶横梁上设有吊梁用的行走小车。为了不影响架梁的净空位置，其立柱底部还可做成在横向内倾斜的小斜腿，这样的吊车俗称拐脚龙门架。

架梁操作工序如下：

（1）在桥头拼装钢导梁，铺设钢轨，并用绞车纵向拖拉导梁就位；

（2）拼装蝴蝶架和门式吊机，用蝴蝶架将两个门式吊机移运至架梁孔的桥墩（台）上；

（3）由平车轨道运送预制梁至架梁孔位，将导梁两侧可以安装的预制梁用两个门式吊机起吊、横移并落梁就位［图10-3（a）］；

（4）将导梁所占位置的预制梁临时安放在已架设的梁上；

（5）用绞车纵向拖拉导梁至下一孔后，将临时安放的梁架设完毕；

（6）在已架设的梁上铺接钢轨后，用蝴蝶架顺次将两个门式吊车托起并运至前一孔的桥墩上［图10-3（b）］。

如此反复，直至将各孔梁全部架设好为止。

用此法架梁时作业比较复杂，需要熟练的操作工人，而且架梁前的准备工作和架梁后的拆除工作比较费时。因此，此法用于孔数多、桥较长的桥梁比较经济。

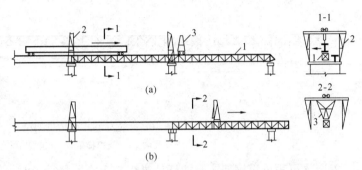

图 10-3　联合架桥机架梁
1—钢导梁；2—门式吊车；3—托架（运送门式吊车用）

2. 闸门式架桥机架梁

在桥高、水深的情况下，也可用闸门式架桥机（或称穿巷式吊机）架设多孔中、小跨径的装配式梁桥。架桥机主要由两根分离布置的安装梁，两根起重横梁和可伸缩的钢支腿三部分组成（图10-4）。安装梁用四片钢桁架或贝雷桁架拼组而成，下设移梁平车，可沿铺在已架设梁顶面的轨道行走。两根型钢组成的起重横梁，支撑在能沿安装梁顶面轨道行走的平车上，横梁上设有带复式滑车的起重小车。其架梁步骤为：

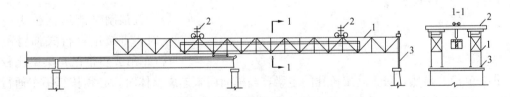

图 10-4　闸门式架桥机架梁
1—安装梁；2—起重横梁；3—可伸缩支腿

（1）将拼装好的安装梁用绞车纵向拖拉就位，使可伸缩支腿支撑在架梁孔的前墩上（安装梁不够长时，可在其尾部用前方起重横梁吊起预制梁作为平衡压重）；

（2）前方起重横梁运梁前进，当预制梁尾端进入安装梁巷道时，用后方起重横梁将梁吊起，继续运梁前进至安装位置后，固定起重横梁；

（3）借起重小车落梁安放在滑道垫板上，并借墩顶横移将梁（除一片中梁外）安装就位；

（4）用以上步骤并直接用起重小车架设中梁，整孔梁架完后即铺设移运安装梁的轨道。

重复上述工序，直至全桥架梁完毕。

用此法架梁，由于有两根安装梁承载，起吊能力较大，可以架设跨度较大较重的构件。我国已用这种类型的吊机架设了全长 51m、重 131t 的预应力混凝土 Z 形梁桥。当梁较轻时，用此法就可能不经济。

3. 宽穿巷式架桥机架梁

图 10-5 所示为用宽穿巷式架桥机架梁的示意图。其结构特点是：在吊机支点处用强大的倒 U 形支撑横梁来支撑间距放大布置的两根安装梁，如图 10-5 所示的剖面 1-1。在此情况下，横截面内所有主梁都可由起重横梁上的起重小车横移就位，而不需要墩顶横移的费时工序。

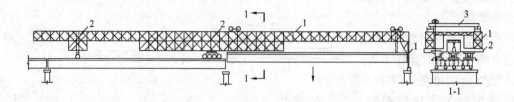

图 10-5 宽穿巷式架桥机架梁
1—安装梁；2—支撑横梁；3—起重横梁

安装梁可用贝雷钢架或万能杆件拼组，当它前移行走时，应将两台起重横梁移至尾端起平衡压重的作用。其他架梁步骤与闸门式架桥机架梁基本相同。

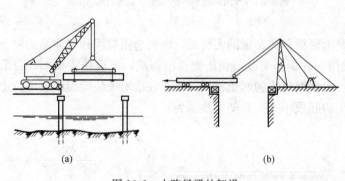

图 10-6 小跨径梁的架设

由于宽穿巷式架桥机的自重很大，所以当它沿桥面纵向移动时，一定要保持慢速，并应注意观察前支点的下挠度，以保证安全。

4. 自行式吊车桥上架梁

在梁的跨径不大、重量较轻，且预制梁能运抵桥头引道上时，直接用自行式伸臂吊车（汽车吊或履带吊）架梁比较方便[图10-6(a)]。显然，对于已架桥孔的主梁，当横向尚未连成整体时，必须核算吊车通行和架梁工作时的承载能力。此种架梁方法，几乎不需要任何辅助作业。

5. "钓鱼法"架梁

利用设在一岸的扒杆或塔柱用绞车牵引预制梁前端，扒杆上设复式滑车，梁的后端用制动绞车控制，就位后用千斤顶落梁[图10-6(b)]。此法仅适用于架设小跨径梁，安装前应验算跨中的反向弯矩。

6. 木扒杆架梁

此法仅适用于小跨径、较轻构件的架设，且其起吊高度和水平移动范围均不大（图 10-7）。

架梁时，在桥孔两边各设置一套人字摇头扒杆，将预制梁两端各

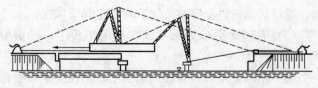

图 10-7 木扒杆吊装

系于摇头扒杆的起吊钢索上，用绞车牵引后徐徐进入桥孔，然后落梁就位。预制梁在纵向移动时后端也应有制动绞车来控制前进速度，以确保安全。

第三节　拱桥的施工

拱桥是一种能充分发挥圬工及钢筋混凝土材料抗压性能、外形美观、维修管理费用少的合理桥型，因此它被广泛采用。拱桥的施工，从方法上大体可分为有支架施工和无支架施工两大类。在我国，前者常用于石拱桥和混凝土预制块拱桥，后者多用于肋拱、双曲拱、箱型拱、桁架拱桥等。目前也有采用两者相结合的施主方法。下面介绍有支架拱桥的施工。

石拱桥、现浇混凝土拱桥以及混凝土预制块砌筑的拱桥，都采用有支架的施工方法修建，其主要施工工序有材料的准备，拱圈放样（包括石拱桥拱石的放样），拱架制作与安装，拱圈及拱上建筑的砌筑等。关于拱桥的材料选择，应满足设计和施工有关规范（或规定）的要求。对于石拱桥，石料的准备（包括开采、加工和运输等）是决定施工进度的一个重要环节，也在很大程度上影响桥梁的造价和质量。特别是料石拱圈，拱石规格繁多，所费劳动力就多。为了加快桥梁建设速度，降低桥梁造价，减少劳动力消耗，可以采用小石子混凝土砌筑片石拱，以及用大河卵石砌拱等多种方法修建拱桥。

拱圈或拱架的准确放样，是保证拱桥符合设计要求的基本条件之一。石拱桥的拱石，要按照拱圈的设计尺寸进行加工，为了保证尺寸准确，需要料作拱石样板。现在一般都是采用放出拱圈（肋）大样的办法来制作样板，即在样台上将拱圈按 1：1 的比例放出大样，然后用木板或镀锌铁皮在样台上按分块大小制作样板，并注明拱石编号，以方便加工。

样台必须保证在施工期间不发生过大变形，便于施工过程中对样板进行复查。一般可以利用现成的球场或晒坪作样台。对于左右对称的拱圈，为了节省场地，可只放出半孔大样。常用的放样方法是直角坐标法。显然，拱弧分点越多，用这种方法放出的拱圈尺寸越精确。

一、拱架

砌筑石拱桥（或预制混凝土块拱桥）及就地浇筑混凝土拱圈等，需要搭设拱架，以支撑全部或部分拱圈和拱上建筑的重量，并保证拱圈的形状符合设计要求。拱架要有足够的强度、刚度和稳定性。同时，拱架又是一种施工临时结构，故要求构造简单，制作容易，节省材料，装拆方便并能重复使用，以加快施工进度，减少施工费用。

1. 拱架的形式和构造

拱架的种类很多，按使用材料可分为木拱架、钢拱架、竹拱架、竹木拱架及"土牛拱胎"等形式。

木拱架制作简单，架设方便，但耗用木材较多，常用于盛产木材的地区。钢拱架有多种形式，如我国设计制造的工字梁式拱架（适用跨径可达 40m）和桁架式拱架（一般可用于 100m 跨径，甚至可达 180m 以上）就是其中两种，但大多数是做成常备式构件（又称万能式构件），可以在现场按要求组拼成所需的构造形式。因它是由多种零件（如由角钢制成的杆件、节点板和螺栓等）构成的，故拆装容易，运输方便，适用范围广，利用效率高，节省木材。尽管它具有一次投资较大、钢材用量较多的缺点，在我国仍得到推广采用。选定拱架形式一定要贯彻因地制宜，就地取材的原则，以便能降低造价，加快施工进度。

2. 拱架的制作与安装

为了使拱架具有准确的外形和尺寸，在制作拱架前，一般要在样台上放出拱架大样。应当注意，放出的拱架大样应计入预拱度。放出大样后就可以制作杆件的样板，以便按样板进行杆件的加工。

杆件加工完毕，一般须进行试拼（1~2片）。根据试拼情况，再对构件做局部修改即可在桥孔中安装。

满布式拱架一般是在桥孔内逐杆进行安装，三铰桁架、拱架都采用整片吊装的方法安装。安装时应及时测量，以保证设计尺寸的准确，同时应注意施工安全。在风力较大的地区，拱架需设置风缆索，以增强稳定性。

拱架安装好后，其轴线和标高等主要技术指标（尺寸）应符合设计要求。拱架上用于拼装或灌注拱圈（拱肋）的垫木或底模的顶面标高误差，不应大于计算跨径的 1/1000，也不应超过 0.03m，而且要求圆顺（无转折）。

3. 拱架的卸落

拱圈砌筑（或现浇混凝土）完毕，待达到一定强度后即可拆除拱架。

如果施工情况正常，在拱圈合拢后，拱架应保留的最短时间与跨径大小、施工期间的气温、养护的方式等因素有关。对于石拱桥，一般当跨径在 20m 以内时，为 20 昼夜；跨径大于 20m 时，为 30 昼夜。对于混凝土拱桥，按设计强度要求，根据混凝土块试压强度的具体情况确定。

因施工要求必须提早拆除拱架时，应适当提高砂浆（或混凝土）标号或采取其他措施。

为保证拱架能按设计要求均匀下落，必须设置专门的卸架设备。

卸架设备常用木楔、木凳［木马、砂筒（砂箱）等几种形式（图10-8）］。通常，中、小跨径多用木楔或木凳，大跨径或拱式拱架多用砂筒或其他专用设备（如千斤顶等）。

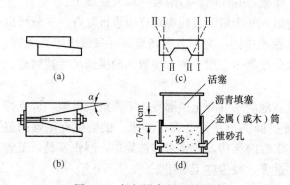

图 10-8 卸架设备的几种形式

木楔又可分为简单木楔和组合木楔。简单木楔由两块 1：6~1：10 斜面的硬木楔形块组成［图10-8(a)］。落架时，用锤轻轻敲击木楔小头，将木楔取出，拱架即下落。它的构造简单，但缺点是敲击时震动较大，容易造成下落不均匀。因此一般可用于中、小跨径桥梁。组合木楔由三块楔形木和拉紧螺栓组成［图10-8(b)］。卸架时只需扭松螺栓，则木楔徐徐下降。它的下落较均匀，可用于 40m 以下的满布式拱架或 20m 以下的拱式拱架。

木凳（木马）是另一种形式简单的卸架设备。卸架时，沿Ⅰ-Ⅰ与Ⅱ-Ⅱ方向锯去木凳的两个边角［图10-8(c)］，在拱架自重作用下，木凳被压陷，于是拱架也随之下落，一般用于跨径在 15m 以内的拱桥。跨径大于 30m 的拱桥，宜用砂筒作卸架设备。砂筒是由内装砂子的金属（或木料）筒及活塞（木制或混凝土制）组成［图10-8(d)］，卸落是靠砂子从筒的下部预留泄砂孔流出。因此要求筒里的砂子干燥、均匀、清洁。砂筒与活塞间用沥青填塞，以免砂子受潮而不易流出。由砂子泄出量可控制拱架卸落高度，这样就能由泄砂孔的开与关，分数次进行卸架，并能使拱架均匀下降而不受震动。我国 170m 混凝土拱桥所用钢制砂筒的直径已达 86cm，使用效果良好。

二、拱圈及拱上建筑的施工

1. 拱圈的施工

修建拱圈时，为保证在整个施工过程中拱架受力均匀，变形最小，使拱圈的质量符合设计要求，必须选择适当的砌筑方法和顺序。一般根据跨径大小、构造形式等分别采用不同繁简程度的施工方法。

通常，跨径在 10m 以下的拱圈，可按拱的全宽和全厚，由两侧拱脚同时对称地向拱顶砌筑，但速度应争取尽快，使在拱顶合拢时，拱脚处的混凝土未初凝，或石拱桥拱石砌缝中的砂浆尚未凝结。

跨径 10～15m 的拱圈，最好在拱脚预留空缝，由拱脚向拱顶按全宽、全厚进行砌筑（浇筑混凝土），为了防止拱架的拱顶部分上翘，可在拱顶区段预先压重（一般自拱脚向上砌到 1/3 矢高左右，就在拱顶 1/3L 范围内预压占总数 20% 的拱石）。待拱圈砌缝的砂浆达到设计强度的 70% 后（或混凝土达到设计强度），再将拱脚预留空缝用砂浆（或混凝土）填塞。

大、中跨径的拱桥，一般采用分段施工或分环（分层）与分段相结合的施工方法。分段施工可使拱架变形比较均匀，并可避免拱圈的反复变形。分段的位置与拱架的受力和结构形式有关，一般应设置在拱架挠曲线有转折及拱圈弯矩比较大的地方，如拱顶、拱脚及拱架的节点处。对于石拱桥，分段间应预留 0.03～0.04m 的空缝或设置木撑架，混凝土拱圈则应在分段间设混凝土挡板（端

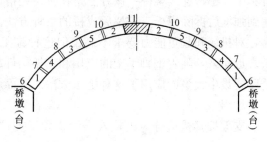

图 10-9 拱圈分段施工的一般顺序

模板），待拱圈砌筑后再用砂浆（或埋入石块、浇筑混凝土）灌缝。分段时对称施工的一般顺序如图 10-9 所示。拱顶处封拱（如石拱桥拱顶石的砌筑）必须在所有空缝填塞并达到设计强度后才能进行。另外，还需注意封拱（合拢）时的大气温度是否符合设计要求，如设计无明确要求时，也宜在气温较低时（凌晨）进行。

当跨径大、拱圈厚度较大，由多层拱石或预制混凝土块等组成时，可将拱圈全厚分层（即分环）施工，按分段施工法修建好一环合拢成拱，待砂浆或混凝土强度达到设计要求后，再浇筑（或砌筑）上面的一环。这样，第一环拱圈就能起拱的作用，参与拱架共同承受第二环拱圈结构（如拱石）的重力。以后各环均照此进行，这样可以大大地减小拱架的设计荷载（一般可按拱圈总重的 60%～75% 计算石拱桥的拱架）。同时，分环施工合拢快，能保证施工安全，节省拱架材料。

2. 拱上建筑的施工

拱上建筑的施工，应在拱圈合拢，混凝土或砂浆达到设计强度的 30% 后进行。对于石拱桥，一般不少于合拢后三昼夜。

拱上建筑的施工，应避免使主拱圈产生过大的不均匀变形。实腹式拱上建筑，应由拱脚向拱顶对称地砌筑。当侧墙砌筑好以后，再填筑拱腹填料及修建桥面结构等。

空腹式拱桥一般是在腹孔墩砌完后卸落拱架，然后再对称均衡地砌筑腹拱圈，以免由于主拱圈的不均匀下沉而使腹拱圈开裂。

在多孔连续拱桥中，当桥墩不是按施工单向受力墩设计时，仍应注意相邻孔间的对称均衡施工，避免桥墩承受过大的单向推力。

第四节　混凝土桥梁施工方法

随着钢筋混凝土桥梁的类型与跨径幅度的增加，构件生产的预制化，结构设计方法的进步，以及机械设备的发展，施工方法也在不断地进步和发展，形成了多种多样的施工方法。不同的施工方法所需的机械设备、劳力不同，施工的组织、安排和工期也不一样，施工方法的选择，应根据桥梁的设计、施工现场的环境、设备、经验等因素决定。施工方法的选择是否合理将影响整个工程的造价，涉及施工质量和完成的工期长短。下面将逐节介绍桥梁施工中常采用的现浇法、吊机架梁法、悬臂施工法和顶推法。

一、就地浇筑施工法

就地浇筑施工法是桥梁施工中应用较早的一种施工方法，以往多用于桥墩较低的简支梁桥和中、小跨连续梁桥。该方法是在桥位处搭设支架，在支架上浇筑桥体混凝土，待混凝土达到强度后拆除模板、支架后成桥的一种方法。它的主要特点是桥梁整体性好，施工简便可靠，对机械和起重能力要求不高。但这种施工方法需要大量使用施工脚手架，施工的工期长。近年来，随着钢脚手架的应用和支架构件趋于常备化，以及桥梁结构的多样化发展，在公路建设中大量的应用了这种施工方法。下面就对这种方法做简要介绍。

1. 支架

支架按其构造分为支柱式、梁式和梁支柱式（见图 10-10）。支柱式构造简单，用于陆地或不通航河道以及桥墩不高的小跨径桥梁。梁式支架根据跨径不同，采用Ⅰ形钢、钢板梁或钢桁梁，一般Ⅰ形钢用于跨径小于 10m 的桥梁，钢板梁用于跨径小于 20m 的桥梁，钢桁梁用于跨径大于 20m 的桥梁。梁可以支撑在墩旁支架上，也可在桥墩处临时设置的横梁上。梁支柱式支架在大跨桥上使用，梁支撑在桥墩台及临时支架或临时墩上，形成多跨连续支架。支架除支撑模板、满足就地浇筑施工外，还要设置卸落设备，待梁施工完成后落架脱模。曲线桥梁的支架采用折线形支架，通过调节伸臂长度来适应平面曲线的要求。

2. 模板

就地浇筑桥梁施工常用的模板有木模板、钢模板和钢木结合模板。按模板的装拆方法分类，可分为零拼式模板、分片装拆式模板、整体装拆式模板等。模板形式的选择主要取决于同类桥跨结构的数量和模板材料的供应。

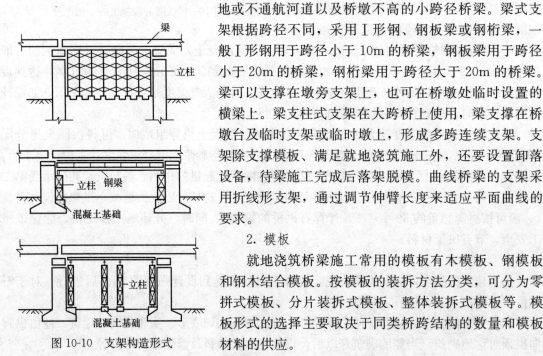

图 10-10　支架构造形式

3. 对支架和模板的要求

模板和支架虽然是临时结构，但它要承受桥梁的大部分恒重，因此必须有足够的强度、刚度和稳定性，以保证就地浇筑的顺利进行。支架的基础要可靠，构件结合紧密并加入纵、横向连接杆件，使支架成为整体。在河道中施工的支架要充分考虑洪水和漂浮物的影响，除对支架的结构构造有所要求外，在安排施工进度时，应尽量避免在高水位情况下施工。模板和支架在受荷后有变形和挠度，对此在安装前要有充分的估计和计算，并在安装支架时设置预拱度，使就地浇筑的主梁线型符合设计要求。模板的接缝务必严实、紧密，以确保浇筑混凝土时不致漏浆。支架的卸落设备有木楔、砂筒和千斤顶等，卸架时要对称、均匀，不应使主梁出现局部受力的状态。

4. 施工工艺

有支架就地浇筑施工工艺的程序可大致由图 10-11 表示。在考虑主梁混凝土浇筑顺序时，不应使模板和支架产生有害的下沉，大跨径桥施工时常分段进行。一种是采用水平层施工法，即先浇筑底板，待达到一定强度后再进行腹板施工，最后浇筑顶板。当工程量较大时，各部位也可以分数次浇筑。另一种是采用分段施工法，根据施工能力，每隔 20～25m 设置连接缝，该连接缝一般设在弯矩较小的区域，连接缝长 1m 左右，待各段混凝土浇筑完成后，在接缝处施工合拢。

二、吊机架梁法

吊机架梁法施工，需要先在工厂或现场预制整孔梁或分段梁后，再进行逐孔架设施工。预制梁的架设包括起吊、纵移、横移、落梁等工序，吊装的机具有汽车吊、桁式吊、浮吊、龙门吊、架桥机等，每一类架设工艺中，按起重、吊装等机具的不同，又可以分成各种独具特色的架设方法。预制梁的架设是装配式桥梁施工中的关键性工序，应结合施工现场的条件、桥梁跨径的大小、设备能力等具体情况，从节省造价、加快施工速度和充分保证施工安全等方面来合理选择架梁的方法。吊机架梁法主要用于简支梁桥施工。这里主要介绍几种常用的架设方法。

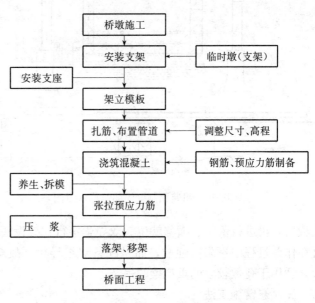

图 10-11 有支架就地浇筑施工工艺程序

1. 自行式吊机架设法

自行式吊机包括汽车式吊机、轮胎式吊机和履带式吊机等。在桥梁的跨径不大、重量较轻、桥梁不高、厂内又可设行车便道的情况下，用自行式吊机架设中、小跨径桥梁十分方便。自行式吊机架设法的特点是机动性好，不需要动力设备，不需要准备作业，架梁速度快。

2. 跨墩龙门架架设法

跨墩或墩侧龙门架架设法，是以平板拖车或轨道平车将预制梁运送至桥孔，然后用跨墩龙门架或墩侧高低腿龙门架将梁吊起，再横移到设计位置落梁安装。对于桥不太高，架桥孔数多，沿桥墩两侧铺设轨道不困难的情况，可以采用这种方法。当搁置龙门腿的轨道基础承受较大压力时，应进行加固处理。河滩上有浅水时，可以在水中修筑临时路堤，水稍深时可以修筑临时便桥。本法的优点是架设速度较快，河滩无水状态时较经济，而且架设时不需要特别复杂的技术工艺，作业人员用得也较少，但龙门吊机的设备费用在高桥墩施工中较高，常用于引桥和长桥施工。

3. 浮运架设法

浮运架设法是用各种方法将预制梁移装至浮船上，浮运到架设孔以后就位安装。此法在跨海桥施工中采用得较多。本法的优点是桥跨中不需设置临时支架，可以用一套浮运设备架设多跨同孔径的梁，设备利用率高，较经济，施工架设时浮运设备停留在桥孔的时间短，对河流通航影响小。

常用的浮运架设方法有以下几种：将预制大梁装船浮运至架设孔起吊就位安装法，其吊装预制梁的浮船结构如图 10-12 所示。预制梁上船可采用在引道栈桥或岸边设置栈桥码头，在码头上组拼龙门架，用龙门架吊运预制梁上船的方法。

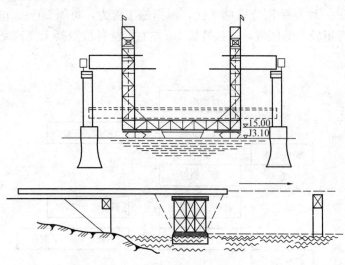

图 10-12　吊装预制梁浮船结构示意图

4. 双导梁穿行式架设法

双导梁穿行式架设法是在架设的跨间设置两组导梁，导梁上配置有悬吊预制梁的轨道平车和起重行车或移动式龙门吊机，将预制梁在双导梁内吊着运到规定位置后，再进行落梁、横移就位。双导梁穿行式架设法的优点是不受水深和墩高的影响，并且在作业过程中不阻塞通航，而是配备双组导梁，故架设跨径可较大，吊装的重量也可较大，适用于孔数较多的重型梁的吊装。

三、悬臂施工法

悬臂施工法是从桥墩开始，对称地、不断悬出接长的施工方法。悬臂施工法一般分为悬臂浇筑法和悬臂拼装法，悬臂浇筑法是在桥墩两侧对称逐段就地浇筑混凝土，待混凝土达到一定强度后，张拉预应力筋，移动机具、模板继续施工。悬臂拼装法则是将预制节段块件，从桥墩两侧依次对称安装，张拉预应力筋，使悬臂不断接长，直至合拢。

悬臂施工法不需大量施工支架和临时设备，不影响桥下通航、通车，施工不受季节、河道水位的影响，并能在大跨径桥上采用，因此得到了广泛的应用。悬臂施工的推广、应用大大加快了桥梁向大跨、高难度发展的步伐。目前，不仅用于悬臂体系桥梁的施工，而且还广泛应用于大跨径预应力混凝土连续梁桥、预应力混凝土连续刚构桥、混凝土斜拉桥以及钢筋混凝土拱桥的施工，是大跨连续梁桥的主要施工方法。

1. 悬臂浇筑法

悬臂浇筑法（简称悬浇）适用于大跨径的预应力混凝土悬臂梁桥、连续梁桥、T形刚构桥、连续刚构桥等结构。其施工特点是无需建立落地支架，无需大型起重与运输机具，主要设备是一对能行走的挂篮。挂篮可在已经张拉锚固并与墩身连成整体的梁段上移动，绑扎钢筋、立模、浇筑混凝土、预施应力都在挂篮上进行。完成本段施工后，挂篮对称向前各移动一节段，进行下一对梁段的施工，如此循序渐进，直至悬臂梁段浇筑完成。

悬浇施工的优点是：适合宽深河流和山谷、施工期水位变化频繁不宜水上作业，以及通航频繁且施工时需留有较大净空等河流上桥梁的施工。缺点为：梁体部分不能与墩柱平行施工，施工周期较长，而且悬臂浇筑的混凝土加载龄期短，对混凝土收缩和徐变影响较大。

2. 悬臂拼装法

悬臂拼装法施工是在工厂或桥位附近，将梁体沿轴线划分成适当长度的块件进行预制，然后用船或平车从水上或从已建成的部分桥上运至架设地点，并用活动吊机等起吊后向墩柱两侧对称均衡地拼装就位，张拉预应力筋。重复这些工序，直至拼装完悬臂梁全部块件为止。

悬臂拼装法的优点是梁体的预制可以与桥梁下部构造的施工同时进行，缩短了建桥的工期；由于预制梁段的混凝土龄期比悬浇成梁的要长，从而减少悬拼成梁后混凝土的收缩和徐变。另外预制场地或工厂化的梁段预制生产利于整体施工的质量控制，所以悬拼法适应于预制场地及运吊条件较好，特别是工程量大和工期较短的梁桥工程。缺点为需要占用较大的预制场地。

四、顶推法

顶推法施工是在沿桥纵轴方向的台后开辟预制厂地，分节段预制混凝土梁身，并用纵向预应力筋连成整体，然后通过水平液压千斤顶施加水平推力，借助不锈钢板与聚四氟乙烯板特制的滑动装置，将梁逐段向对岸顶进，然后就位落梁，更换正式支座完成桥梁施工。

顶推法施工的优点包括：顶推力远比梁体自重小，所以顶推设备轻型简便，不需大型吊运机具；不影响桥下通航或行车，对于紧急施工、寒冷地区施工、架设场地受限制等特殊条件，其优点更为明显；仅需一套模板周转，节省材料，施工工厂化，易于质量管理；施工安全干扰少；节约劳力，减轻劳动强度，改善工作条件。

采用顶推法施工也有不足之处：由于顶推过程中各截面正负弯矩交替变化，致使施工临时预应力筋增多，且装拆与张拉繁杂，梁体截面高度比其他施工方法要高；由于顶推悬臂弯矩不能太大，且施工阶段的内力与营运阶段的内力不能相差太大。所以顶推只适用于跨较多（跨少不经济），且跨径不大于50m的桥型，以42m跨径受力最佳；对于多孔长桥，因工作面（最多两岸对顶）所限，顶推过长，施工的工期相对较长。

顶推法施工的关键工作是顶推工作，依照顶推的施力不同，其施工方法分为单点顶推和多点顶推两种。预应力混凝土连续梁桥较多采用顶推法施工。

1. 单点顶推

单点顶推水平力的施加位置，一般集中设置于主梁预制场靠近桥台或某一桥墩处，其他墩台支点只设置滑道支撑。单点顶推装置又有两种方式：一种是用单点拉杆千斤顶顶推，视顶推力的大小，安装一台或多台水平千斤顶，通过拉杆连接梁的底板或者两侧，牵引拉动梁体在滑道上前移；另一种是直接顶推梁体，在预制台座的后面设一个反力座，安装一台或多台水平千斤顶，直接顶推梁体向前滑动。

单点顶推适用于桥台刚度大，梁体轻的施工条件。单点顶推的优点有：顶推设备简单，并可利用预应力张拉或者顶进法施工的设备；单点施力，没有多点顶推设备同步运行的问题，控制系统简单。单点顶推的缺点：由于全桥顶推水平力仅由一个墩（台）上的顶推设备承担，对顶推设备能力的要求较高，尤其是孔数较多的长桥，顶推设备能力难以适应；未设千斤顶的墩顶均有较大的水平摩阻力。

2. 多点顶推

在每个墩台上设置一对小吨位的水平千斤顶，将集中的顶推力分离到各墩上。由于利用水平千斤顶传给墩台的反力来平衡梁体滑移时在桥墩处产生的摩阻力，而使桥墩在顶推过程中承受较小的水平力，因此可以在柔性墩上采用多点顶推施工。

多点顶推与集中单点顶推比较，可以免去大规模的顶推设备，能有效地控制顶推梁的偏离，墩上的顶推力与该墩上梁体滑动摩阻力互相抵消，桥墩在顶推过程中承受较小的水平力，便于结构采用柔性墩。

参 考 文 献

[1] 刘津明，韩明．土木工程施工．天津：天津大学出版社，2001.

[2] 姚刚．土木工程施工技术．北京：人民交通出版社，1999.

[3] 赵志缙．高层建筑施工手册．2版．上海：同济大学出版社，2001.

[4] 《建筑施工手册》编写组．建筑施工手册．4版．北京：中国建筑工业出版社，2003.

[5] 江正荣．建筑地基与基础施工手册．2版．北京：中国建筑工业出版社，2005.

[6] 杨嗣信．建筑工程模板施工手册．2版．北京：中国建筑工业出版社，2004.

[7] 迟培云等．现代混凝土技术．上海：同济大学出版社，1999.

[8] 廖代广．土木工程施工技术．3版．武汉：武汉理工大学出版社，2006.

[9] 赵志缙，应惠清．建筑施工．4版．上海：同济大学出版社，1998.

[10] 徐伟．建筑工程分部分项施工手册（主体工程）．北京：中国计划出版社，1999.

[11] 江正荣，朱国梁．简明施工手册．4版．北京：中国建筑工业出版社，2005.

[12] 徐伟，陈震．建筑工程施工的智能方法．上海：同济大学出版社，1997.

[13] 郭正兴，李金根．建筑施工．南京：东南大学出版社，1997.

[14] 陈振木．城市道路工程施工手册．北京：中国建筑工业出版社，2004.

[15] 天津市市政工程局．道路桥梁工程施工手册．北京：中国建筑工业出版社，2003.

[16] 苏寅申．桥梁施工及组织管理（下册）．北京：人民交通出版社，2005.

[17] 姚玲森．桥梁工程．2版．北京：人民交通出版社，2011.